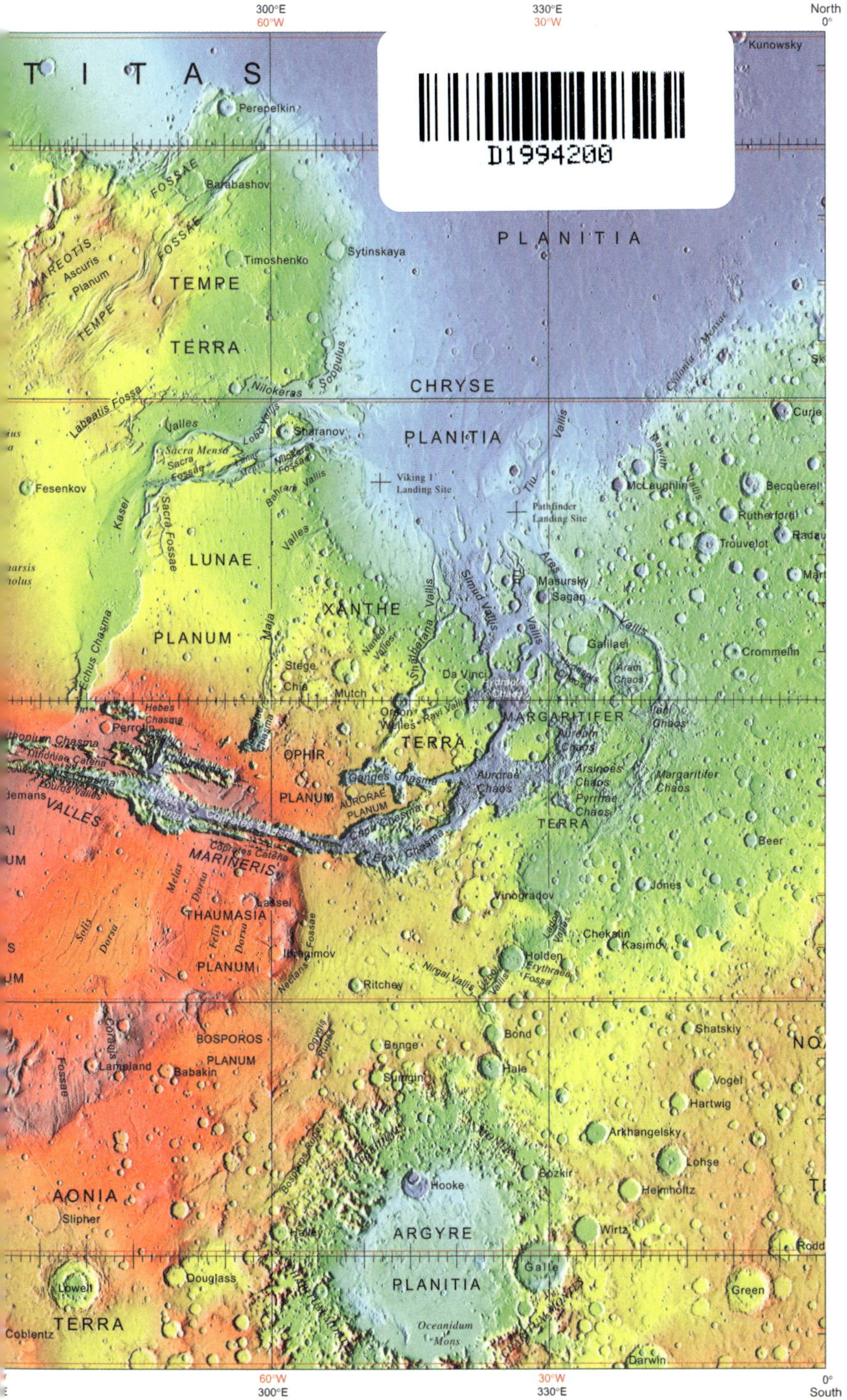
300°E
60°W
330°E
30°W
North
0°
T I T A S
Kunowsky
Perepelkin
Barabashov
FOSSAE
MAREOTIS
Ascuris
Planum
Timoshenko
Sytinskaya
TEMPE
TERRA
PLANITIA
CHRYSE
PLANITIA
Nilokeras
Scopulus
Labeatis Fossa
Valles
Sharanov
Lobo Vallis
Sacra Mensa
Sacra
Fossae
Nilokeras
Fossae
Bahram Vallis
Fesenkov
Kasei
Sacra Fossae
Viking 1
Landing Site
Tiu
Pathfinder
Landing Site
Vallis
Mawrth
Vallis
McLaughlin
Becquerel
Rutherford
Trouvelot
Curie
Cydonia Mensae
LUNAE
Valles
Ares
Vallis
Masursky
Sagan
XANTHE
Simud Vallis
Vallis
Galilaei
Crommelin
Aram
Chaos
PLANUM
Maja
Nanedi Valles
Shalbatana Vallis
Echus Chasma
Stege
Chia
Mutch
Da Vinci
Hydraotes
Chaos
Hebes
Chasma
Perrotin
Orson
Welles
Ravi Vallis
MARGARITIFER
TERRA
Iani
Chaos
Aureum
Chaos
Arsinoes
Chaos
Margaritifer
Chaos
OPHIR
PLANUM
Ganges Chasma
Aurorae
Chaos
Pyrrhae
Chaos
AURORAE
PLANUM
TERRA
VALLES
Coprates Chasma
Capri Chasma
Eos Chasma
Beer
Coprates Catena
MARINERIS
Melas
Dorsa
Lassell
THAUMASIA
Felis
Dorsa
Solis
Dorsa
Nectaris Fossae
Ibragimov
PLANUM
Ritchey
Vinogradov
Jones
Ladon
Valles
Chekalin
Kasimov
Holden
Erythraea
Fossa
Nirgal Vallis
Uzboi Vallis
Shatskiy
Bond
Bunge
Hale
Coracis
Fossae
Lampland
BOSPOROS
PLANUM
Babakin
Ogygis Rupes
Vogel
Hartwig
Arkhangelsky
Lohse
Bozkir
Hooke
Helmholtz
AONIA
Slipher
Bosporos Rupes
Halley
ARGYRE
Wirtz
Rodd
Galle
Lowell
Douglass
PLANITIA
Green
TERRA
Coblentz
Oceanidum
Mons
Darwin
60°W
300°E
30°W
330°E
0°
South

Ulf von Rauchhaupt

Der neunte Kontinent

Die wissenschaftliche Eroberung des Mars

S. Fischer

Abbildungen auf dem Vorsatz: U. S. Geological Survey

Satz: Fotosatz Amann, Aichstetten
Druck und Bindung: CPI – Clausen & Bosse, Leck
Printed in Germany
ISBN 978-3-10-062938-8

Für Silja

Inhalt

Einleitung: **Aufbruch zum neunten Kontinent**

Es gibt nur eine Erde. Ob irgendwo in der Milchstraße noch eine andere blaue Kugel mit weißen Wolkenwirbeln ihre Kreise zieht, ist unbekannt und könnte es noch lange bleiben. Aber unter den Planeten, die sich mit der Erde um dieselbe gelbe Sonne drehen, ist einer, der ihr weitaus ähnlicher ist als alle anderen. Dort wölbt sich ein heller Himmel über Landschaften, die uns merkwürdig vertraut erscheinen. Dieser Planet ist der Mars – und von ihm berichtet dieses Buch.

In den vergangenen Jahrzehnten ist eine ganze Armada von Raumsonden zum Roten Planeten aufgebrochen. Wissenschaftler haben sie losgeschickt mit dem Ziel, den Mars über kurz oder lang ähnlich gründlich zu verstehen wie die Erde. Die moderne Marsforschung will den Roten Planeten nicht besuchen und sich mit zufällig Gesehenem zufriedengeben. Sie will ihn erobern.

Warum ausgerechnet den Mars? Ähnliche Eroberungsbemühungen gibt es sonst bei keinem anderen Himmelskörper im Sonnensystem, noch nicht einmal beim Mond. Der Mars lockt offenbar nicht allein durch seine vergleichsweise geringe Entfernung zur Erde, die seine Erkundung natürlich einfacher macht als etwa die des Pluto. Vielmehr ist der Rote Planet eben kein Forschungsgegenstand wie jeder andere. Er ist mehr als nur interessant. Neben der Erde ist er der einzige Planet, welcher der Sonne gerade so nahe ist, dass auf seiner Oberfläche bei geeigneten atmosphärischen Bedingungen Wasser fließen könnte. Das ist eine notwendige (wenn auch noch lange keine hinreichende) Bedingung für die Existenz biologischen Lebens – und allein diese Tatsache macht die Marsforschung zu einem Unternehmen, das nicht nur schaut, sondern sucht. Die wissenschaftliche Eroberung des Planeten Mars dient vor allem der Prospektion, der gezielten Suche nach Wasser und Lebensspuren.

Diese Suche gründet ihre Hoffnungen auf die Ähnlichkeiten zwischen dem blauen und dem Roten Planeten und hebt diese dadurch noch einmal besonders hervor. Damit aber wird der Mars zum Neuland, nicht nur im Sinne jener bildlichen Floskel vom »wissenschaftlichen Neuland«, sondern in einem wörtlichen, geographischen Sinne eines neuen Landes, welches überflogen, befahren und buchstäblich betreten werden kann.

Überflogen und befahren wird der Mars heute schon, und das Betreten ist zumindest technisch machbar. Das geschieht nun ausgerechnet zu einem Zeitpunkt der Menschheitsgeschichte, in dem auf den Landkarten aller sieben* Erdteile die weißen Flecken auf minimale Reste geschrumpft sind und auch die gewaltigen Flächen, die sich am Grunde der Ozeane wie ein weiterer, achter, Kontinent erstrecken, immer mehr ihrer Geheimnisse preisgeben. Mit dem Mars hat sich der menschlichen Neugier abermals ein völlig neuer Kontinent aufgetan, so groß wie alle Landmassen der Erde zusammen.

Der Mars mag keine zweite Erde sein, aber er ist der neunte Kontinent. Nach der Tiefsee ist seine Oberfläche heute die nächste befahrbare Sphäre, in die hinein der Mensch vorstoßen

* Die Zahl der Erdteile ist seit der Neuzeit strittig. Wir folgen hier der verbreiteten Zählung, in der Europa und Asien als verschiedene Kontinente angesehen werden, ebenso Nord- und Südamerika. Zusammen mit Afrika, Australien und der Antarktis hat die Erde also sieben Kontinente. Eine streng geologische Definition müsste Europa und Asien zusammenlegen, aber zugleich einige kleinere Landmassen wie Madagaskar, Neuseeland oder die Seychellen als eigenständige Kontinente zählen.

kann und deren Erkundung nicht nur neues Wissen, sondern auch neue sinnlich erfassbare Räume verheißt. Auch das macht den Mars zu einem so besonderen Ziel in einer Zeit, in der die vorderste Front der Wissenschaft oft nur noch in abstrakten Gefilden des Mikrokosmos zu verlaufen scheint: im Reich der Moleküle und Quantenobjekte, oder den für unsere Vorstellungskraft oft nicht minder strapaziösen makrokosmischen Skalen des Universums. Bei der Erforschung des Mars wird wieder unmittelbar spürbar, was Wissenschaft im Kern ist: ein Abenteuer.

Allerdings stellt gerade der Rote Planet die Entdeckerlust auf eine harte Probe. Marsforschung ist um Größenordnungen aufwendiger als die Erkundung der Meere – nicht zuletzt deswegen, weil die Neugier hier bis auf weiteres ohne die freundliche Unterstützung der ganz normalen Gier auskommen muss. Bodenschätze oder sonstige Ressourcen locken dort erst einmal keine. Der Mars wurde dennoch zu dem am besten untersuchten Himmelskörper nach der Erde und nicht zuletzt dadurch auch zu einem der rätselhaftesten. Die Daten der Raumsonden haben Forscher wie interessierte Öffentlichkeit auf eine emotionale Achterbahn geschickt: enttäuschende Bilder von einer leblosen gefriergetrockneten Rostkugel gab es ebenso oft wie Anzeichen für einen aktiven, dynamischen Mars.

Doch allmählich fügt sich das Faktengewirr zu einem Mosaik, und ein neues Bild des Mars zeichnet sich ab – ein Bild sicherlich, in dem lange nicht alle Fragen beantwortet sind und noch mehr neue aufgeworfen werden. Dennoch ist dieses Bild reich und rund genug, um auch einer breiteren Öffentlichkeit vorgestellt zu werden. Dieses Buch unternimmt den Versuch dazu. Es wendet sich an alle, die wissen wollen, wie es auf dem nach der Erde spannendsten Planeten des Sonnensystems aussieht: was man darüber weiß – und was man nicht weiß.

Was also erwartet den Leser? Es sind acht Kapitel, die insbesondere von Mars-Neulingen am besten hintereinander gelesen werden. Auch eine Einzellektüre sollte aber problemlos möglich sein, da übersprungene Informationen anhand des Registers oder des areographischen Glossars in den meisten Fällen auffindbar sein sollten. Zunächst führen zwei Kapitel den Leser durch die außergewöhnliche, stellenweise absonderliche Geschichte, die der Mensch mit dem Roten Planeten hat. Im dritten Kapitel werden dann die Helden der Gegenwart vorgestellt: eine Flotte von acht Marssonden, auf deren Daten das neue Bild vom Mars maßgeblich aufbaut – sowie ein paar kleinere, meist weniger beachtete Gesellen, denen es ebenfalls einiges verdankt.

Das vierte, fünfte und sechste Kapitel breiten dieses Bild dann aus. Sie bieten eine Art Landeskunde, die man gerne auch als Reiseführer für imaginäre Touren durch die Schluchten und Vulkanlandschaften des Mars nutzen kann. Auf deren Bebilderung wurde weitgehend verzichtet, die Farbtafeln in der Buchmitte haben vor allem die besprochenen Formationen oder Strukturen exemplarisch zu illustrieren. Nicht, dass es nicht mehr zu zeigen gäbe. Seit 1965 entstanden mehr Bilder vom Mars, als je ausgedruckt werden könnten. Eine gute Auswahl findet man in Bildbänden wie Jim Bells prächtigen »Postcards from Mars« oder im Internet, insbesondere den Websites der einzelnen Raumsonden, der Planeten-Bilddatenbank der Nasa (http://photojournal.jpl.nasa.gov) und bei der Europäischen Raumfahrtorganisation Esa (www.esa.int). Doch wie selbst Palmen und Meer in einem Südsee-Bildband den ortsunkundigen Betrachter bald ermüden, so ergeht es einem auch mit den schönsten Bildern vom Mars. Oft reichen aber bereits gewisse landeskundliche Kenntnisse, um die Bilder voller grauer Basaltbrocken und rotem Sand zum Erlebnis zu machen – unter anderem diese Kenntnisse wollen die Kapitel vier bis sechs vermitteln.

Das siebte Kapitel knüpft in mehreren Punkten an die ersten beiden an, geht es hier doch um das zentrale Motiv der Marsforschung: die Frage nach dem Leben auf dem Roten Planeten. Da sie bei Drucklegung noch offen war, sind die Darstellungen von

Forschungsresultaten und Forschungspraxis kaum zu trennen. Das gilt natürlich erst recht für das letzte Kapitel. Dort werden Fragen gestellt und, soweit überhaupt möglich, beantwortet, welche die Nähe von Mars und Erde nicht immer zur Freude aller Forscher, aber doch mit eigentümlicher Hartnäckigkeit aufwirft: Wie weit sind die Pläne, Astronauten zum Mars zu schicken? Was würde das kosten? Wird man einmal dorthin auswandern können?

Dieses Buch gäbe es nicht ohne die Wissenschaftler, über deren Arbeit ich hier berichten darf. Einige von ihnen halfen persönlich mit Zusatzinformationen, Literaturhinweisen oder erhellenden Erklärungen, darunter Jeffrey Andrews-Hanna (MIT), Jean Pierre Bibring (Université Paris Sud), Martin Brasier (Oxford), Donald Burt (Arizona State), Simon Conway Morris (Cambridge), Alberto Gonzales-Fairén (Nasa Ames), James Head (Brown University), Ralf Jaumann (DLR Berlin), Andrew Knoll (Harvard), Margarita Marinova (Caltech), Christopher McKay (Nasa Ames), Michael Mumma (Nasa Goddard), Gerhard Neukum (FU Berlin), Roger Phillips (Washington University, St. Louis), Max Schmidt (ETH Zürich), Steven Squyres (Cornell), Ken Wohletz (Los Alamos) und Robert Zubrin (Pioneer Astronautics Inc.). Für Rat und Hilfe in Fragen jenseits der Marsforschung danke ich außerdem Wilhelm Schmidt-Biggemann (FU Berlin) und Peter Weingart (Universität Bielefeld) – nicht zuletzt der Bereitschaft aller dieser Forscher zu Gespräch oder Korrespondenz verdankt sich, was an diesem Buch gelungen ist, während Fehler, die sich eingeschlichen haben mögen, mir ganz alleine anzulasten sind.

Mein besonderer Dank gilt dem S. Fischer Verlag, aber auch meinen Kollegen im Wissenschaftsressort der Frankfurter Allgemeinen Sonntagszeitung, denen ich immer wieder mit dem Mars und dem Wasser dort kommen durfte. Teile des hier Dargestellten beruhen auf Recherchen für Artikel in der Sonntagszeitung, auch wenn fast alle Texte für dieses Buch neu geschrieben wurden. Für all die Unterstützung dabei und die Nachsicht an den vielen Montagen, an denen ich mich auf den Mars begeben habe, danke ich meinen Kindern und meiner geliebten Frau Silja.

Bad Soden am Taunus im Januar 2009, UvR

Erstes Kapitel: **Ein roter Stern**

Am Anfang war ein Gott

Der Mars war ein Gott, lange bevor er ein Planet wurde. Gegen Ende des zweiten Jahrtausends vor Christus wanderte das indoeuropäische Volk der Italiker über die Alpen in jenes Land ein, das später einmal nach ihnen benannt werden sollte. Die Italiker verehrten verschiedene Gottheiten, eine der wichtigsten davon war Mamers, auch Mavors, Marspiter oder kurz Mars genannt. Mit dem roten Lichtpunkt am Himmel, der sicher auch den Italikern bekannt war, hatte dieser Gott freilich noch nichts zu schaffen. Erklärungen für Naturerscheinungen zu liefern, das war schon in der vorchristlichen Antike nur eine nachgeordnete Funktion von Religion. Vielmehr galt es, sich mit jenen existentiellen Zusammenhängen zu arrangieren, die sich menschlicher Kontrolle weitgehend entziehen.

Im Falle des Mars der Italiker war es das Gedeihen der Feldfrüchte und des Viehs. Auch im Pantheon jenes italischen Volkes, das sich in einer hügeligen Gegend am Tiber niedergelassen hatte, war Mars zunächst vor allem für die Landwirtschaft zuständig. Im jungen Rom war das ein Schlüsselressort, wovon noch heute der Name des Frühlingsmonats März zeugt. Aber allzu bukolisch darf man sich diesen Agrargott nicht vorstellen. Wie bei anderen Italikern gab es bei den Römern den Brauch des »ver sacrum«. Zu einem solchen »heiligen Frühling« wurde in

Zeiten großer Not das kommende Frühjahr ausgerufen. Tiere und Menschen, die dann zur Welt kamen, waren speziell dem Mars geweiht, was für Erstere den Opfertod bedeutete und für Letztere, dass man sie, nachdem sie erwachsen geworden waren, zur Auswanderung zwang. Der praktische Sinn dieser Sitte lag wohl in einem Abbau des Bevölkerungsüberschusses. Sie war aber möglicherweise einer der Gründe für den expansiven Elan der Italiker, mit dem sie sich schließlich über ganz Italien ausbreiteten. Letztlich steht der Gott Mars damit auch am Anfang des Aufstieges Roms zur Weltmacht und damit an einer der Wurzeln der abendländischen Kultur.

Die imperialen Aktivitäten der Römer veränderten mit der Zeit das Profil dieses Gottes. In den ihm geweihten Frühlingsmonat fiel nicht nur die Zeit der Aussaat, sondern auch die des Aufbruchs zu neuen Feldzügen nach der Winterpause. So wurde aus dem Mars ein Kriegsgott, und als die Italiker auf die in Unteritalien siedelnden Griechen trafen, da setzten sie ihn kurzerhand mit deren Kriegsgott Ares gleich.

Erst jetzt kam auch die Verbindung zu dem roten Wandelstern zustande. Auch für die Griechen war der Planet keineswegs ein Gott, sondern hieß lediglich nach einem und war ihm geweiht. Sie nannten ihn Areōs astēr, Ares-Stern. Dabei war die hier mitschwingende Assoziation seiner Farbe mit Blut und Feuer keineswegs zwingend. Für die Ägypter etwa war das Gestirn lediglich Har décher, »der Rote«, und für die Hebräer Ma'adim, »der Schamrote«. Die Chinesen nannten ihn zwar Huoxing, Feuerstern, doch das hatte mehr mit ihrer Elementmythologie zu tun als mit dem Gedanken an brennende Häuser. Die Assoziation des Roten Planeten mit Tod und Zerstörung hatten die Griechen von den an Sternen äußerst interessierten Babyloniern übernommen, deren Gott Nergal unter anderem ähnliche Zuständigkeiten hatte wie Ares.

Allerdings war die römische Gleichsetzung von Mars und Ares ein Missverständnis. Denn während die Marsverehrung der Römer den Rang eines Staatskultes besaß, war Ares bei den

Griechen ausgesprochen unbeliebt. Obwohl ein Spross des Zeus und der Hera, hatte er keine bedeutenden Kultstätten und wurde selten künstlerisch dargestellt. Ares war der Gott des blutigen, leidbringenden, zerstörerischen Krieges. Die kluge und ehrenvolle Kriegführung dagegen lag im Verantwortungsbereich der Athene. Und während die Römer im Mars den Vater ihrer mythischen Stadtgründer Romulus und Remus sahen und sich selbst zuweilen »Söhne des Mars« nannten, hätte kein Grieche vom Ares abstammen wollen. Im Gegenteil. Ihre Sagen dichteten oft griechenfeindlichen Völkerschaften, etwa den Amazonen, eine Abstammung von dem brutalen Gott an.

Doch der religionspolitische Fauxpas der Römer blieb ohne Folgen, vielleicht auch deshalb, weil der Frieden und die Stabilität, die Roms Expansion in den von Diadochenkämpfen gebeutelten griechischen Ostteil des Mittelmeerraumes brachte, den Ares dort für den Rest der Antike arbeitslos machte. Was blieb, war die römische Interpretation des Kriegsgottes als einer energischen, aktiven, männlichen Macht, und mit diesen Eigenschaften wurde in der Astrologie nun auch sein Planet assoziiert.

Der Mars der Astrologen

Heute zählt diese Assoziation im westlichen Kulturkreis zu den am meisten verbreiteten astrologischen Intuitionen überhaupt. Wie mächtig sie ist, das zeigt etwa der Fall des französischen Psychologen und Statistikers Michel Gauquelin (1928 bis 1991). Dieser hatte sein Leben der kritischen Überprüfung astrologischer Aussagen gewidmet, und tatsächlich widerlegten seine Untersuchungen die meisten überlieferten Astro-Lehren – etwa die, unser Tierkreiszeichen hätte irgendeinen Einfluss auf unseren Charakter oder unser Lebensschicksal. Dann aber veröffentlichte Gauquelin 1955 in seinem Buch »L'Influence des Astres« einen eigentümlichen Befund: Demnach war er auf gewisse statistische Korrelationen zwischen bestimmten Planetenstellungen zum Zeitpunkt der Geburt bekannter Persönlichkeiten und deren beruflichen Erfolg gestoßen.

So hatte Gauquelin aus den Geburtsdaten von zunächst 430 französischen Sportlern, die er Sportlexika entnommen hatte, geschlossen, dass berühmte Sportler mit einer signifikant höheren Wahrscheinlichkeit als Durchschnittsbürger zu einem Zeitpunkt geboren werden, an dem der Mars gerade am Himmel über dem Geburtsort aufgeht oder seinen höchsten Stand über dem Horizont erreicht. Auch Generäle und Ärzte seien überdurchschnittlich häufig bei solchen Marspositionen zur Welt gekommen, dagegen unterdurchschnittlich viele Künstler und Musiker.

Der sportliche »Mars-Effekt« wurde besonders berühmt und hatte zahlreiche Überprüfungsversuche zu Folge. Spitzensportler gibt es eben häufiger als siegreiche Generäle, weswegen sich die Sache hier statistisch am saubersten untersuchen lassen sollte. Tatsächlich wird Gauquelins »Mars-Effekt« noch heute als Hinweis darauf angeführt, dass an Astrologie doch etwas dran sein könnte. Allerdings konnte der Zusammenhang in späteren Untersuchungen an anderen Sportler-Datensätzen nicht reproduziert werden, und schließlich kam sogar heraus, dass Gauquelins Ausgangsdaten fehlerhaft waren und er bei der Entscheidung, wer als großer Sportler gelten könne, keine einheitlichen Kriterien angewandt hatte. Ob bewusste Manipulation im Spiel war, ist nicht mehr feststellbar. 1991, kurz nach einem Treffen mit dem Mitglied einer Kommission, welche die Datenunstimmigkeiten untersuchte, vernichtete Michel Gauquelin alle seine Unterlagen und beging Selbstmord.

Kopernikus' kleiner Helfer

Ob man ihn nun astrologisch in Dienst nimmt, ihn wissenschaftlich untersucht oder einfach nur bestaunt – von der Erde aus gesehen ist der Planet Mars zunächst einmal ein Stern. Er ist nicht das hellste Gestirn nach Sonne und Mond, jedenfalls nicht immer, und auch nicht das einzige rote. Beteigeuze im Sternbild Orion etwa oder Antares im Skorpion schimmern ebenfalls für das bloße Auge erkennbar in diesem Farbton. So dürfte auch nicht jeder den Mars schon einmal bewusst am Himmel gesehen haben, vielleicht noch nicht einmal jeder Astrologe.

Die Eigenart der Planeten offenbart sich eben nur dem, der etwas genauer hinsieht. Erst wer regelmäßig zum Firmament blickt, erkennt, dass es da neben Sonne, Mond und den Sternen der Sternbilder noch etwas gibt. Dementsprechend sagt ihr Name auch nicht, was sie sind, sondern was sie nicht sind. Das Wort »Planet« geht auf das griechische Verb »planáesthai« zurück, was etwa so viel bedeutet wie »umherirren«. Denn Planeten tun genau das nicht, was andere Sterne normalerweise tun, nämlich als unveränderliche Lichtpunkte in festen Konstellationen das Firmament zu umrunden. Verfolgt man ihre Position am Himmel über Tage, Wochen und Monate hinweg, so beschreiben zwar auch sie eine Bahn. Doch dabei sind Venus und Merkur einmal am Abend, einmal am Morgen zu sehen. Mars, Jupiter und Saturn dagegen scheinen ihren Lauf zuweilen umzukehren. Zudem verändern sie periodisch ihre Helligkeit – im Falle des Mars schwankt sie um das Fünfzigfache.

Diese Irregularitäten müssen den Gelehrten zu allen Zeiten Kopfzerbrechen bereitet haben. Ein echtes Problem wurden sie dann im Laufe der griechischen und römischen Antike, als man nicht mehr so einfach davon ausging, die Planeten seien beseelt oder würden von Göttern nach Gusto durch die Gegend geschoben, sondern damit begann, was die Wissenschaft heute noch tut: nach möglichst einfachen Prinzipien zu suchen, nach denen die Welt organisiert ist. Der einsame Lauf der Himmelskörper war das erste und lange Zeit einzige Naturphänomen, das solchen Bemühungen zugänglich war, und so gelangen hier bereits früh langfristige Vorhersagen, etwa von Finsternissen. Die Physik irdischer Phänomene mit ihren vielfältigen gegenseitigen Abhängigkeiten und Störungen war weitaus mühsamer, was den Philosophen Aristoteles zu der – so gesehen alles andere als unvernünftigen – Auffassung veranlasste, die himmlischen Körper müssten ganz anderen Gesetzen gehorchen als die Stühle und Steine um uns herum.

Dennoch, das seltsame Benehmen der Planeten machte die antike Himmelstheorie komplizierter. Anders als Sonne und Mond, die man sich unschwer um die Erde kreisend denken konnte, musste man sich den Umlauf der Planeten als aus zwei Kreisbewegungen zusammengesetzt vorstellen. Demnach wäre es nicht der Planet, der die Erde umkreist, sondern der Mittelpunkt seiner eigentlichen Kreisbahn, der sogenannte Epizykel. Aber auch diese Theorie sagte noch nicht die beobachteten Positionen und Helligkeitsschwankungen der Wandelsterne voraus, also machte man sie noch komplexer. Man gab etwa die Idee auf, dass die Erde genau im Mittelpunkt der Bahnen stehen und der Umlauf völlig gleichmäßig erfolgen müsse. In der ausgefeiltesten Form, die der Ägypter Klaudios Ptolemaios im zweiten Jahrhundert nach Christus vorlegte, war diese epizyklische Himmelstheorie äußerst kompliziert, aber beschrieb das Himmelsgeschehen mit großem Erfolg, so dass über 1300 Jahre lang niemand daran rührte.

Es war das große Verdienst einiger Gelehrter des ausgehenden Mittelalters, vor allem des Mediziners und Kirchenjuristen Nikolaus Kopernikus, erkannt zu haben, dass man ganz ohne die komplizierten Epizyklen auskam, wenn man die Sonne als Mittelpunkt der Planetenbewegungen annahm. Dies ist das Thema von Kopernikus' berühmtem, Papst Paul III. gewidmetem Werk mit dem Titel »De Revolutionibus Orbium Coelestium« (Über die Umdrehungen der himmlischen Sphären), das in seinem Todesjahr 1543 veröffentlicht wurde. Spekulationen über eine heliozentrische Organisation des damals bekannten Kosmos hatte es schon vorher gegeben, zuerst von Aristarch von Samos im dritten Jahrhundert vor Christus. Sie waren aber nie so detailliert ausgearbeitet worden wie die geozentrische Epizyklentheorie und hatten keine breitere Anhängerschaft gefunden.

Kopernikus hatte jahrzehntelang mit der Veröffentlichung seiner Theorie gezögert, obwohl nicht zuletzt seine Freunde aus dem Klerus ihn oft dazu ermunterten. Vermutlich rechnete er mit Widerständen, zu denen es dann im Laufe des 16. und frühen 17. Jahrhunderts auch prompt kam. Anders als es oft kolportiert wird, waren sie aber keineswegs theologischer Art – diese Probleme spielten erst später eine Rolle, als die Kirche sich protestantischen Vorwürfen ausgesetzt sah, es mit der Heiligen Schrift nicht genau genug zu nehmen. Vielmehr mochte die Idee einer bewegten Erde nicht so recht einleuchten, widersprach sie doch der von Aristoteles zum physikalischen Grundgesetz erhobenen Alltagsbeobachtung, dass ein Körper, auf den keine Kraft wirkt, ruhen muss. Ein senkrecht in die Luft geworfener Stein dürfe daher an einer Bewegung der Erde nicht teilnehmen. Während er zu Boden fällt, müsste sich die Erde damit unter ihm hinwegdrehen und sein Aufschlag ein Stück westlich seines Startplatzes erfolgen. Dergleichen hatte aber noch nie jemand beobachtet.

Hinzu kam, dass die kreisförmig um die Sonne laufenden Planeten der kopernikanischen Theorie den Lauf der Gestirne zwar ungleich einfacher und eleganter beschrieben als die antiken Epizyklen, aber keineswegs genauer. Auch empirisch zwang also nichts zur Aufgabe der überkommenen ptolemäischen Kosmologie. Das heliozentrische System des Kopernikus blieb daher zunächst eine Glaubens- oder besser eine Geschmacksfrage – und ohne den Mars wäre das vielleicht noch lange so geblieben.

Denn es war die Bahn dieses Planeten, die dem Württemberger Mathematiker und Astronomen Johannes Kepler die entscheidenden Hinweise gab, wie die kopernikanische Theorie zu verbessern war. Dazu unternahm er eine mühevolle Analyse der Beobachtungsdaten, die Tycho Brahe gesammelt hatte, sein 1601 verstorbener Chef und Vorgänger als Hofastronom Kaiser Rudolfs II. in Prag. Die Bahndaten des Mars brachten Kepler zu der Einsicht, dass der Planet die Sonne nicht auf einem Kreis umrundete, sondern auf einer »ovalen Figur«. Lange prüfte er die Möglichkeit, ob es sich bei der Bahnform des Mars nicht um ein »Ovoid« handelt, also um ein hühnereiförmiges Gebilde, bis er schließlich entdeckte, dass es die mathematisch viel einfachere Ellipse war. Daraus schloss er, dass die Planeten die Sonne auf einer elliptischen Bahn umrunden, wobei die Sonne in einem der beiden Brennpunkte der Ellipse liegt. Diesen Lehrsatz kennen wir noch heute als Erstes Keplersches Gesetz. Der Astronom veröffentlichte es 1609 in seiner »Astronomia nova« (Neue Astronomie). Das Buch trägt den Untertitel »De motibus stellae Martis« – Über die Bewegungen des Planeten Mars.

Kepler hatte auch Glück gehabt. Der Mars ist aufgrund seiner Nähe zur Erde nicht nur besonders genau in seinem Lauf zu verfolgen, seine Bahnellipse weist auch eine besonders starke Streckung oder Exzentrizität auf. Nur die Bahnen des wegen seiner Sonnennähe schwer zu beobachtenden Merkur – und des damals noch unbekannten (und heute nicht mehr als echter Planet betrachteten) Pluto – weichen noch stärker von einer Kreisbahn ab. Hätte der Mars eine deutlich weniger exzentrische Bahn, wäre die Frage, ob wir in einem geozentrischen Epizykel-System leben oder einem heliozentrischen, wesentlich länger offengeblieben, zumindest bis zum Aufkommen leistungsfähiger Teleskope.

Am Fernrohr

Das erste Fernrohr wurde um die Zeit entwickelt, da Keplers »Neue Astronomie« in Druck ging. Im Jahre 1609 hörte Galileo Galilei, damals Professor an der Universität Padua in der Republik Venedig, von der Erfindung aus Holland und baute sie mit selbstgeschliffenen Linsen nach. Das Erste, was er mit den ersten, noch sehr einfachen, lediglich acht- bis zehnfach vergrößernden Instrumenten tat, war etwas, das man heute Lobbyarbeit nennen würde. Er stieg mit den venezianischen Senatoren auf den höchsten Campanile der Stadt und zeigte ihnen, wie nützlich Wissenschaft doch für das Verteidigungswesen ist. Ob Galilei wirklich auch der Erste war, der im November 1609 ein Fernrohr zum Himmel richtete, ist nicht mehr so ganz klar. Denn bereits im Sommer 1609 malte der deutsche Maler Adam Elsheimer (1578 bis 1610) in Rom sein Bild »Die Flucht nach Ägypten«, auf dem das Band der Milchstraße als Ansammlung einzelner Sterne dargestellt ist, was mit bloßem Auge nicht zu erkennen ist. Das legt nahe, dass Elsheimer oder jemand, mit dem er in Kontakt stand, schon vor Galilei durch ein Fernrohr zum Firmament geblickt hatte.

Für eine quantitative, messende Astronomie waren diese frühen Instrumente noch zu ungenau. Trotzdem begann mit ihrer Erfindung eine neue Epoche der Wissenschaftsgeschichte. Nach Jahrtausenden, in denen die Menschen den Rätseln der Natur mit kaum mehr als ihren bloßen Augen nachgehen konnten, begann sich der sichtbare Teil der Wirklichkeit nun auf einmal zu weiten. Neue Dinge wurden sichtbar, und die ersten sah Galileo Galilei, nachdem er die Leistungsfähigkeit seiner Teleskope vom holländischen Typ auf 20fache Vergrößerung gesteigert hatte: die Gebirge auf dem Mond, welche die aristotelische Trennung von irdischer und himmlischer Physik unterminierten, die Phasen des Planeten Venus und die Monde des Jupiter. Obgleich nichts davon nicht auch in einem geozentrischen Weltmodell erklärbar gewesen wäre, waren diese Beobachtungen natürlich sehr dazu angetan, die Kopernikaner in ihrem Glauben zu bestärken.

Hatte sich Galilei auch den Mars näher angesehen und dabei etwas Neues entdeckt? Johannes Kepler fasste eine Nachricht, die er aus Italien erhielt, in diesem Sinne auf. Es handelte sich allerdings um ein Anagramm, also eine Anzahl Buchstaben, die erst in einer bestimmten (aber dem Empfänger vorenthaltenen) Reihenfolge einen Klartext ergaben. Solche Anagramme waren einst eine beliebte Maßnahme, um eine Entdeckung zu melden, ohne Gefahr zu laufen, dass andere sie anschließend für sich reklamieren. Denn da sich längere Anagramme zu allen möglichen Botschaften zusammensetzen lassen, gibt der Absender mit der Nachricht nichts preis, kann aber aller Welt im Falle späterer Prioritätsstreitigkeiten den Klartext präsentieren und damit beweisen, dass er die Entdeckung zum Zeitpunkt der Publikation des Anagramms schon gemacht hatte.

Ein Anagramm, das Galilei Ende 1610 an seine Astronomenkollegen verschickte, las sich »smaismrmil mepoetaleum ibunenugt tauiras«. Galileis lateinischer Klartext lautete: Altissimum planetam tergeminum observani – »ich habe den entferntesten Planeten in Drillingsgestalt beobachtet«. Der betreffende Planet war der Saturn (Uranus und Neptun waren noch nicht entdeckt), und die ominöse Drillingsgestalt sollte sich Jahrzehnte später als das berühmte Ringsystem dieses Planeten entpuppen. Angesichts der Ungewöhnlichkeit dieser Meldung hatte Kepler natürlich keine Chance, die Nachricht zu entziffern, aber in seiner Neugierde setzte er alles daran und kam schließlich auf »Salue umbistineum geminatum Martia proles«, ein selbst für das geschraubte Gelehrtenlatein der damaligen Zeit ziemlich schräger Satz. Er enthält ein Wort (ubistineum), das es im Lateinischen eigentlich gar nicht gibt, könnte aber so viel heißen wie »Seid gegrüßt, ihr kugeligen Zwillingskinder des Mars«. Das hatte Kepler nämlich erwartet: die Entdeckung zweier Monde im Umlauf um den Mars. Nachdem die Erde einen Mond beherbergt und der Jupiter vier, war für Kepler klar, dass die Trabantenzahl des zwischen diesen Planeten gelegenen Mars zwischen eins und vier liegen musste – mit Präferenz für zwei, hing Kepler doch zutiefst jenem antiken Glauben an, nach dem sich die Welt auf harmonische Zahlenverhältnisse gründet.

Zufällig – aber wirklich rein zufällig – hat der Mars tatsächlich zwei Trabanten. Phobos und Deimos sind aller Wahrscheinlichkeit nach zwei eingefangene Asteroiden und so winzig, dass sie erst 1877 durch den amerikanischen Astronomen Asaph Hall entdeckt wurden. Mit den Mitteln des 17. Jahrhunderts waren sie unmöglich zu entdecken. Das Marstrabantenpaar, das etwa bei Jonathan Swift oder Voltaire durch die Literatur geistert, verdankt sich daher allein dem keplerschen Missverständnis.

In Wahrheit hatte Galileis Fernrohr dem Mars nichts Neues entlockt. Der Hofmathematiker des toskanischen Großherzogs, zu dem Galilei im Herbst 1610 berufen worden war, hatte auch keine Abweichung von der kreisrunden Form des Marsscheibchens zweifelsfrei ausmachen können, obwohl er eifrig danach gesucht hatte. Im kopernikanischen Weltmodell kann der Mars zwar von der Erde aus gesehen nie als Sichel erscheinen, wie die Venus, aber immerhin so wie ein nicht ganz voller Mond. Tatsächlich berichtet Galilei in einem Brief an seinen engen Vertrauten, den Benediktinerpater Benedetto Castelli, er habe die »Marsphasen« andeutungsweise gesehen. Dass er diese eine Beobachtung nie öffentlich verkündete, spricht für seine Gewissenhaftigkeit und Ehrlichkeit als Beobachter. Tatsächlich war eine solche Beobachtung mit Galileis Instrument nicht möglich.

Erst ein entscheidender Verbesserungsvorschlag, den Johannes Kepler 1611 in seiner Schrift »Dioptice« vorstellte, machte aus dem Galileischen Fernrohr ein für die Astronomie geeignetes Teleskop. Die erste Marsbeobachtung mit solch einem Kepler-Teleskop ist uns aus dem Jahre 1636 dokumentiert. Der neapolitanische Amateurastronom Francesco Fontana glaubte, dabei einen kreisrunden »sehr schwarzen Fleck« im Zentrum des Mars gesehen zu haben, und fertigte auch entsprechende Zeichnungen an. Niemand hat Fontanas »nigerrima pilula« auf dem Mars später je wiedergesehen, und es ist praktisch sicher, dass es sich um nichts als um einen optischen Defekt seines Teleskops handelte.

Die Ehre, die ersten zweifelsfreien Oberflächenstrukturen auf dem Mars gesehen und festgehalten zu haben, gebührt daher nicht Fontana, sondern dem Holländer Christiaan Huygens. Die Skizze, die er bei seiner Marsbeobachtung am 28. November 1659 anfertigte, zeigt ein V-förmiges Gebilde. Dabei handelt es wahrscheinlich um Syrtis Major Planum, eine Gegend, die

die Raumsonden später als eine im Vergleich zu ihrer unmittelbaren Umgebung glatte Hochebene identifizierten. Doch bis ins späte 19. Jahrhundert hatten Huygens' Nachfolger die dunklen Flecken auf dem Mars als Meere angesehen und auch so benannt. Huygens' »V« war dabei als »Sanduhr-See« geläufig.

Huygens gelang es sogar, anhand der Verschiebungen der Oberflächenstrukturen die Drehung des Mars um die eigene Achse festzustellen. Sein Wert für die Rotationsdauer von etwa 24 Stunden wurde 1666 von Huygens' Rivalen Giovanni Domenico Cassini auf 24 Stunden und 40 Minuten verbessert. Dies liegt so nahe am tatsächlichen Wert, dass auch die Strukturen, die Cassini sah, keine Einbildungen oder optischen Täuschungen gewesen sein können, wie sie die Marsforscher in den folgenden knapp 300 Jahren bis zur Ankunft von der Raumsonde *Mariner 4* noch oft foppen sollten.

Die ersten Bilder vom Mars: Zeichnungen, die der Astronom Christiaan Huygens bei Beobachtungen in den Jahren 1659 (links), 1672 (Mitte) und 1683 (rechts) anfertigte. Auf dem mittleren Bild ist deutlich die südliche Polkappe zu erkennen (da ein Keplersches Teleskop das Bild umdreht, ist Süden hier oben). Aus: Camille Flammarion, La Planète Mars (1892).

Diese fernrohrbasierte wissenschaftliche Erkundung des Mars, die erst mit Huygens und Cassini ihren eigentlichen Anfang nahm, hat einen eigentümlichen Rhythmus. Sie ist bestimmt von der alle 15 bis 17 Jahre wiederkehrenden Stellung der Planeten Erde und Mars. Zwar überholt die Erde den Mars etwa jedes zweite Jahr – der Mars steht dann von der Erde aus gesehen der Sonne am Himmelsgewölbe gegenüber, weshalb man von einer »Opposition« spricht. Doch infolge der besonders ausgeprägten Streckung der Bahnellipse des Mars schwankt die Entfernung, in der die Erde ihren äußeren Nachbarn überholt, beträchtlich. In einer perihelischen Opposition – Perihel nennt man den sonnennächsten Punkt auf der Bahn eines Planeten – kommen sich die beiden Planeten besonders nahe, im Idealfall bis auf 56 Millionen Kilometer.

Die perihelische Opposition des Jahres 1672 war die erste, die hier entscheidende Erkenntnisgewinne brachte. Zum einen konnte damals erstmals die Entfernung zum Mars bestimmt werden. Cassini berechnete sie aus der Differenz der von ihm in Paris gemessenen Position des Mars zu jener, die eine Expedition nach Cayenne in Französisch-Guayana ermittelt hatte. Mittels der von Kepler gefundenen Gesetze der Himmelsmechanik war es Cassini damit zugleich möglich, als Erster den Abstand der Erde zur Sonne zu bestimmen. Dass er mit 140 Millionen Kilometern dem tatsächlichen Wert (149 597 870 Kilometer) so nahe kam, hatte allerdings mehr mit Glück als mit Forschergenius zu tun. Die Messwerte aus Cayenne hatten riesige Unsicherheiten.

Was es mit der zweiten wichtigen Beobachtung während dieser perihelischen Opposition auf sich hat, wurde erst im Nachhinein erkannt. Neben einer erneuten Beobachtung der »Sanduhr« und weiterer dunkler Regionen muss Huygens damals ausweislich seiner Aufzeichnungen die südliche der beiden hellen Polkappen des Mars gesehen haben (die nördliche wurde erst 1704 von Cassinis Neffen Giacomo Maraldi beobachtet). Allerdings unternahmen weder Huygens noch Cassini Versuche, die von ihnen auf dem Mars festgestellten Strukturen zu interpretieren. Zwar schrieb Huygens kurz vor seinem Tod 1695, auf dem Mars dürfte es aufgrund der größeren Entfernung zur Sonne kälter sein als auf der Erde, zudem müsse es infolge seiner schrägen Rotationsachse auf dem Mars Jahreszeiten geben. Cassini wiederum stellte Überlegungen darüber an, wie wohl die Erde aus astronomischer Entfernung aussähe, und kam zu dem Schluss, dass die Kontinente vermutlich als helle Flächen erschienen und die Meere als dunkle. Doch den naheliegenden Schluss, die dunklen Gebiete auf dem Mars könnten Meere sein, zogen die beiden führenden Astronomen des späten 17. Jahrhunderts noch nicht.

William Herschel und die Folgen

Der Erste, der empirisch begründete Spekulationen darüber anstellte, wie es auf der Marsoberfläche aussehen könnte, war der große britische Astronom deutscher Herkunft, William Herschel. Der gebürtige Hannoveraner war ursprünglich Musiker und einer der vielen Deutschen, die nach England gingen, nachdem der Prinz von Hannover als George I. den britischen Thron bestiegen hatte. In der Stadt Bath fand Herschel ab 1766 sein Auskommen als Organist und Musiklehrer, bis ihn die Leidenschaft für die Sterne packte, die er mit seiner Schwester Caroline teilte. Mit Carolines Unterstützung wurde aus dem Hobbyastronomen ein passionierter Beobachter und Instrumentenbauer und schließlich – nachdem ihm 1781 die Entdeckung des Planeten Uranus gelang – ein berühmter, vom König besoldeter Gelehrter.

Herschels Erfolg verdankte sich allerdings auch einer Neuerung in der Teleskoptechnik: dem Spiegelteleskop. Die Keplerschen Teleskope waren im Laufe des 17. Jahrhunderts immer länger geworden. Nur so ließ sich die Leistungsfähigkeit steigern, ohne dass die Linsen dicker wurden, was ihre Abbildungseigenschaften verschlechtert hätte. Die Instrumente waren damit immer umständlicher zu bedienen. Es war kein Geringerer als Isaac Newton, der die Idee hatte, das Sternenlicht anstatt mit einer Linse mit einem gewölbten Spiegel zu bündeln. Newton selber erlebte den Siegeszug seiner Idee nicht mehr. Die Metallurgie war erst Jahre nach seinem Tod in der Lage, geeignete

Spiegel herzustellen. Als aber Herschel zur Astronomie kam, war die Technik reif, und er konnte sie nun für die Wissenschaft perfektionieren.

Im Jahr 1783 richtete William Herschel seine Spiegelteleskope auch auf den Mars. Dabei zeigten sich auch ihm die großen Oberflächenstrukturen, die Huygens, Cassini und Meraldi Jahrzehnte zuvor gesehen hatten, etwa die beiden hellen Polkappen. Obwohl er auch Anzeichen für Veränderungen auf dem Mars entdeckte, hielt Herschel die meisten der Strukturen für permanente Formen einer festen Oberfläche, wobei er auch Dinge sah, etwa ein dem »Sanduhr-Meer« ähnliches dunkles Dreieck, die nachfolgende Astronomen vergeblich suchten. Mit Spekulationen darüber, was er da sah, hielt sich aber auch Herschel noch weitgehend zurück. Nur dass es sich bei den polaren Flecken um Eiskappen ähnlich denen auf der Erde handeln musste, schien ihm unzweifelhaft. Wichtiger für Herschels Marsbild waren aber seine genaue Bestimmung der Achsenneigung des Planenten – sie unterschied sich praktisch nicht von der unseres Heimatplaneten. Auf dem Mars musste es also ebenfalls Jahreszeiten geben wie auf der Erde, wenn auch doppelt so lange. Da es sich bei manchen der veränderlichen Merkmale seiner Ansicht nach nur um Wolken handeln konnte, musste es auch eine Atmosphäre geben – wenn auch nur eine dünne, wie er aus Beobachtungen von Sternen schloss, vor denen der Mars vorbeizog. Denn die verschwanden schlagartig, anstatt kontinuierlich abgedunkelt zu werden. »Die Analogie zwischen Mars und Erde ist die bei weitem engste im gesamten Sonnensystem«, schloss Herschel in einer Veröffentlichung aus dem Jahr 1784. »Seine Bewohner erfreuen sich einer Situation, die der unseren in vielerlei Hinsicht ähnelt«.

Herschels Bezug auf mögliche Marsbewohner erstaunt uns heute. Doch man muss sich vor Augen halten, dass zu jener Zeit, in der Entdeckungsreisende noch die entfernteste Pazifikinsel bewohnt vorfanden, ein allenthalben belebtes Universum vielen Gelehrten plausibler erschien als ein weitgehend unbelebtes. So spekulierte etwa Immanuel Kant am Schluss seiner 1755 verfassten »Allgemeinen Naturgeschichte und Theorie des Himmels« frohgemut über die körperlichen und geistigen Eigenschaften der Bewohner auf den verschiedenen Planeten des Sonnensystems.

Dass heute die meisten Wissenschaftler die Existenz außerirdischen Lebens, intelligenten Lebens gar, bis zum eindeutigen Beweis des Gegenteils bezweifeln, ist eine forschungslogische Errungenschaft erst des 20. Jahrhunderts, bei welcher der Mars – wie noch zu besprechen sein wird – eine entscheidende Rolle spielte.

Herschels Deutung des Mars als eines Planeten mit fester Oberfläche war aber nicht die einzig mögliche. Sein Zeitgenosse Johann Hieronymus Schröter führte in Deutschland ebenfalls ausführliche Marsbeobachtungen durch und gelangte zu dem Schluss, die Strukturen auf dem Mars seien nichts als Wolkenformationen. Tatsächlich zeigen einige der späteren Zeichnungen, die Schröter bei seinen Beobachtungen anfertigte, Wolkenbänder ähnlich denen auf dem Jupiter. Obwohl Schröter einer der besten Beobachter seiner Zeit war, leugnete er die Permanenz von Strukturen wie Syrtis Major, dem »Sanduhrenmeer«. Für den amerikanischen Psychiater und Amateurastronomen William Sheehan sind Schröters Ansichten über den Mars ein eklatantes Beispiel dafür, wie auch die Wahrnehmungen von Wissenschaftlern von vorgefassten Meinungen beeinflusst sind. Gerade die Erforschungsgeschichte des Mars ist voller solcher fixer Ideen, bis in unsere Tage.

Das Jahrhundert der Areographen

Schröters Wolkenmars blieb eine Episode. Nicht nur, weil die Autorität Herschels, des Entdeckers des Uranus, mehr wog als die des Deutschen, dessen Sternwarte in Lilienthal bei Bremen in den Napoleonischen Kriegen zerstört wurde. Der technische Fortschritt gab den Astronomen des nun anbrechenden 19. Jahrhunderts mit dem Refraktor einen wiederum revolutionären neuen Teleskoptyp an die Hand. Zu verdanken ist er vor allem dem bayrischen Glasmachersohn Joseph von Fraunhofer, der die Qualität optischer Linsen so weit verbessern konnte, dass Teleskope vom Keplerschen, auf Lichtbrechung (Refraktion) beruhenden Typ viel kompakter und leistungsfähiger gebaut werden konnten. Durch die neuen, handlicheren Instrumente zeigten sich die hellen Polkappen und dunklen Flecken immer und immer wieder, und so zweifelte bald kaum noch jemand daran, es hier mit Strukturen einer festen Marsoberfläche zu tun zu haben. Damit war es an der Zeit, Areographie zu betreiben, also eine Geographie des Roten Planeten, welche diese Strukturen vermaß und kartierte. Alle Fortschritte in der Teleskopoptik und aller Wille zur Objektivität einer immer stärker professionalisierten und institutionalisierten Astronomie änderten freilich nichts daran, dass die Areographie am Ende des 19. Jahrhunderts einer massiven kollektiven Illusion erlag.

Den Weg zu dieser Täuschung hatten dabei Befunde gebahnt, die auch aus heutiger Sicht völlig korrekt waren. Dazu gehören die Jahreszeiten auf dem Mars, die Herschel aus der Achsenneigung geschlossen hatte und deren Rhythmus sich nun auch in entsprechenden Veränderungen auf der Oberfläche zeigten. In den 1830er Jahren bestätigten die beiden Berliner Johann Heinrich von Mädler und Wilhelm Beer – der Bruder des Komponisten Jakob Beer alias Giacomo Meyerbeer – frühere Beobachtungen, nach denen sich die Ausdehnungen der marsianischen Polkappen jahreszeitlich ändern. Die Kappen wachsen, wenn auf den jeweiligen Hemisphären der Winter anbricht, und im Sommer ziehen sie sich zurück. Die Schwankungen sind im Süden allerdings wesentlich stärker als im Norden, wofür es eine einfache himmelsmechanische Erklärung gab, die Herschels Vermutung, es müsse sich bei dem hellen Material um Eis handeln, weiter stützte: Auf seiner gestreckten Umlaufbahn passiert der Mars den sonnennächsten Punkt genau dann, wenn auf der Südhalbkugel der Sommer anbricht. Die südlichen Sommer sind auf dem Mars daher wärmer, die südlichen Winter dafür kälter als die entsprechenden Jahreszeiten im Norden. Daneben ging es Mädler und Beer aber vor allem um die permanenten Strukturen. Im Jahre 1840 veröffentlichten sie die erste Karte des Roten Planeten.

Es war die erste einer Reihe von Marskarten, die bis 1877, dem Schicksalsjahr der Marsforschung, erschienen. Die involvierten Astronomen machten sich nun immer konkretere Gedanken darüber, welcher Natur die beobachteten Strukturen auf der Oberfläche des Planenten wohl sein mögen. Da war etwa der Jesuit Angelo Secchi, der erste Forscher, der sich näher mit den Farben des Planeten befasste. Pater Secchi hielt es für möglich, dass es sich bei den dunkleren, grünlichen Regionen auf dem Mars um Gewässer, bei den helleren, rötlichen um Kontinente handelte. Der britische Geologe John Philips dagegen verwies auf die großen dunklen Gesteinsflächen auf dem Mond, die man lange ebenfalls für Meere gehalten hatte. Wasseroberflächen auf dem Mars, so Philips, müssten sich durch das Spiegelbild der Sonne verraten. Die Position dieser Reflexion ließ sich berechnen, ebenso ihre Helligkeit für einen irdischen Beobachter, die etwa der eines Sternes dritter Größe entsprach. Der Sonnenreflex in den Marsmeeren hätte sich daher unschwer nachweisen lassen müssen, aber man sah ihn nicht. Die meisten Wissenschaftler hielten aber an der Interpretation der dunklen Regionen als Gewässer fest. Denn bewies nicht der allsommerliche Rückzug der Polkappen – und ihre allwinterliche Rückkehr, dass es auf dem Mars einen Wasserkreislauf geben musste?

Das Jahr 1877 wurde von den Areographen heiß herbeigesehnt. Denn am 5. September dieses Jahres trat der Mars in eine perihelische Opposition. Dabei näherte er sich der Erde bis auf den minimalen Abstand von 56 Millionen Kilometern. Bei der vorangegangenen perihelischen Opposition des Jahres 1860 hatte der Mars weit südlich am Nachthimmel gestanden, zu weit, als dass man in Europa oder Nordamerika, wo sich die meisten Observatorien befanden, viel davon gehabt hätte. Im Herbst 1877 aber stand der Mars im Sternbild Wassermann, bestens sichtbar für die besten Teleskope der Zeit. Darunter war auch der 22-Zentimeter-Refraktor auf dem Dach des Palazzo Brera in Mailand, der Wirkungsstätte von Giuseppe Virginio Schiaparelli.

Schiaparellis Marskarte von 1877 war ein Meilenstein der Marsforschung. Denn der durch seine Forschungsarbeiten über Meteore bereits berühmte Italiener zeichnete den Mars nicht einfach nur ab. Vielmehr bestimmte er auf der Marskugel die Längen und Breiten von 62 klar erkennbaren Punkten. Zudem kam der Karte zugute, dass Schiaparelli unter Rot-Grün-Blindheit litt und dadurch besonders empfindlich für feine Strukturen am Rande der Sichtbarkeit war. Alles in allem war die so gewonnene Marskarte viel präziser als alle ihre Vorgängerinnen, doch das stellte Schiaparelli vor ein Problem: Die von ihm registrierten Strukturen unterschieden sich erheblich von denen auf allen bislang veröffentlichten Karten, insbesondere jener, die der Engländer Richard Antony Proctor zehn Jahre zuvor aus den Beobachtungen seines Landmanns William Rutter Dawes kompiliert hatte und in der er den verschiedenen Strukturen darauf Namen gegeben hatte – vorzugsweise nach britischen Astronomen. Doch Britannia beherrschte den Mars nur kurz, denn Proctors Nomenklatur war unhaltbar. Die vier »Hauptkontinente«, die der Engländer auf seiner Karte eingezeichnet hatte, zerfielen bei Schiaparelli in eine Vielzahl von »Inseln«. Von einigen von Proctors »Meeren« war 1877 wenig oder gar nichts zu sehen, stattdessen zeigten sich neue Strukturen.

In einem kühnen Streich erfand Schiaparelli kurzerhand völlig neue Namen. Belesen wie er war, wählte er geographische Bezeichnungen der Antike – reale wie »Hellas«, aber auch viele mythische wie »Elysium« – angereichert mit einigen aus der Bibel, etwa »Tharsis«. Schiaparelli machte selbst vor Huygens' »Sanduhren-Meer« nicht halt und benannte es in »Syrtis Major«

um – die große Syrte ist eine Ausbuchtung des Mittelmeeres an der Küste des heutigen Libyen.

Schiaparellis Bezeichnungen haben sich bis heute erhalten. Ihr zeitloses Latein hat den Mars semantisch quasi neu erschaffen als einen Ort, an dem kartierbare Realität sich mit menschlichen Sehnsüchten mischt, mit Visionen vom Fernen, Fremdartigen, Versunkenen, das gleichwohl der Erkundung und Eroberung harrt. Auch die Wissenschaftler, die später die Bilder der ersten Raumsonden auswerteten, konnten sich diesem Zauber nicht entziehen. Zwar haben sie große Krater meist nach Persönlichkeiten der Marsforschung benannt, und kleinere, mit gelandeten Sonden entdeckte Formationen bis hinunter zu markanten Felsbrocken tragen oft englische Namen, die mal von der Populärkultur inspiriert sind (»Yogi«, »Twin Peaks«), mal von amerikanischem Pathos (»Endurance«, »Eagle«, »Husband Hill«). Doch alle aus dem Orbit sichtbaren Formationen sind ganz im Geiste Schiaparellis getauft. Und in den – recht häufigen – Fällen, in denen seine Namen sich als sachlich unpassend herausstellten, hat man Schiaparelli abgewandelt. So wurde etwa aus dem Fleck »Nix Olympica« (Schnee des Olymp) der »Olympus Mons«, als sich herausstellte, dass es sich um einen gewaltigen Berg handelte.

Die Kanal-Affäre

Schiaparellis Leistung als Areograph ist unbestritten. Tragischerweise wird sein Name außerhalb der Astronomiegeschichte aber vor allem mit einem gänzlich irrealen Phänomen in Verbindung gebracht, das die Wissenschaft gleichwohl jahrzehntelang in Atem hielt und dabei in die breitere Öffentlichkeit ausstrahlte, bis in die Literatur und die Populärkultur hinein. Die Rede ist von den Marskanälen: schmale schnurgerade Striche auf der Oberfläche des Roten Planeten.

Schiaparelli war keineswegs der Erste, der solche Strukturen auf dem Mars wahrgenommen zu haben glaubte. Die ersten finden sich auf den Zeichnungen Johann Hieronymus Schröters, aber bei Pater Secchi kann man sie ebenfalls sehen, und vor allem bei William Dawes. Auch das italienische Wort »canali« wurde nicht von Schiaparelli in die Areographie eingeführt, sondern von Secchi. Das Tragische war nun, dass dieses Wort zwei Bedeutungen haben kann: Es kann einmal natürliche Wasserläufe bezeichnen wie das englische »channel« für den Meeresarm zwischen Frankreich und England. Zweitens aber können auch künstlich angelegte Wasserstraßen »canali« heißen.

Es kann kein Zweifel daran bestehen, dass Schiaparelli 1877 und auch noch bei seinen Beobachtungen während der nächsten Mars-Opposition zwei Jahre später die canali als natürliche Strukturen ansah. Und sie bildeten auch noch kein Netzwerk wie auf späteren Karten. Allerdings erschien einer dieser Kanäle, von Schiaparelli Nilus genannt, nun doppelt: als ein paralleles Paar. Noch 1879 und dann in den folgenden Jahren wurden nicht nur immer mehr Kanäle beobachtet, die miteinander zu einem Netz verbunden zu sein schienen, sondern auch immer mehr zeigten eine Verdopplung. Im Jahre 1882 waren es bereits 20 Kanäle, die laut Schiaparelli eine solche »Gemination« aufwiesen.

Gewiss, Schiaparellis Kanäle stießen zuerst auf die Skepsis anderer Astronomen. Aber eigentümlicherweise bröckelte der Widerstand schnell. Immer mehr Astronomen begannen sie auch zu »sehen«. Im Jahre 1890 wurden sie sogar in dem gewaltigen 91-Zentimeter-Refraktor des Lick Observatory auf dem 1280 Meter hoch gelegenen Mount Hamilton in Kalifornien gesichtet. Das war das damals größte Teleskop der Welt und das erste, das permanent auf einem hohen Berg errichtet worden war. Es hatte sich nämlich herausgestellt, dass Fraunhofersche Refraktoren mit einem Kaliber von 40 Zentimetern und mehr nicht nur die Beobachtungsobjekte vergrößerten, sondern auch die Luftunruhen. Eine weitere Erhöhung des Linsendurchmessers brachte also nichts, es sei denn, man installierte die Instrumente in Gegenden mit besonders wenig atmosphärischen Turbulenzen, vorzugsweise auf hohen Bergen. Schon 1891 entstand das erste Berg-Observatorium auf der Südhemisphäre, bei Arequipa in den peruanischen Anden. Und in der perihelischen Marsopposition von 1892, die man aufgrund der Kanalfrage noch sehnlicher erwartete als die im Jahre 1877, zeigten sich dem Amerikaner William Pickering in Arequipa prompt die erwarteten Kanäle. »Viele der sogenannten Kanäle existieren auf dem Planeten«, schrieb Pickering in seinem Fachartikel, »im Wesentlichen so, wie Professor Schiaparelli sie gezeichnet hat«.

Es gab auch negative Resultate. Der Amerikaner Charles August Young in Princeton etwa sah während der perihelischen Opposition des Jahres 1892 keine Kanäle, genauso wenig wie sein berühmter Kollege Asaph Hall am Observatorium der U. S. Navy in Washington D. C. Allerdings stand der Mars 1892 wieder tief im Süden, und Washington hatte sich als ein denkbar schlechter Standort für ein Teleskop erwiesen. Bis 1894 neuerliche Beobachtungen am Lick wieder Zweifel säten, gab es auch für nüchterne Astronomen keinen Grund mehr, die Kanäle zu bestreiten. Für die Öffentlichkeit, aber auch für nicht wenige Astronomen blieb ihre Existenz für fast zwei Jahrzehnte etabliertes wissenschaftliches Wissen. Wie konnte es dazu kommen?

Am ehesten lässt sich die Marskanal-Affäre durch eine Kombination soziologischer und wahrnehmungspsychologischer Effekte erklären. Schließlich war Schiaparelli ein hoch angesehener Forscher, dem nicht nur jüngere Kollegen einfach deswegen glaubten. Sein früherer Lehrer Otto von Struve etwa, ein berühmter Astronom, schrieb: »Leider konnte ich die Kanäle selber nie erkennen. Aber ich weiß, Herr Schiaparelli ist ein vorzüglicher Beobachter, und ich habe daher keine Zweifel daran, dass es die Kanäle gibt.« Zugleich aber war man sich darüber einig, dass es sich um ein Phänomen an der Grenze der Sichtbarkeit handelte, für dessen Beobachtung es nicht nur eines guten Teleskops, sondern auch begabter Beobachter bedurfte. »Für viele Astronomen war es eine unwiderstehliche Herausforderung, die

Kanäle zu sehen«, schreibt William Sheehan, »und sie nicht zu sehen, bedeutete das Eingeständnis, kein guter Beobachter zu sein.« Und wer wollte das schon. Also hatten nicht wenige Himmelskundler Schiaparellis Karten neben sich liegen, wenn sie den Mars beobachteten, damit sie die Kanäle auch ja fanden. Und da sie Kanäle erwarteten, bemühten sich ihre Gehirne, das optische Rauschen auf der flimmernden, changierenden Marsscheibe zu welchen zu ordnen – ganz so, wie schon manche Parapsychologen aus dem Knistern im Radio die Stimmen von Verstorbenen herauszuhören glaubten.

Da die Kanäle nun als empirische Tatsache galten, bedurften sie einer Erklärung. Es fehlte nicht an prosaischen Ansätzen. Es könnte sich um Gletscherspalten in riesigen Eisfeldern handeln, schlug jemand vor. Oder um Risse, die sich bei der Abkühlung des Planeten gebildet hatten, glaubte ein anderer. Im Zentrum der Debatte aber stand eine andere Theorie, der Schiaparellis doppeldeutiger Terminus »canali« entgegen dessen Absicht entscheidend Vorschub geleistet hatte: Demnach handelte es sich um künstliche Wasserstraßen, erbaut von intelligenten Wesen.

Diese Ansicht wurde vor allem von zwei Männern mit großer öffentlicher Wirkung vertreten: dem Franzosen Camille Flammarion und dem vielseitig begabten amerikanischen Millionär Percival Lowell. Der eine wie der andere standen etwas am Rande des wissenschaftlichen Establishments ihrer Zeit – und nicht nur, weil sich beide neben der Astronomie auch für Spiritismus und okkulte Phänomene interessierten.

Flammarion hatte 1862, im Alter von 19 Jahren, seinen ersten Bestseller über außerirdisches Leben geschrieben. Das kostete ihn zwar seine Stellung als Gehilfe am Observatoire de Paris, war aber der Beginn einer stupenden publizistischen Karriere, die er auch fortsetzte, als man den begabten Beobachter wieder ans Observatoire zurückholte. Ob man Flammarion als Wissenschaftler bezeichnen will, ist ein wenig eine Frage des Standpunktes. Hinsichtlich seines Lebensthemas, der Existenz außerirdischen Lebens, sind Zweifel angebracht. Die war für ihn nicht nur eine Möglichkeit, der es nachzugehen galt, sondern eine Gewissheit, die offenbart werden musste. Seine Thesen ebenso wie der fast rhapsodische Stil seiner Bücher verraten, dass ihn weniger die Forscherneugier trieb als ein geradezu missionarischer Eifer, der Menschheit die »Pluralität der Welten« (so der Titel seines ersten publizierten Werkes) zu verkünden. Seine Behauptungen machten Flammarion berühmt und wohlhabend. 1882 stellte ihm ein reicher Bewunderer südlich von Paris ein Château zur Verfügung, in dem er sich ein eigenes Observatorium einrichtete.

Im Jahr 1892, gerade als die vermeintliche Evidenz für Schiaparellis Marskanäle erdrückend zu werden schien, schloss Flammarion den ersten Band seines Buches »La planète Mars et ses conditions d'habitabilité« ab. Darin vertrat er Schiaparellis Interpretation der dunklen Flächen auf dem Mars als Gewässer sowie die These, die Kanäle seien künstliche Wasserstraßen. Dieses Buch elektrisierte den 38 Jahre alten Privatier Percival Lowell, als er es 1893 von seiner Tante zu Weihnachten geschenkt bekam. Als kleiner Junge hatte sich der Spross einer Familie des Bostoner Geldadels für Astronomie begeistert, und als Student der Mathematik und der Literatur in Harvard war er durch ungewöhnliche Brillanz sowohl in den Naturwissenschaften als auch in den Sprachen aufgefallen. Doch anstatt sich nun systematisch einer Wissenschaft zu widmen, begann er zu reisen, hielt sich lange in Ostasien auf und veröffentlichte mehrere Bücher über diese Region. Das Thema seines Lebens aber fand er, als er durch Flammarion auf die Möglichkeit aufmerksam wurde, dass es auf dem Mars etwas Außerordentliches zu entdecken oder besser zu beweisen gab.

Fast sofort entschloss sich Lowell, ein eigenes Observatorium für die Mars-Beobachtung zu bauen. Obwohl selber kein professioneller Astronom, hatte er besser als viele in institutionellen Zwängen befangene Profis dieser Disziplin erkannt, dass die Luftunruhen das entscheidende Problem waren und es daher vor allem auf die Wahl des Beobachtungsortes ankam. Im April

1894 entschied er sich für eine 2100 Meter hoch gelegene Anhöhe bei Flagstaff, Arizona, und bereits Ende Mai richtete Lowell dort zum ersten Mal ein Fernrohr auf den Mars.

Natürlich sah er Kanäle. Aber in der Wüste Arizonas machte sich Lowell nun ein neues Bild vom Mars. Demnach waren die dunklen Flecken für ihn dort keine Gewässer, wie Flammarion glaubte, sondern Vegetationszonen, die sich im Wechsel der Jahreszeiten verfärbten. In den ausgedehnten hellen Zonen dagegen sah Lowell trockene Wüsten. Auf dem Mars müsse also, abgesehen von den Polen, eklatante Wasserknappheit herrschen und die Kanäle dürften daher von den Marsbewohnern angelegt worden sein, um das kostbare Nass von den Polen in die trockenen, niedrigeren Breiten zu leiten. Der Mars sei ein verdurstender Planet, dem intelligente Wesen mit großem technischem Aufwand das spärliche Wasser abzutrotzen suchen.

Obwohl er den Mars nur wenige Monate beobachtet hatte, verkündete Lowell seine Theorie sogleich als empirisch gewonnene Erkenntnis und löste damit einen beispiellosen Medienrummel aus. Das Jahr 1895 verbrachte er vor allem mit Vorträgen in überquellenden Sälen und mit der Vorbereitung seines ersten Buches über den Mars. Die astronomische Fachwelt Amerikas, privatem Engagement eigentlich aufgeschlossen, war von Lowells Beobachtungen und den daraus abgeleiteten Schlüssen dagegen alles andere als begeistert. »Dogmatisch und amateurhaft«, fand George Ellery Hale Lowells Forscherstil, und das renommierte *Astrophysical Journal*, das Hale mit herausgab, lehnte die Veröffentlichung der Resultate aus Flagstaff ab.

Die Skepsis des akademischen Establishments hatte allerdings nicht nur mit Lowells Person zu tun. Tatsächlich begann dort die Popularität der Kanalhypothese ihren Zenit zu überschreiten. In der zweiten Hälfte des Jahres 1894, zur selben Zeit, als Lowell von Arizona aus beobachtete, richtete man auch den großen Refraktor des Lick Observatory in Kalifornien auf den Mars und sah dort, wo sich angeblich die Kanäle befanden, Details, die alles anderem glichen als schnurgeraden künstlichen Wasserstraßen. Und kurz zuvor hatten Messungen gezeigt, dass die Marsatmosphäre keine nennenswerten Spuren von Wasserdampf enthielt. Auch wenn die wissenschaftliche Kontroverse weiterschwelte und der junge Alfred Norris Russel, der später der Doyen der amerikanischen Astronomie werden sollte, Lowells Auffassung noch 1901 als die »vielleicht beste Theorie« darüber bezeichnete, wie es auf dem Mars tatsächlich aussah, so leitete die Fachwelt doch langsam den geordneten Rückzug aus der Vorstellung von einem nassen Mars ein.

Doch aus den Köpfen der interessierten und zuweilen enthusiasmierten Laien war das Bild, an dem Flammarion so lange gemalt hatte – ohne dass die Fachastronomen ihm begründet hätten widersprechen können –, nicht mehr so einfach zu entfernen. Und jetzt, da Lowell ihm seine theatralischen Pinselstriche hinzugefügt hatte, noch viel weniger. Denn die Idee einer technisch hochentwickelten, aber trotzdem dem Untergang geweihten Marszivilisation traf punktgenau den Zeitgeist des fin de siècle. Die ersten literarischen Folgen ließen denn auch nicht lange auf sich warten. Im Jahr 1898 erschien H. G. Wells' Roman »Krieg der Welten«, in dem Marsianer die wasserreiche Erde überfallen.

Wissenschaftlich jedoch überlebten die Marskanäle weder Flammarion, der 1925 starb, noch Lowell, der bis zu seinem Tod 1916 an ihnen festhielt. Im Rückblick fand die Kanal-Affäre bereits 1907 ihr Ende. Da veröffentlichte der greise Alfred Russel Wallace, der als junger Mann zeitgleich mit Darwin die Evolutionstheorie entwickelt hatte, ein kleines Buch mit dem Titel »Is Mars habitable?«. Es ist eine knappe, aber vernichtende Kritik an Lowells Ideen. Wallace wies darauf hin, dass Lowells einziger empirischer Beleg für Wasser auf dem Mars die blauen Zonen waren, die er im Mars-Frühling um die Eiskappen herum beobachtet hatte. Doch nur dicke Wasserschichten wie die Ozeane der Erde seien blau, schrieb Wallace, nicht aber so seichte Gewässer, wie sie es auch nach Lowell auf dem Mars nur geben konnte. Das Fehlen von Wasserdampf in der Marsatmosphäre, das die spektroskopischen Messungen nahelegten, deute zudem auf eine Trockenheit hin, bei der Wasser in den Kanälen keine hundert Meilen weit käme, bevor es verdunstete. Vor allem aber habe sich Lowell gründlich vertan, als er die Temperaturen auf dem Mars mit denen in Südengland verglich. In Wahrheit könnten sie weit unterhalb des Gefrierpunktes des Wassers liegen, mancherorts vielleicht sogar unter dem des Kohlendioxids. Tatsächlich hatten die beiden britischen Forscher Arthur Cowper Ranyard und George Johnstone Stoney ein paar Jahre zuvor darauf hingewiesen, dass die Polkappen des Mars statt aus Wassereis aus festem Kohlendioxid bestehen könnten. In jedem Fall schloss Wallace: »die Bedingungen an der Oberfläche des Mars ähneln vermutlich eher denen auf dem Mond als denen auf der Erde«. Wenn es die Marskanäle also gab, so floss darin kein Wasser.

Aber es gab sie nicht. Das zeigte jenseits allen vernünftigen Zweifels die Marsopposition des Jahres 1909, während der Eugène Michael Antoniadi mit der »Grande Lunette« des Observatoire du Meudon bei Paris die beste Sicht auf den Roten Planeten gelang, die einem Menschen vor Anbruch des Raumsondenzeitalters vergönnt war. Die Grande Lunette war mit 83 Zentimetern Objektivdurchmesser das größte Teleskop Europas, und mit Antoniadi – der einst Assistent bei Flammarion und von der Existenz der Kanäle überzeugt gewesen war – benutzte es ein begnadeter Beobachter und vor allem auch Zeichner. Denn die astronomische Fotografie steckte erst in ihren Anfängen.

Antoniadis Beobachtungen wurden schnell von dem riesigen neuen Spiegelteleskop auf dem Mt. Wilson in Kalifornien bestätigt. Die Befunde ließen von den Kanälen Schiaparellis wenig mehr übrig als, wie es Antionadi beschrieb, »gewundene irregulär knotige Striche, breite unregelmäßige Bänder, Gruppen komplexer Schattierungen, isolierte düstere Flecken oder gezackte Kanten«. Immerhin hatte der große Schiaparelli wenigstens irgendetwas gesehen, das er dann als »canali« apostrophierte. Anders sah es mit den Kanalsystemen auf den Karten Percival Lowells aus, die Antoniadi als reine Einbildung einstufte. Tatsächlich haben die Astronomen Carl Sagan und Paul Fox 1975 Lowells 183 Kanäle umfassendes Netzwerk einmal über eine Marskarte gelegt, die nach den Aufnahmen der Raumsonde *Mariner 9* angefertigt wurde – und praktisch keine Übereinstimmung zwischen Lowells Karte und realen Oberflächenstrukturen gefunden.

Lowells Erbe

Percival Lowell war zu Lebzeiten eine schillernde, umstrittene Persönlichkeit. Doch sein Einfluss auf die Marsforschung war nachhaltig. Das lag gar nicht so sehr an seinem Observatorium in Flagstaff, das, mit reichlich Stiftungsvermögen versehen, nach Lowells Tod seine Arbeit fortsetzte und heute eine angesehene private Forschungseinrichtung ist. Vielmehr war es Lowells Vorstellung, auf dem Mars könnte es Wasser, Wärme und eine Vegetation geben, die sich in den Köpfen von Forschern wie Laien festgesetzt hatte.

Lowell hatte sich die hellen Regionen des Mars als Wüsten erklärt, die dunklen, im Teleskop grünlich bis bläulich erscheinenden Flecken dagegen als Zonen der Vegetation, vermutlich in tiefliegenden ausgetrockneten Meeresbecken. Dies war bis weit in die 1950er Jahre hinein die vorherrschende Meinung, auch unter den Wissenschaftlern. Denn trotz Wallace' Einlassungen war es noch lange nicht zwingend bewiesen, dass auf dem Mars kein flüssiges Wasser möglich ist. Alles hing an der Atmosphäre, von der man nur wusste, dass sie erheblich dünner sein musste als die der Erde. Die Frage war nur, wie dünn. Lowell berechnete sie aus indirekten Hinweisen auf etwa 85 Millibar (mehr als das Zehnfache des wirklichen mittleren Atmosphärendruckes auf dem Mars), aber andere Forscher kamen auf ähnliche Werte. Sie lagen jedenfalls deutlich über dem sogenannten Tripelpunkt-Druck des Wassers von 6 Millibar, der mindestens herrschen muss, damit Wassereis sich bei Erwärmung verflüssigt und nicht direkt verdampft.

Zu einer nicht ganz so dünnen Atmosphäre passten auch die Wolken, die bereits Schiaparelli, vielleicht sogar schon Mädler und Beer gesehen hatten und die mitunter den ganzen Planeten einzuhüllen schienen. In den Jahren 1924, 1941 und 1956 etwa waren auf dem Mars zeitweilig keinerlei Strukturen zu erkennen. Heute weiß man, dass damals gewaltige Staubstürme getobt haben müssen.

Ein anderes Beispiel dafür, wie sehr auch nüchterne Forscher den Mars mit Lowells Augen sahen, ist der sogenannte »Blaue Schleier«. Darunter verstand man das Phänomen, dass die vertrauten Strukturen auf dem Mars zu verschwinden schienen, wenn man den Planeten durch einen Filter beobachtete, der die kurzwellige Strahlung zurückhält. Das führte schnell zu dem Schluss, in der Marsatmosphäre müsse es eine Substanz geben, welche die lebensfeindliche UV-Strahlung aus dem Sonnenlicht filtert und dadurch die Vegetation schützt. Tatsächlich glaubte man sogar zu beobachten, dass eine Schwächung des Blauen Schleiers über dunklen Regionen Veränderungen in anderen Wellenlängen nach sich zieht, was doch nur daran liegen könne, dass die dort zur Oberfläche dringende UV-Strahlung das Wachstum der Vegetation beeinträchtige. Erst die Raumsonden fanden heraus, dass es den Blauen Schleier in Wahrheit gar nicht gibt. Es handelt sich lediglich um feinen Staub in der Marsluft, der durch einen physikalischen Effekt im kurzwelligen Bereich des Lichtes die Kontraste verschiebt.

Eine andere Frage war, woraus die Atmosphäre hauptsächlich zusammengesetzt ist. Im Prinzip ist es einfach, die Gase in anderen Himmelskörpern zu identifizieren. Man schaut im Wesentlichen, ob und wie stark in dem Strahlungsspektrum, das von dem Stern zu uns dringt, Licht bestimmter Wellenlängen abgeschwächt ist, die für Gasmoleküle einer Sorte charakteristisch sind. Das Problem eines solchen sogenannten spektroskopischen Nachweises ist allerdings, dass diese Wellenlängen meist nicht im sichtbaren Bereich liegen, sondern im messtechnisch schwierigeren Infraroten oder im Ultravioletten. Die Gase der Erdatmosphäre etwa – Stickstoff, Sauerstoff, Kohlendioxid, Argon und Wasserdampf – absorbieren im Wellenlängenbereich des sichtbaren Lichtes nur wenig, genau deswegen ist unsere Luft ja auch durchsichtig.

Am stärksten macht sich im Sichtbaren und nahen Infraroten noch der Wasserdampf bemerkbar. Dies war daher auch das einzige Gas, über dessen Fehlen oder Vorhandensein in der Marsatmosphäre sich zu Lowells Lebzeiten etwas sagen ließ. Wie erwähnt hatte man keinen Wasserdampf gefunden – jedenfalls nicht entfernt so viel wie in der Atmosphäre der Erde. Die zweite Sorte Gas, die als Bestandteil der Marsatmosphäre ausschied, war der Sauerstoff. Dies zeigte sich in den dreißiger Jahren, übrigens mit Hilfe einer Methode, die einst Lowell vorgeschlagen hatte. Denn bei aller Voreingenommenheit in der Frage nach den Kanälen oder außerirdischem Leben war das Bostoner Multitalent doch ein cleverer Forscher.

Erst im Jahre 1947 wurde zum ersten Mal ein Gas positiv auf dem Mars nachgewiesen. Es war – zur allgemeinen Überraschung – das Kohlendioxid, von dem wir heute wissen, dass fast 96 Prozent der Mars-Atmosphäre daraus besteht. Damals wusste man allerdings noch nicht, wie dünn diese Atmosphäre ist, und glaubte, ihr Löwenanteil müsse aus Stickstoff bestehen, einem Gas, das spektroskopisch besonders schwer nachzuweisen ist. Dass diese Annahmen völlig falsch waren, erfuhr man erst, nachdem man den Mars vom Weltraum aus beobachten konnte.

Auch was die Temperaturen auf dem Mars anging, war man bis zum Anbruch des Raumfahrtzeitalters noch ziemlich auf dem Holzweg, trotz Wallace' pessimistischer Abschätzung. Die ersten direkten Messungen mit sogenannten Thermoelementen, mit denen sich winzige Mengen von Wärmestrahlung messen lassen, führte man in den zwanziger Jahren durch, und nach ihnen wurde es am Marsäquator bis zu 30°C warm und am Südpol höchstens –70°C kalt, ein sehr irdischer Temperaturbereich, zudem einer, bei dem Kohlendioxid nie ausfror, weswegen Herschels Vermutung, die Polkappen bestünden aus Wassereis, weiter aktuell blieb.

Alles in allem blieb es bis kurz vor Anbruch des Raumfahrtzeitalters Lowells Mars, der die Vorstellungen der Wissenschaftler über den Roten Planeten bestimmte und die Folie für alle Diskussionen abgab: ein zwar trockener Planet mit ausgedehnten Wüstengebieten, aber doch einer, auf dem Eiskappen schmolzen und wieder anwuchsen, auf dem es also einen Wasserkreislauf geben musste. Die spärliche Feuchtigkeit könnte einfachen Lebensformen in den tiefgelegenen dunklen Regionen ein bescheidenes Auskommen sichern. Nur die Marskanäle waren nach Antoniadis Beobachtungen aus dem Jahr 1909 wissenschaftlich endgültig vom Tisch. Kaum ein Astronom hielt noch an ihnen fest. Einer der wenigen war Earl C. Slipher, Lowells engster Mitarbeiter, der bis zu seinem Tode 1964 glaubte, die Existenz der Kanäle bewiesen zu haben. Noch in den 50er Jahren zeichnete Slipher eine Marskarte samt Kanälen, anhand deren sich die amerikanische Luftwaffe für den Fall einer Marsmission auf dem Roten Planeten orientieren wollte.

Die mit den Marskanälen verbundene Idee von intelligentem außerirdischen Leben war für die seriöse Forschung von nun an besonders diskreditiert. Dabei war es, wie bereits angedeutet, eine altehrwürdige Idee gewesen, von der die Gelehrten des 18. Jahrhunderts noch ganz selbstverständlich ausgegangen waren. Die völlige Umkehr dessen, was man in Forscherkreisen in dieser Frage für plausibel hielt, hat sicher auch mit dem überaus großen populärkulturellen Interesse an gerade diesem Aspekt des Lowellschen Erbes zu tun. Wenigstens hier musste man sich als seriöser Forscher abgrenzen und seine Phantasie im Zaume halten, sosehr man dem Bild vom warmen, feuchten und vielleicht von einfachen Organismen besiedelten Mars auch sonst erlegen war.

Wenn aber schon die Forscher nicht von der Lowellschen Vorstellung vom Mars als einer, wenn auch kleineren und trockeneren Version der Erde ablassen konnten – um wie viel weniger der Rest der Menschheit. Tatsächlich war Lowells Mars einer der wichtigsten Faktoren für die Entstehung jenes literarischen Genres, das man später Science-Fiction nannte. Zwar hatte sich die Industrialisierung am Ende des 19. Jahrhunderts so weit beschleunigt, dass ein durchschnittlicher Mensch den Wandel innerhalb seines eigenen Lebens zu spüren bekam. Das allein lud bereits zur Imagination und Spekulation darüber ein, wie das alles in Zukunft weitergehen würde. Aber Lowell stellte nun konkretes Material zur Verfügung. Er bot damit nicht nur neue Schauplätze für exotische Abenteuergeschichten – just zu einem Zeitpunkt, als die letzten weißen Flecken auf den Karten der Erde zu verschwinden begannen. Lowells Mars und seine mutmaßlichen Bewohner waren auch ideal, um darauf die Ängste und Hoffnungen der frisch elektrifizierten Menschheit zu projizieren.

Der erwähnte Roman »Krieg der Welten« von H. G. Wells wurde stilbildend, sofern es um die Ängste ging. Man kann das Buch als Parabel auf die Gräuel lesen, zu denen eine hochtechnisierte Zivilisation fähig sein könnte. Weitaus verbreiteter ist allerdings die Rezeption als xenophobes Gruselstück. Als Orson Welles die Geschichte 1938, zu Halloween, als Radio-Hörspiel inszenierte und dabei die Geschichte aus der Perspektive einer Nachrichtensendung erzählte, glaubten mehrere hunderttausend Zuhörer, da sei tatsächlich eine Invasion vom Mars im Gange. Anders als später oft kolportiert, riefen die meisten nur bei der Polizei an, aber Einzelne ergriffen auch die Flucht.

Bereits 1897, ein Jahr vor »Krieg der Welten«, veröffentlichte der deutsche Physiklehrer Kurd Laßwitz (1848 bis 1910) sein tausendseitiges Epos »Auf zwei Planeten«, in dem die Marsmenschen nicht als Eroberer auftreten, sondern als Heilsbringer. Durch ihr Wasserproblem zu einer planetenweiten Idealgesellschaft geeint, versuchen sie, die zersplitterte Menschheit aus ihrer selbstverschuldeten Unmündigkeit herauszuführen. Bei Laßwitz geht dieser aufgeklärte Kolonialismus fast schief – dennoch lernen die Menschen schließlich vom Mars, und alles endet gut. Während Wells mit »Krieg der Welten« das Genre der Weltraum-Dystopien begründete, das neben vielem zu Recht Vergessenen auch Werke wie Ridley Scotts Film »Alien« hervorbrachte, begann mit dem heute kaum noch bekannten Laßwitz eine andere Tradition. Sie führt etwa zu dem britischen Autor Arthur C. Clarke, in dessen Roman »Childhoods End« es ebenfalls Außerirdische sind, die der Menschheit Mores lehren, und bildet den geistigen Hintergrund für nicht wenige der Forscher, die sich heute der Frage nach Leben im All verschrieben haben. Der amerikanische Astronom Carl Sagan, Autor des verfilmten Romans »Contact«, war vielleicht der bekannteste und eloquenteste von ihnen. Wie einst Camille Flammarion trieb auch ihn eine weltanschaulich motivierte Sehnsucht nach weiseren Brüdern im All.

Doch auch diesseits aller Untergangsvisionen und Heilserwartungen musste sich Lowells Mars ins kollektive Unterbewusstsein der westlichen Kultur eingraben. Denn ein Mars mit Lebewesen, und seien es nur Flechten oder Bakterien, ist nun einmal interessanter als einer ohne sie. Es gäbe dort mehr zu erforschen, mehr zu staunen, mehr zu lernen – etwa darüber, ob Leben immer entsteht, wo nur die richtigen physikalischen und chemischen Bedingungen herrschen, oder ob die irdische Biosphäre ein gänzlich kontingentes Phänomen ist, dessen Daseinsgrund naturwissenschaftlich nicht weiter hinterfragbar ist. Und: Auf einem belebten Mars könnte sich eines Tages vielleicht auch der Mensch einrichten.

Auf der Suche nach Raum und Ressourcen in immer neue Territorien vorzustoßen, das ist keine Spezialität des Menschen; Tiere tun das auch, wenn es dem Überleben dient. Aber nur der Mensch interessiert sich auch mit vollem Bauch – und gerade dann – dafür, wie es hinter dem Horizont weitergeht. Schon in der Antike hat man dieser Leidenschaft hier und da gefrönt. Im neuzeitlichen Abendland jedoch ist das Fernweh allmählich zum Massenphänomen geworden. Und im 20. Jahrhundert ist dann dem Menschen nach zwei Weltkriegen und dem Kalten Krieg aufgegangen, wie klein sein Heimatplanet geworden ist. Doch bescherten ihm nun genau diese Kriege eine Technik, die ein neues Ufer in die Reichweite rückte. Der Spezies, die einst ins eiszeitliche Europa vorstieß und mit Kanus die Weiten der pazifischen Inselwelt besiedelte, müsste damit auch der nächste Schritt gelingen – diesmal hinweg über Hunderte Millionen Kilometer leeren Raum.

Zweites Kapitel: **Invasion von der Erde**

Die Träume des Dr. von Braun

Im Jahre 1947 beschloss Wernher von Braun, einen Science-Fiction-Roman zu schreiben. Dahinter steckten keine literarischen Ambitionen. Der Raketeningenieur, damals seit einem Jahr mit 60 weiteren deutschen Experten am White Sands Testgelände der U. S. Army in New Mexico interniert, langweilte sich. Und er machte sich Sorgen. Jahre zuvor hatte er es fertiggebracht, die Deutsche Wehrmacht dazu zu bewegen, Unsummen in sein Raketenprojekt zu stecken und ihn bis zum bitteren Ende daran arbeiten zu lassen. Das Resultat, die berühmte und berüchtigte V2, war am Ende des Krieges gegen London und Antwerpen eingesetzt worden. Aber das, was die Raketen dort anrichteten, verblasste gegen das Leid der KZ-Häftlinge, die bei der Serienproduktion der V2 zu Tausenden starben. Die V2-Rakete ist bisher die einzige Waffe, bei deren Herstellung mehr Menschen umkamen als bei ihrem Einsatz. Dabei war sie militärisch letztlich nutzlos, und die Ressourcen, die Hitler in der Hoffnung auf eine Wunderwaffe in sie investiert hatte, dürften, da sie anderswo fehlten, seine Schreckensherrschaft eher verkürzt als verlängert haben.

Aber Wernher von Braun hatte die Rakete nicht für Hitler gebaut, sondern für sich. Seit seiner Schulzeit hatte er davon geträumt, Fluggeräte zu konstruieren, mit denen sich das Weltall bereisen ließe, die »Rakete zu den Planetenräumen« – so der Titel seines Lieblingsbuches, in dem der rumäniendeutsche Physiklehrer Hermann Oberth 1923 die theoretischen Grundlagen für diese Vision skizziert hatte. Das deutsche Militär, mit dem von Braun schon vor 1933 zusammengearbeitet hatte, und dann das nationalsozialistische Regime boten ihm nun die Gelegenheit, sein Ziel zu verfolgen. Wernher von Braun war kein Dr. Strangelove, sondern eher, wie sein Biograph Michael Neufeld bemerkt, ein Dr. Faustus.

Aber der Teufel hatte auch bei Wernher von Braun nicht das letzte Wort. Bei Kriegsende hatte er sich mit fliegender Fahne in die Hände der U. S. Army begeben. Das sieht noch heute sehr nach einem neuen Pakt aus: Waren die Amerikaner doch die Sieger und damit am ehesten in der Lage, seine Raketen zu bauen. Doch nun, 1947 in New Mexico, hatte sich vieles geändert. Wernher von Braun hatte geheiratet, hatte zum Glauben gefunden und war in einem Land, dem er nicht durch ererbten Patriotismus verbunden war, sondern durch reflektierte politische Sympathien. Doch dieses Land demobilisierte. Der Kalte Krieg hatte noch nicht begonnen, und so wurden die Gelder für Militärprojekte zurückgefahren; von Braun erkannte, dass man in einer Demokratie dem Weltraum nicht allein dadurch näher kam, indem man irgendwelchen Militärs eine Wunderwaffe versprach. Er musste die breite Bevölkerung für den Weltraum begeistern. Und ein Science-Fiction-Roman schien ihm das geeignete Mittel.

Der Roman trug den Titel »Das Marsprojekt« und erzählt von einer siebzig Mann starken Mission, die im Stile der großen Antarktis-Expeditionen zu einem Roten Planeten aufbricht, den von Braun sich genau so vorstellt wie einst Percival Lowell – Kanäle und Marsmenschen inbegriffen. Er verwendete viel Mühe auf die sachliche Korrektheit der raumfahrttechnischen Details. Das Konstruieren von Handlung und Dialogen dagegen war seine Sache weniger, und so nimmt es nicht Wunder, dass das Buch kein Erfolg wurde. Science-Fiction lebt von der Imagination des vielleicht Möglichen. Doch von Braun wollte eben genau nicht imaginieren – seine Marsianer sind reine Staffage –, sondern im Gegenteil demonstrieren, dass die Menschheit bereits heute, 1947, das technische Wissen hatte, um zum Mars zu fliegen.

Die technische Vision des »Marsprojekts« fand dennoch Verbreitung, zwar in einer etwas verbilligten Variante mit nur 12 Astronauten, dafür aber unter drei Millionen Lesern. Dies war die Auflage des amerikanischen Wochenmagazins *Collier's*, in dem von Braun seine Weltraumpläne in drei Folgen zwischen 1952 und 1954 ausbreiten konnte, wobei die dritte Folge dem Mars galt. Unterstützt wurde von Braun nun von einem professionellen Journalisten und mehreren Illustratoren, darunter dem genialen Weltraum-Maler Chesley Bonestell. Diese Artikelserie, die von Braun zusammen mit Bonestell und dem Wissenschaftsjournalisten Willy Ley 1956 noch zu einer Serie von vier Büchern erweiterte, war der publizistische, um nicht zu sagen der ästhetische Pfeiler, der das Weltraumprogramm der USA bis zum Triumph der Mondlandung trug (der andere, machtpolitische Pfeiler war bekanntlich das Wettrennen mit der Sowjetunion), und prägt bis heute unser Bild davon, was die Raumfahrt eigentlich könnte.

Zugleich zementierte das aus dem *Collier's*-Artikel entstandene Buch aus dem Jahr 1956 die zeitgenössische Vorstellung eines Lowellschen, belebten Mars: »Das ist das Bild des Mars in der Mitte des 20. Jahrhunderts«, schreiben Ley und von Braun. »Ein kleiner Planet, zu drei Vierteln aus kalten Wüsten und der Rest bedeckt mit einer Art von pflanzlichem Leben, das sich unserem biologischen Wissen entzieht.«

Es sollte noch einige Jahre dauern, bis von Brauns Raketen imstande waren, Raumsonden zum Mars zu schicken, um sich diese seltsamen Pflanzen einmal aus der Nähe anzusehen. Unbemannte Sonden waren übrigens nicht etwas, dem Wernher von Braun in seinen Raumfahrtvisionen irgendwelche Beachtung schenkte. Allerdings war ihm das Konzept der Fernerkundung wohlbekannt – schon für die V2 war mit der »Regener-Tonne« ein Ensemble wissenschaftlicher Instrumente zur Erkundung des erdnahen Weltraums entwickelt, wegen des Kriegsendes aber nie gestartet worden. Dass Raumfahrt für von Braun stets bemannte Raumfahrt war, hatte auch tiefere Gründe. Es ging ihm nie nur um Wissenschaft, sondern auch um eine Ausdehnung des physischen Aktionsradius des Menschen ins All.

Der Mars schien dafür ein besonders geeigneter Ort zu sein. Bis weit in die sechziger Jahre hinein blieb der Rote Planet in der öffentlichen Wahrnehmung eine spärlich begrünte Dreiviertel-Wüste mit einer Stickstoff-Atmosphäre, die so dünn war wie die Erdatmosphäre in 17 Kilometern Höhe. Marsastronauten müssten dort zwar ein Atemgerät tragen, aber keinen schweren Druckanzug. Wissenschaftliche Befunde, die diesem Bild widersprachen, hatten es schwer – gerade bei raumfahrtbegeisterten Zeitgenossen wie Willy Ley, der als Fachjournalist von den Fortschritten der Marsforschung in den Jahren vor Anbruch der Raumsondenära Kenntnis gehabt haben muss. Aber die neuen Erkenntnisse waren eben unerfreulich, deuteten sie doch darauf hin, dass der Mars doch ein ganzes Stück ungemütlicher war, als man es für möglich gehalten hatte.

Als Erstes traf es die liebgewonnene Marsvegetation. Im dem Jahr 1956, als das Buch von Braun und Ley sie mit der optischen Unterstützung Chesley Bonestells noch einmal beschwor, änderte einer ihrer prominentesten wissenschaftlichen Unterstützer seine Meinung. Gerard P. Kuiper vom Yerkes Observatory der University of Chicago, der neun Jahre zuvor Kohlendioxid in der Marsatmosphäre nachgewiesen hatte, verfolgte den großen Staubsturm, der während der perihelischen Opposition des Jahres 1956 über den Planeten tobte. Dieses Erlebnis brachte ihn auf den Gedanken, ob sich die beobachteten jahreszeitlichen Farbänderungen der dunklen Gebiete statt durch Vegetation nicht auch durch Verlagerung großer Staubmassen erklären ließen.

Ein paar Jahre lang konnte dagegen eingewandt werden, dass

der helle Staub sich in den Tiefebenen sammeln sollte, eine Farbveränderung dort somit auf eine Regeneration der Oberfläche, mithin auf Vegetation hinweise. Doch dann sandte man in den frühen sechziger Jahren Radiowellen zum Mars und studierte ihre Reflexionen. Diese Radarmessungen deuteten nun darauf hin, dass die dunklen Flecken auf dem Mars – allen voran Syrtis Major – gerade keine Tiefebenen waren, und damit auch nicht die ausgetrockneten Meeresbecken, für die Lowell sie gehalten hatte. Im Gegenteil, diese Regionen mussten höher liegen als ihre hellere Umgebung.

Damit ging es den Astronomen langsam auf, dass die Farben des Mars sie mehr als ein Jahrhundert lang zum Besten gehalten hatten. Das grünliche Blau, das man für Wasser oder eine Pflanzendecke hätte halten können, gab es schlicht nicht. Es war die Folge eines wahrnehmungsphysiologischen Effektes namens »Simultankontrast«: Betrachtet man nämlich eine farblich unauffällige, etwa graue oder braune Fläche, die von einem gelben oder orangen Feld umgeben ist, erscheint sie dem Auge bläulich oder grünlich. Der Chemiker Michel Eugène Chevreul, der Direktor der staatlichen französischen Gobelin-Manufakturen, hatte dieses Phänomen bereits 1839 beschrieben, und William Herschels Sohn John, ein Astronom wie sein Vater, hatte es bereits zur Erklärung des marsianischen Farbenspiels herangezogen. Dann jedoch war der Effekt bei den Marsforschern wieder in Vergessenheit geraten, was nicht zuletzt daran gelegen haben mag, dass der bedeutendste Marsbeobachter des 19. Jahrhunderts, Giovanni Schiaparelli, farbenblind war.

Nun allerdings hatte der technische Fortschritt den Astronomen neue, bisher unsichtbare Lichtsorten als Informationslieferanten erschlossen, allen voran im infraroten Spektralbereich. Im Jahre 1963 gelang es durch Beobachtungen des Mars im Infrarotlicht, etwas mehr über die Marsatmosphäre zu erfahren. Dabei zeigte sich endlich der lange gesuchte Wasserdampf, wenn auch nur in Spuren. Demnach ist die Luftfeuchtigkeit auf dem Mars um mehr als das 70fache geringer als in den trockensten Gegenden der Erde. Die Infrarotmessungen erlaubten auch eine Abschätzung des Atmosphärendrucks. Er konnte nicht mehr als 25 Millibar betragen, weniger als ein Drittel des Wertes, von dem man bis dahin ausgegangen war. Bis zu den 6 Millibar, unterhalb denen kein flüssiges Wasser existieren kann, war es jetzt nicht mehr weit.

In den Messprotokollen der Astronomen löste er sich immer mehr auf, der Traum von dem Planeten, der menschlichen Erkundungstrupps kaum mehr Schwierigkeiten bereiten würde als die Antarktis oder der Mount Everest. Trotzdem träumte nicht nur Wernher von Braun diesen Traum noch ein wenig weiter. Denn noch fehlte das, was die Menschen am meisten hätte beeindrucken können: Es fehlten Bilder davon, wie es auf dem Mars tatsächlich aussah.

Wettlauf zum Mars

Am 4. Oktober 1957 begann das Raumfahrtzeitalter und läutete sogleich eine neue Epoche für die Erforschung des Weltalls ein. Zwar hatte der sowjetische *Sputnik*, der an diesem Tag gestartete erste künstliche Erdtrabant, selber keine Messinstrumente an Bord. *Explorer 1* aber, den die Amerikaner vier Monate später auf einer von Braunschen Rakete starteten, war bereits ein vollwertiger Forschungssatellit, mit dem sogleich eine wichtige Entdeckung gelang: dass die Erde von einer in ihrem eigenen Magnetfeld gefangenen Wolke aus geladenen Teilchen, dem sogenannten Van-Allen-Gürtel, umgeben ist.

Nicht nur in der Wahlheimat Wernher von Brauns hatten die Raketeningenieure dabei von Anfang an auch Ziele jenseits des Erdorbits im Blick. Die Sowjetunion, die damals die schubstärkeren Raketen bauen konnte, versuchte bereits 1958 mehrmals, Mondsonden zu starten. Die erste erfolgreiche Mondrakete trug Anfang 1959 die Sonde *Lunik 1*, eine dem Sputnik nicht unähnliche antennenbewehrte Metallkugel, als erstes Objekt von

Menschenhand aus dem Schwerefeld der Erde hinaus und am Mond vorbei. 1961 erfolgte der erste Start einer Sonde zur Venus. Die sowjetische *Venera 1* besaß bereits alle typischen Konstruktionsmerkmale späterer interplanetarer Sonden: ausfaltbare Panele mit Solarzellen, eine Stabilisierung um alle drei Raumachsen, ein Triebwerk, mit dem sich die Flugbahn unterwegs korrigieren ließ, sowie eine parabolische Antennenschüssel, um mit der Erde Verbindung zu halten.

Die Kommunikation mit unbemannten Raumsonden erwies sich als eine der größten technischen Herausforderungen interplanetarer Missionen. Hier hatten Wernher von Brauns Träume von menschengesteuerten Planetenexpeditionen zunächst ein durchaus realistisches Moment. Die Schwierigkeiten in diesem Bereich hatten die Sowjets trotz oder vielleicht gerade wegen ihres Vorsprungs in der Raketentechnik deutlich unterschätzt. Als der Funkkontakt zu der glücklich gestarteten *Venera 1* abriss, war das nur der erste einer langen Reihe von Fehlschlägen dieser Kategorie, die sowjetische Planetenmissionen heimsuchten. So waren es die Amerikaner, die 1962 mit ihrer Sonde *Mariner 2* die erste erfolgreiche Venusmission verbuchen konnten – ihre Schwestersonde *Mariner 1* allerdings war beim Start einem Fehler im Steuerprogramm zum Opfer gefallen.

Die Daten, die *Mariner 2* zur Erde funkte, bestätigten ein Venusbild, das sich sechs Jahre zuvor bei den ersten Mikrowellenmessungen von der Erde aus abzuzeichnen begann: Auf der Oberfläche des Wolkenplaneten war es doppelt so heiß wie in einem Backofen, und in seiner dichten Atmosphäre gab es auch nicht die geringsten Spuren von Wasserdampf. Damit blieb als einziger Ort jenseits der Erde, an dem Leben vielleicht existieren konnte, der Mars übrig. Dieser Umstand mag den ungebrochenen Optimismus in dieser Frage bei Forschern wie Laien verstärkt und so dazu beigetragen haben, dass die ersten Nahaufnahmen vom Roten Planeten so überaus schockieren sollten.

Diese Aufnahmen sollte es erst 1965 geben. Zwar war es der

Sowjetunion (nach dem Fehlstart einer ersten Marsmission im Oktober 1960) bereits 1962 gelungen, mit *Mars 1* eine Sonde auf den Weg zum Roten Planeten zu bringen, doch wie zuvor bei *Venera 1* ging der Funkkontakt verloren. Die nächste Chance zu einem Start gab es erst wieder im Herbst 1964.

Das hatte himmelsmechanische Gründe. Im Jahr 1916, lange vor Wernher von Brauns Marsplänen, ja selbst vor Hermann Oberths einflussreicher »Rakete zu den Planetenräumen«, hatte der deutsche Ingenieur Walter Hohmann die Bahn berechnet, auf der ein Raumschiff mit minimalem Energieaufwand zwischen zwei Planeten reisen könnte, die denselben Stern in einer Ebene umkreisen. Diese Bahn hat die Form einer halben Ellipse. Dabei muss der Aufbruch zu einer Reise von einem inneren zu einem äußeren Planeten gerade so erfolgen, dass der Zielplanet sich bei der Ankunft genau im sonnenfernsten Punkt der Hohmann-Ellipse befindet.

Im Fall von Erde und Mars kommt es dazu etwa 50 Tage vor einer Opposition, also vor dem Zeitpunkt, an dem die Erde den Mars überholt und ihm dabei am nächsten kommt. Die anschließende Reisezeit beträgt dann nach Hohmann 270 Tage. Da die realen Bahnen von Erde und Mars weder ganz kreisförmig sind noch ganz in derselben Ebene liegen, weicht die optimale Transferbahn von einer Hohmann-Ellipse ab, generell gilt aber, dass Marssonden immer zwei bis drei Monate vor einer Opposition gestartet werden müssen. Für das nächste derartige Startfenster nach dem Verlust von *Mars 1* hatte die Sowjetunion im Herbst 1964 ihre Sonde *Zond 2* vorbereitet (*Zond 1* war im Frühjahr zur Venus aufgebrochen). Aber diesmal waren die Amerikaner mit *Mariner 3* und *Mariner 4* mit im Rennen.

Dem Prinzip, wenn immer möglich zwei baugleiche Sonden loszuschicken, blieb die Nasa bis in die siebziger Jahre hinein treu. Es sollte sich bewähren. Bereits von dem ersten amerikanischen Raumsondenpaar – *Mariner 1* und *Mariner 2* zur Venus – hatte nur eine ihren Start überlebt. Dieses Muster wiederholte sich nun mit dem Fehlstart von *Mariner 3* ebenso wie die Probleme der Sowjets, Funkkontakt zu ihren Planetensonden zu halten. Im Mai 1965 riss die Verbindung zu *Zond 2* ab, und so war es von den drei gestarteten Missionen nur *Mariner 4*, die am 15. Juli 1965 als erster Kundschafter von der Erde den Roten Planeten erreichte.

Eine Mondlandschaft

Mariner 4 hatte nicht viel Zeit. Wie alle frühen Planetensonden flog sie lediglich an ihrem Ziel vorbei, ohne das komplexe Manöver des Einschwenkens in eine Umlaufbahn zu wagen. In weniger als einer halben Stunde hatte die Sonde die Magnetfeldstärke zu messen, einen eventuell vorhandenen Van-Allen-Gürtel zu registrieren – und natürlich mit einer Fernsehkamera Aufnahmen von der Oberfläche zu machen. Es waren insgesamt 22 Bilder, die aufgrund der beschränkten Datenübertragungsraten allerdings erst in den Tagen und Wochen nach dem Vorbeiflug portionsweise zur Erde gefunkt und dort zusammengesetzt wurden.

Welche Region *Mariner 4* in Augenschein nehmen konnte, war dabei dem Zufall überlassen: Die erste Aufnahme zeigt den westlichen Abschnitt von Amazonis Planitia, eines hellen, mutmaßlich wüstenähnlichen Gebietes, allerdings in der Nähe eines dunklen Flecks, den Schiaparelli »Trivium Charontis« (Kreuzung des Charon) genannt und in seiner Karte von 1888 als Schnittpunkt mehrerer »canali« eingezeichnet hatte. Wäre die Sonde nach diesem ersten Bild ausgefallen, hätte das überkommene Marsbild vielleicht ein bisschen länger überlebt, denn außer dem Horizont sind darauf beim besten Willen nicht mehr als verschwommene Flecken zu erkennen. Bild Nummer zwei ist infolge des geringen Kontrastes nicht viel besser. Das dritte Bild hatte die Sonde ein Stück weiter südlich in Äquatornähe aufgenommen. Erst dieses lässt auch Laien sofort an das denken, was auch die folgenden Bilder – alle von der Südhalbkugel – praktisch ausschließlich zeigen: Krater. Insgesamt finden sich auf den 22 Bildern gut dreihundert Krater, der größte davon 120 Kilometer weit. Die Oberfläche des Mars unterschied sich damit offenbar kaum von der des Mondes. Man war allseits schockiert.

Warum? Warum hatten nur wenige Astronomen mit solch einem Befund gerechnet? Um das zu verstehen, muss man einerseits wissen, dass das Phänomen des Einschlagskraters in den sechziger Jahren gerade erst Eingang in die geologischen Lehrbücher gefunden hatte. Dass entsprechende Formationen auf der Erde, etwa das Nördlinger Ries oder der berühmte »Barringer Crater« im Herzen Arizonas, tatsächlich von kosmischen Boliden geschlagen worden waren und nicht von Vulkanausbrüchen, war erst 1960 wirklich bewiesen worden, und über die Natur der Mondkrater stritten die Forscher damals noch. Doch wenn eine Mehrheit von Forschern im Fall des Mondes lange von Vulkanen ausgingen – warum hatten sie solche nicht auch auf dem viel größeren Mars erwartet?

Tatsächlich hatten die meisten dort überhaupt keine größeren schroffen Formationen erwartet. Die übliche Begründung dafür war das Fehlen entsprechender Schatten an der Tag- und Nachtgrenze, wie sie zuerst Galilei auf dem Mond beobachtet und daraus auf die Existenz von Gebirgen dort geschlossen hatte. Aber nur wenige machten sich klar, wie lausig dieses Argument war. Einer davon war Axel Firsoff, ein schwedisch-britischer Amateurastronom und Wissenschaftspublizist, der 1953 in einem seiner Bücher darauf hinwies, dass man den Mars ja in der Regel während einer Opposition beobachtet, weil er dann der Erde am nächsten ist. Dann aber wendet er uns zugleich fast seine ganze Scheibe zu. Berge auf seiner Oberfläche werfen keine nennenswerten Schatten und sind damit genauso wenig als Berge zu erkennen wie entsprechende Formationen im Vollmond. Der amerikanische Astronom Clyde Tombaugh, der Entdecker des Pluto, zeigte 1961, dass selbst langgestreckte marsianische Gebirgsketten von der Erde erst ab einer Höhe von 8500 Metern als solche erkennbar wären, kompakte Strukturen müssten ihre Umgebung sogar noch erheblich höher überragen.

Tombaugh war daher auch einer der wenigen, die sich über die Bilder von *Mariner 4* überhaupt nicht wunderten. Für die meisten seiner Kollegen aber waren Krater auf dem Mars wohl vor allem deswegen so überraschend, weil sie eben in der Tradition eines erdähnlichen Mars standen. Auf der Erde macht die Erosion durch Wasser und Biosphäre Kratern gleich welcher Herkunft über kurz oder lang den Garaus. Von dem 25 Kilometer großen Nördlinger Ries oder dem 1,2 Kilometer weiten Barringer Crater ist nur deshalb noch etwas übrig, weil diese Einschläge mit 14,5 Millionen beziehungsweise 50 000 Jahren geologisch gesehen noch sehr frisch sind. Auf einem Mars, auf dem man Vegetation und zumindest in zirkumpolaren Regionen einen Wasserkreislauf vermutete, hätte man vielleicht etwas mehr Krater erwartet als auf der Erde – immerhin befindet sich der Planet näher am Asteroidengürtel –, aber gewiss nicht so ein Pockengesicht wie *Mariner 4* es im Juli 1965 vorfand. Nun machten diese Krater es auch noch den letzten Anhängern Lowells augenfällig: Der Rote Planet war ein toter Planet, und das schon seit unvordenklichen Zeiten.

Die ebenfalls mit Spannung erwarteten Messungen zum Atmosphärendruck, die man mit *Mariner 4* ebenfalls durchführte, setzten der Enttäuschung noch eins drauf: Mehr als vier bis sechs Millibar kamen nicht zusammen. Damit war der Tripelpunktsdruck des Wassers unterschritten, die Existenz flüssigen Wassers also ausgeschlossen. Zusammen mit den Werten des Kohlendioxidgehalts der Marsatmosphäre, die man 1963 von der Erde aus gemessen hatte, war damit auch klar, dass die dünne Gashülle des Mars zu mindestens 95 Prozent aus diesem Stoff bestehen muss. Und von einem Moment auf den anderen waren damit auch William Herschels Polkappen aus Wassereis Schnee von gestern. Gefrorenes Kohlendioxid schien nun wahrscheinlicher. Nach Lage der Dinge gab es auf dem Mars so gut wie überhaupt kein Wasser in irgendeiner Form – und hatte es vielleicht nie gegeben.

Sollten die Freunde einer marisanischen Biosphäre nach dem deprimierenden Sommer 1965 noch irgendwelche Hoffnungen behalten haben, so wurden diese vier Jahre später vollends zerstört. Ende Juli und Anfang August 1969, wenige Tage nach dem Triumph von *Apollo 11* auf dem Mond, erreichten *Mariner 6* und *Mariner 7* den Mars. Auch das waren nur Vorbeiflüge, aber diesmal begannen die Sonden früher mit dem Fotografieren, kamen dem Planeten näher – bis auf 3500 Kilometer – und verfügten über Kameras besserer Auflösung. War 1965 nur ein Prozent der Marsoberfläche aus der Nähe abgelichtet worden, waren es nun zehn Prozent. Man entdeckte dabei durchaus die eine oder andere Neuigkeit. Auf der Südhalbkugel etwa entpuppte sich die helle, lange für eine Hochebene gehaltene Hellas als ein tiefes Becken. Ansonsten zeigten auch die neuen, besseren Bilder Krater, weit und breit nichts als Krater. Und als sich auf der – allerdings nur aus größerer Entfernung aufgenommenen – Nordhemisphäre jener helle Fleck, den Schiaparelli »Nix Olympica« getauft hatte, als ein Ring präsentierte, wurde dies konsequenterweise als große Einschlagstruktur interpretiert.

Was man 1969 dabei nicht recht bedachte: Zwar waren nun zehn Prozent der Marsoberfläche in guter Auflösung kartiert, diese zehn Prozent lagen aber fast ausschließlich auf der Südhalbkugel. Natürlich konnte niemand etwas von der eigentümlichen Nord-Süd-Asymmetrie des Planeten ahnen, von der im übernächsten Kapitel noch ausführlich die Rede sein wird, aber die Entschiedenheit, mit der die Wissenschaftlergemeinde von dem Lowellschen mit Vegetation gesegneten zu einem gänzlich wasserlosen mondähnlichen Mars umschwenkte, ist schon kurios. Sie erscheint aber weniger verwunderlich, wenn man sich an die Kanal-Affäre erinnert. Auch seriöse, der Objektivität verpflichtete Forscher ziehen ihre Schlüsse stets in einem Kontext, der ihre Daten (oft auch ihre Expertise) übersteigt und den sie als Folie ihrer Interpretation quasi übernehmen müssen.

Die jahrhundertealte Vorstellung von einem lebensfreundlichen Mars war nun mausetot. Aber trotzdem gab es dort noch Rätsel zu lösen. Vor allem galt es aufzuklären, wie die hellen und dunklen Strukturen, die man durch irdische Teleskope auf dem Mars beobachtete, mit der tatsächlichen Topographie dort zusammenhingen. Außerdem war der Wettlauf der Supermächte um Forscherruhm im All noch nicht entschieden, solange noch keine Sonden auf dem Roten Planeten gelandet oder zumindest in eine Umlaufbahn eingeschwenkt waren.

Versteinerte Flüsse

Im Frühjahr 1971 gingen nicht weniger als fünf Marsmissionen an den Start: drei sowjetische und zwei amerikanische. Die beiden Nasa-Zwillinge *Mariner 8* und *Mariner 9* sollten nach ihrer Ankunft in verschiedenen Bahnen um den Planeten eintreten. Eine war dafür vorgesehen, die hellen und dunklen Gebiete genau zu kartieren, weswegen man sie den Planeten entlang des Äquators umkreisen lassen wollte, wo die Sonne hoch am Marshimmel steht. Die andere sollte Höhenreliefs vermessen, dafür war eine niedrige, lange Schatten werfende Sonne vorteilhafter und damit eine polare Umlaufbahn. Ein guter Plan, der leider zunichte wurde, als *Mariner 8* nach einer Fehlzündung in den Atlantik fiel.

Die Sowjets standen nach ihrer Niederlage am Mond vor besonderem Erfolgsdruck und wählten für eine ihrer drei Sonden eine besonders schnelle Bahn, auf der sie die Mariners hofften überholen zu können. Diese Hoffnung scheiterte durch einen groben Fehler der Kontrollmannschaft schon beim Abheben. Dafür glückten die Starts der beiden Orbiter *Mars 2* und *Mars 3*, die beide Landeeinheiten mit sich führten, auf dass die Flagge der Sowjetunion als erste in der dünnen Marsluft flattern möge.

Das war dann auch fast das Einzige, was den Russen gelang, als die kleine Flotte im November 1971 am Mars eintraf. Der sowjetische Lander von *Mars 2* wurde tatsächlich das erste Objekt von Menschenhand, das die Oberfläche des Roten Planeten erreichte, wenn auch infolge einer Fehlfunktion nur als Trümmerhaufen. Der Lander von *Mars 3* dagegen setzte sicher auf, aber schon nach wenigen Sekunden riss der Kontakt wieder ab. Es gab keine Bilder.

Die gab es aber zunächst auch aus dem Orbit nicht. Als die drei Sonden, die nun dort kreisten, ihre Kameras anschalteten, blickten diese auf nichts als eine eintönige gelbe Fläche. Ein großer globaler Staubsturm tobte gerade über den Planeten – man hatte extremes Pech mit dem Wetter. Für die beiden sowjetischen Orbiter war die Mission damit praktisch beendet. Sie waren nicht für einen längeren Betrieb ausgelegt, und ihre Kameras begannen gleich nach dem Absetzen der Landeeinheiten automatisch mit dem Fotografieren. Außer eintönigen Staubschwaden ist auf diesen Bildern nichts zu erkennen. Als sich der Sturm vier Wochen später legte, war nur noch *Mariner 9* im Einsatz, dessen Kamera sich von der Erde aus betätigen ließ. Sechseinhalb Jahre nach *Mariner 4* gab es nun wieder Bilder von der Marsoberfläche – und sie gaben der Marsforschung abermals eine völlig unerwartete Wendung.

Die insgesamt 7239 Bilder, die *Mariner 9* bis zur Erschöpfung seiner für die Lageregelung benötigten Treibstoffvorräte im Oktober 1972 schoss, begründeten im Wesentlichen unser heutiges Bild des Mars. Die meisten der großen markanten Oberflächenmerkmale, die wir uns im übernächsten Kapitel genauer ansehen wollen, wurden zuerst in dem Bildmaterial von *Mariner 9* entdeckt. Denn wie sich nun zeigte, waren die mondähnlichen Flächen nur höchstens die halbe Wahrheit über den Mars. Die andere Hälfte, das waren spektakuläre Formationen wie Riesenvulkane oder das atemberaubende Schluchtensystem der Valles Marineris. All das hatten die Vorbeiflüge der sechziger Jahre durch eine Laune des Zufalls sämtlich verfehlt. Vor allem aber war bis zum Ende des großen Staubsturmes Anfang 1972 eines verborgen geblieben: gewaltige Systeme ausgetrockneter Flussbetten. Der Mars kann also nicht schon immer die gefriergetrocknete Rostkugel gewesen sein, die er jetzt ist. Es muss dort einmal Wasser geflossen sein.

Die Fragen, die diese Entdeckung aufwarf, sind im Wesentlichen dieselben, die sich die Marsforscher bis heute stellen: War es wirklich Wasser, das einst durch diese Täler floss? Wie lange floss es? Und wie lange ist das her? Welche Prozesse haben das Wasser versiegen lassen? Wo ist es geblieben? Und vor allem: Bedeuten diese Flusstäler nicht, dass es auf dem Mars damals wärmer gewesen sein muss und dass er eine dichtere Atmosphäre hatte? Wenn dem aber so ist, könnte sich in diesen Gewässern nicht ebenfalls, wie auf der frühen Erde, Leben entwickelt haben, und könnten versteinerte Überreste davon vielleicht noch heute irgendwo auf dem Mars zu finden sein? Könnte es nicht sogar sein, dass sich das Leben in irgendeiner Form bis heute erhalten hat?

Exobiologie

Da war es also wieder, das »L-word«, das Raumfahrtjournalisten seither immer wieder belustigt, wenn »life«, Leben, die theoretische Möglichkeit biologischer Strukturen jenseits der irdischen Biosphäre die Phantasie der Forscher und ihrer öffentlichen Geldgeber beflügelt. Mit *Mariner 9* hatte sich der Rote Planet als vorläufig einziger für den Menschen erreichbarer Hort solchen Lebens zurückgemeldet. In den achtzig Jahren seit Erscheinen von Camille Flammarions Bestseller »La planète Mars« waren die Marsbewohner zwar drastisch geschrumpft – von Kanalbauingenieuren zu einfachen Gewächsen und weiter zu bakterienähnlichen Mikroben. Doch vor dem Hintergrund der Enttäuschung durch *Mariner 4* herrschte nun wieder Aufbruchstimmung. Es dauerte nur wenige Jahre, bis 1976 im Rahmen der *Viking*-Mission zwei amerikanische Sonden auf dem Mars landen und seinen Boden auf mögliche Mikroorganismen untersuchen sollten.

Die biologischen Experimente an Bord der beiden *Viking*-Lander waren Produkt einer schleichenden Institutionalisierung des Interesses an außerirdischem Leben, welche sogar die trostlosen Daten von *Mariner 4* nicht mehr abwürgen konnte. Treibende Kraft dahinter war der einflussreiche Genetiker und Nobelpreisträger Joshua Lederberg von der Stanford University. Bereits 1958, im Jahr eins nach Sputnik, befasste sich die amerikanische Akademie der Wissenschaften auf Lederbergs Betreiben mit der Möglichkeit der biologischen Kontamination von Astronauten und Raumfahrzeugen durch extraterrestrische Keime. Bald darauf legte sich die neugegründete Nasa ein Beratergremium für diese Frage zu und 1960 auch ein eigenes »Office of Life Sciences«, das bald erste Studien darüber veranlasste, wie Leben auf anderen Himmelskörpern durch automatische Sonden nachgewiesen werden konnte. Eine Folge dieser Aktivitäten waren das biologische Experimentiergerät, das man den *Vikings* mitgab – eine andere war die Quarantäne, in die man die ersten Mondastronauten nach ihrer Rückkehr steckte.

Es ist allerdings unklar, ob Joshua Lederberg die Möglichkeit einer Verseuchung der Erde aus dem All jemals wirklich für eine reale Gefahr gehalten hat – und nicht nur als politischen Hebel zur Etablierung einer neuen Wissenschaft zum Studium der Möglichkeit nichtirdischer Lebensformen benutzte, der »Exobiologie«, wie er es nannte. Denn was Lederberg mindestens so sehr beschäftigte wie das Problem einer eventuellen Infektion der irdischen Biosphäre war die Frage, wie man es verhindern könne, dass Raumsonden irdische Keime auf andere Himmelskörper einschleppen.

Davor graute Lederberg wirklich. Als Fachmann für Bakterien, also die frühesten nachgewiesenen Lebensformen auf der Erde, hatte er ein lebhaftes Interesse an der Frage, ob lebendige

Strukturen sich überall dort finden, wo ihre Existenz chemisch und physikalisch möglich ist. Wenn der Exobiologie eine solche Entdeckung gelänge, wäre das von ungeheurer Bedeutung für unser Verständnis der Entstehung des Lebens überhaupt – ob es sich einem wissenschaftlich nicht mehr hinterfragbaren Zufall verdankt oder einer naturgesetzlichen Notwendigkeit. Die Raumfahrt gab dem Menschen nun zum ersten Mal die Chance, diese bisher nur spekulative Frage empirisch zu beantworten – aber natürlich nur, wenn ausgeschlossen werden konnte, dass die vermeintlichen außerirdischen Mikroben nicht ursprünglich von der Erde stammen. Landesonden wie die beiden *Vikings* mussten vor dem Start also unbedingt sterilisiert werden.

Auch wenn die biologischen Experimente an Bord der *Vikings* dem wissenschaftspolitischen Strippenzieher Lederberg zu verdanken sind, dürfte Carl Sagan in der öffentlichen Wahrnehmung die größere Rolle gespielt haben. Der amerikanische Astronom war einer jener Forscher, die sich für die Möglichkeit von Leben im All in einem größeren weltanschaulichen Kontext interessierten. Sagan wandelte hier ganz auf den Spuren von Camille Flammarion, auch als gefragter Autor populärwissenschaftlicher Bücher. Im Jahr 1961 gehörte er auch zu den Gründern von SETI (Search for Extraterrestrial Intelligence), jenem Unternehmen, das Radiosignale fremder Zivilisationen im All aufzufangen sucht und in das zwischen 1973 und 1992 auch öffentliche Gelder flossen. Vom Nachweis intelligenten außerirdischen Lebens erwarteten sich Sagan und seine Mitstreiter tiefgreifende geistige Umwälzungen. Wenn nun Lebensspuren auf dem Mars gefunden würden, und seien es Jahrmilliarden alte Mikrofossilien, dann wäre dies doch der Beweis dafür, dass Leben im All ein gängiges Phänomen ist. Dann aber, das stand für Sagan fest, dürften auch intelligente, neugierige, an Kommunikation interessierte Lebensformen oft genug vorkommen und SETI eine reale Chance haben.

Ein bitterer Triumph

Der neue Ausbruch von Marsfieber, den die Bilder von *Mariner 9* auslösten, kam gerade zur rechten Zeit. Man schrieb immerhin 1972. Im Dezember dieses Jahres landete mit *Apollo 17* die sechste und bis heute letzte bemannte Expedition auf dem Mond. Drei weitere geplante Landungen waren gestrichen worden und von Wernher von Brauns hochfliegenden Plänen einer bemannten Marsmission so gut wie nichts übrig geblieben. Durch den Vietnamkrieg war nicht nur das Geld knapp geworden, sondern auch der Optimismus der Kennedy-Jahre. Aber die Post-Apollo-Depression beschädigte nicht nur die bemannte Raumfahrt. Auch Sondenprogramme wurden gestoppt, darunter auch eines mit dem Namen *Mars Voyager*, bei dem man mit Apollo-Technik mögliche Landestellen für eine in den 1980er Jahren geplante bemannte Marslandung erkunden wollte.

Die beiden *Viking*-Sonden die man – nach dem bewährten Zwillingsprinzip der *Mariner*-Missionen – im Sommer 1975 auf die Reise schickte, waren einfacher als *Mars Voyager* und wurden zu einem beispiellosen Erfolg. Beide Gefährte erreichten nicht nur sicher den Mars-Orbit, sondern setzten ihre autogroßen Landeeinheiten sicher auf der Oberfläche ab. Am 20. Juli 1976 landete *Viking 1*, von Fallschirmen und Raketen auf eine Sinkgeschwindigkeit von nur zehn Kilometern pro Stunde abgebremst, im westlichen Teil von Chryse Planitia. Ursprünglich war geplant gewesen, die Sonde ganz am Rande dieser Tiefebene abzusetzen, dort, wo das große Flusstalsystem Maja Valles in die Ebene mündet. Denn vielleicht war ja von dem Wasser, das dieses Tal gegraben hatte und das dann in der Chryse versickert sein musste, noch Spuren im Boden enthalten. Eine nähere Inspektion dieser Örtlichkeit aus dem Orbit erwies sich als nicht eben genug, und so erfolgte die Landung ein Stück weiter nordöstlich: auf 22,3° nördlicher Breite und 48,2° westlicher Länge – auf der Erdkugel sind das die Koordinaten einer Stelle mitten im tropischen Atlantik. Es war dort, wo der Mensch den Mars tatsächlich zum ersten Mal sah.

Denn was hatte er denn bisher schon gesehen? Im Grunde doch nur Karten. Nichts anderes war es gewesen, von den ersten Beobachtungsskizzen Christiaan Huygens' bis zu den detaillierten Aufnahmen der Fernsehkamera an Bord von *Mariner 9*. Keines dieser Bilder hatte den Roten Planeten aus einer Perspektive gezeigt, die ein Mensch einnehmen kann. Stets war der Betrachter zu einer Abstraktionsleistung genötigt. Der Mensch ist ein Augentier, das stimmt, aber mit einem Gegenstand wirklich vertraut wird er doch erst, wenn er ihn in die Hand nehmen oder zumindest um ihn herumlaufen kann. Genauso erschließt sich ihm eine Landschaft erst dann, wenn er in ihr hat umherwandern können. Und wo das nicht möglich ist, so möchte er doch zumindest eine Ansicht, die ihm zeigt, was er sähe, wenn er dort herumliefe. Wer reist, der verschickt ja im Allgemeinen auch keine Karten, sondern Ansichtskarten.

Die erste Ansichtskarte vom Mars zeigte ein Stück Sandboden, übersäht mit hellen Steinen, daneben einen der tellerförmigen Füße des Landers, der einen scharfen, schon etwas langen Schatten wirft. Es ist kurz vor vier Uhr nachmittags lokaler Zeit. Wenig später folgt ein 300° Panorama, auf dem das steinige Feld sich bis zum sanft gewellten Horizont erstreckt. Zum ersten Mal sieht man den Marshimmel. Er ist unerwartet hell, wobei seine genaue Farbe – lachsrosa oder doch blau? – noch lange umstritten blieb. Die zur Rundumsicht noch fehlenden 60° werden anschließend von einer zweiten Kamera aufgenommen. Hier geht der Blick nach Nordosten, hinaus in die Weite von Chryse Planitia, und zeigt weite saharaähnliche Dünenfelder.

Eine Wüste, zweifellos, und natürlich hatte niemand etwas anderes erwartet. Schroffe Formationen konnte es hier nicht geben, hatte man die Stelle doch gerade wegen ihrer Glätte ausgesucht. Trotzdem dürfte sich bei so manchem exobiologisch interessierten Marsforscher in die Freude über die gelungene Landung und die spektakulären Panoramen ein banges Gefühl gemischt haben: Die Gesteinsbrocken sind allesamt eckig und haben eine grobe Oberfläche. Wer schon einmal auf Island oder Hawaii oder in sonst einer von jungem Vulkanismus geprägten Gegend war, dem kommen solche Steine bekannt vor: Basaltbrocken, die noch keine Gelegenheit hatten, von fließendem Wasser glatt- und rundgeschliffen zu werden. Das Wasser von den Maja Valles könnte durchaus hierher gelangt sein, aber über einen längeren Zeitraum ist es nicht geflossen.

Ähnliche Steine, nur etwas größer und etwas gleichmäßiger verteilt, waren auch die Hauptattraktion der Bilder, die der zweite Lander 45 Tage später und gut 7400 Kilometer von *Viking 1* entfernt zur Erde funkte. *Viking 2* war in der gewaltigen Tiefebene Utopia Planitia niedergegangen, auf Koordinaten, die auf der Erde etwa denen der ostsibirischen Stadt Chabarowsk am Amur entsprechen. Auch für die zweite Bodensonde war der Landeplatz in letzter Minute verlegt worden. Ursprünglich sollte sie in der Region Cydonia landen – der Heimat des berühmten »Marsgesichts«. Dabei handelt es sich um einen Hügel, dessen Profil bei geeigneter Beleuchtung Schatten wirft, die aussehen wie ein maskenhaftes menschliches Antlitz. Das Marsgesicht war übrigens von den *Viking*-Orbitern entdeckt worden, als sie die Gegend auf Landesicherheit prüften. Die Angst vor der Entweihung eines vermeintlichen außerirdischen Monumentes war es aber nicht, welche die Nasa hier von einer Landung abhielt, sondern abermals die gefährliche Unebenheit des Geländes. Hügel wie das Marsgesicht gab es hier nämlich noch mehr, und ihre Flanken waren stellenweise zu steil, als dass man die Möglichkeit einer zufälligen Landung darauf hätte riskieren wollen.

So schickte man den Lander nach Utopia, in eine Region mit ähnlich hoher nördlicher Breite wie die ursprünglich vorgesehene Landestelle. Sie liegt ebenfalls in der Nähe der Zone, bis zu der sich die nördliche Eiskappe im Winter ausdehnt. Auch wenn man inzwischen davon ausging, dass das jahreszeitlich variable Eis auf dem Mars aus gefrorenem Kohlendioxid besteht, erschienen die Chancen auf Bodenfeuchtigkeit, an der sich einfache Lebensformen laben könnten, hier doch etwas höher. Die Landung selber klappte schließlich genauso wie zuvor die des Schwestergefährts in Chryse, allerdings landete *Viking 2* mit einem seiner Tellerfüße genau auf einem Stein, so dass die Sonde um etwa 8° gegen die Horizontale gekippt blieb. Sieht man davon ab, zeigen die Bilder von *Viking 2* ein noch flacheres Terrain als die von *Viking 1*. In großer Entfernung erkennt man am östlichen Horizont eine plateauförmige Erhebung: Es ist Auswurf, der bei der Entstehung des 170 Kilometer entfernten Kraters Mie dort abgelagert wurde, einer etwa 100 Kilometer großen Einschlagsstruktur, die nach dem deutschen Physiker Gustav Mie (1868 bis 1957) benannt ist. Ansonsten glich sich das Bild, das die beiden Sonden lieferten, wobei die Forscher – darunter Carl Sagan –, welche die ersten Ergebnisse der Marslandungen am 17. Dezember 1976 in der Zeitschrift *Science* veröffentlichten, am Schluss noch auf eines ausdrücklich hinweisen: »No signs of large organisms are apparent at either landing site.« – an keiner der beiden Landestellen wurden Anzeichen für große Lebewesen gesichtet.

Aber für die Marsbewohner, die man stattdessen anzutreffen hoffte, hatte man auch etwas mitgebracht. Drei verschiedene Forschergruppen hatten je ein Experiment entworfen, mit der sich auch aus der Ferne auf eventuelle Mikroben im Marsboden schließen lassen müsste. Ein Schaufelarm scharrte dazu jeweils etwas Erdreich zusammen und beförderte eine kleine Menge davon – etwa ein Zehntel Gramm – in Testkammern, in denen nun verschiedene automatische Prozesse gestartet wurden:

Das erste Experiment hieß »pyrolytisches Entweichen« (pyrolytic release) und untersuchte Bodenproben auf Organismen, die Energie aus Sonnenlicht gewinnen. Dazu wurde der Sand mit Kohlendioxid und Kohlenmonoxid begast, das radioaktiven Kohlenstoff-14 enthielt. Anschließend bestrahlte man die Probe mehrere Tage lang mit einer Lampe, damit eventuell vorhandene Organismen den radioaktiven Kohlenstoff in ihre Zellen einbauen. Schließlich wurde alles stark erhitzt, um das so entstandene organische Material in kleine Moleküle zu zerbrechen (zu pyrolysieren, wie die Chemiker sagen), die sich dann anhand ihrer Radioaktivität als frische Stoffwechselprodukte hätten verraten müssen. Um eine biologische von einer nichtbiologischen chemischen Reaktion des Marsbodens mit den radioaktiven Gasen unterscheiden zu können, wiederholte man die Prozedur mit einer Vergleichsprobe, die vor dem Bestrahlen sterilisiert wurde.

Im zweiten Experiment, dem »markierten Entweichen« (labeled release), versetzte man die Probe statt mit Gasen mit einer wässrigen Lösung sieben verschiedener radioaktiv markierter organischer Substanzen. Die Idee war, dass die Mikroben im Boden die eine oder andere der dargereichten Substanzen nahrhaft finden und etwas davon als gasförmige Stoffwechselprodukte wieder ausscheiden würden, die sich wiederum durch ihre Radioaktivität verraten hätten. Man sieht diesem Test an, dass er in den frühen sechziger Jahren entworfen wurde, als man noch nicht ahnte, wie trocken der Mars in Wirklichkeit ist.

Die dritte Prozedur, die die *Viking*-Landesonden mit Bodenproben von ihren Landestellen anstellten, hieß offiziell »Gasaustausch« (gas exchange), firmierte später aber meist als das »Hühnersuppen-Experiment«. Hier brachte man den Marssand in einer Atmosphäre aus Edelgasen und Kohlendioxid in Kontakt mit etwas Wasserdampf, wobei in einem zweiten Durchgang, dem eigentlichen »Hühnersuppen-Modus«, zusätzlich noch organisches Material als »Nährstoff« für die vermuteten Mikroben zugesetzt wurde. Wenn es sie tatsächlich gab, erwartete man, dass die Feuchtigkeit rege Stoffwechseltätigkeit auslöst, bei der sich zusätzliche Gase entwickeln müssten, die über einen sogenannten Gaschromatographen identifiziert werden könnten. Auch dieses Experiment ging, da es mit Wasser arbeitete, von vergleichsweise erdähnlichen Marsmikroben aus, die durch episodische Feuchtigkeit zum Leben erweckt werden.

Beide *Viking*-Sonden führten diese Versuche mit dem an

ihren jeweiligen Landestellen vorgefundenen Marsboden aus. Beide lieferten dabei dieselben Resultate – und die waren ziemlich verwirrend: Beim »pyrolytischen Entweichen« fanden sich tatsächlich radioaktive Emissionen, die sich aber später nicht mehr reproduzieren ließen. Beim »markierten Entweichen« passierte das Gleiche – woraufhin die beteiligten Forscher zunächst glaubten, tatsächlich Leben gefunden zu haben, und schon Champagner bestellten. Am dramatischsten aber ging das Hühnersuppen-Experiment aus: Kaum hatte man den Marsboden in Kontakt mit Wasserdampf gebracht, verzeichnete der Gaschromatograph eine stürmische Entwicklung eines Gases, mit dem nun wirklich niemand gerechnet hatte: Sauerstoff.

Dergleichen hatte man noch nie beobachtet. Kein irdisches Bodenmaterial verhielt sich so und auch keines vom Mond. Aber es sah doch ganz danach aus, als ob die Proben nicht nur chemisch langweiligen Sand enthielten. Konnten es Mikroben sein? Leider passte diese Interpretation überhaupt nicht zu den Ergebnissen einer weiteren Messung, welche den unbehandelten Marsboden stark erhitzte und die dabei abgesonderten Gase auf Gehalt an organischen Verbindungen absuchte. Diese waren auf jeden Fall erwartet worden, ob es nun auf dem Mars Leben gab oder nicht. Denn organische Substanzen bis hinauf zu Aminosäuren, den Bausteinen der Proteine, gibt es im Weltall reichlich. Die Monde und Kleinplaneten des äußeren Sonnensystems sind, wie man heute weiß, voll davon, in Kometen, interplanetarem Staub und vielen Meteoriten kommen sie ebenfalls vor und landen mit diesen auch immer wieder auf dem Mars. Schätzungsweise rieseln so jedes Jahr 240 Tonnen organisches Material auf seine Oberfläche. Doch die Massenspektrometer an Bord der *Viking*-Lander fanden im Rahmen ihrer Nachweisgrenzen nicht die geringsten Spuren irgendwelcher organischen Substanzen. Das war völlig überraschend, und es bedeutete: Die chemischen Reaktionen, von denen die drei Biologie-Experimente Zeugnis gaben, mussten rein anorganischer Natur sein.

Vor allem aufgrund der Ergebnisse des Massenspektrometers gehen bis heute die meisten Forscher davon aus, dass der Mars zumindest an seiner Oberfläche vollkommen steril ist. Die beobachteten Reaktionen lassen sich allesamt dadurch erklären, dass der Marssand stark oxidierende Verbindungen enthält, vor allem Peroxide. Diese Stoffe geben beim Kontakt mit Wasser Sauerstoff ab – was zu den Beobachtungen beim Hühnersuppen-Experiment passt – und reagieren mit organischen Substanzen zu Kohlendioxid, was zwanglos die Emissionen beim »pyrolytischen« und beim »markierten Entweichen« erklären könnte. Wie später noch zu berichten ist, gab es an diesem Schluss immer Zweifel, und sie sind mit den Jahren sogar lauter geworden. Doch 1976 lautete die bittere Diagnose: Zumindest in den oberen Zentimetern seiner Oberfläche gibt es keinerlei Leben auf dem Mars, wie primitiv auch immer.

Das verlorene Jahrzehnt

Die *Viking*-Mission war die letzte ihrer Art. Die beiden Orbiter und ihre Landeeinheiten sowie deren Betrieb hatten 930 Millionen Dollar gekostet, die Startkosten noch gar nicht mitgerechnet. 13 Teams mit insgesamt 78 Wissenschaftlern hatten die Experimente geplant und betreut, allein das gerade mal 15 Kilo schwere und etwa 36 Liter große Biologielabor hatte 227 Millionen Dollar gekostet. *Viking* war zweifellos ein Beispiel für »Big Science«.

Aber ebenso zweifellos hatte es sich gelohnt. Die Orbiter entdeckten eine Fülle neuer Details auf der Marsoberfläche und machten dabei auch eine spektakuläre Endeckung, die Leuten wie Carl Sagan nach den bitteren Resultaten der biologischen Experimente ein großer Trost war: Die im Sommer verbleibende Eiskappe des Nordpols bestand keineswegs aus gefrorenem Kohlendioxid, sondern aus Wassereis. Es gab also Wasser auf dem Mars, auch heute noch. Die Lander wiederum hatten nicht nur die Frage nach dem Leben auf der Marsoberfläche geklärt (zumindest in den Augen der meisten Forscher damals), sondern als kleine Meteorologiestationen auch die saisonalen klimatischen Änderungen dort verfolgt – und das über Jahre hinweg. Obwohl nur für eine Betriebszeit von 90 Tagen ausgelegt, hielt *Viking 2* in Utopia Planitia bis zum April 1980 durch, *Viking 1* in Chryse sogar bis zum November 1982 und damit fast dreieinhalb Marsjahre lang. Im Jahre 1977 konnten die Marsforscher dadurch auch einen globalen Staubsturm quasi aus nächster Nähe miterleben.

Ihre politische Mission im Systemwettlauf mit der Sowjetunion erfüllten die Sonden ebenfalls, auch wenn die Landung von *Viking 1* nicht, wie ursprünglich geplant, am 200. Jahrestag der amerikanischen Unabhängigkeitserklärung stattfinden konnte, sondern verschoben werden musste. Faktisch hatten die Amerikaner mit *Viking* den Wettlauf zum Mars endgültig gewonnen, während die Pechsträhne der Sowjets am Mars einfach nicht abreißen wollte. Im Sommer 1973 hatten sie vier weitere Sonden auf den Weg geschickt, zwei Orbiter und zwei Lander, von denen aber keine einzige richtig funktionierte. Obwohl die Landesonde *Mars 6* im Frühjahr 1974 bis kurz vor dem Aufsetzen Messwerte funkte – und damit die erste Sonde war, die direkt Daten aus der Marsatmosphäre lieferte –, war die wissenschaftliche Ausbeute kläglich und brachte keine neuen Erkenntnisse. Auf der Venus hatten die sowjetischen Forscher mehr Glück. Im Oktober 1975 gelangen ihnen mit *Venera 9* und *Venera 10* die ersten weichen Landungen auf einem anderen Planeten. Eine solche Landung auf der mehr als 400°C heißen Venusoberfläche hatte man bei der Nasa noch nicht einmal in Erwägung gezogen.

Nur noch ein einziges Mal, kurz vor ihrem Untergang, sollte die Sowjetunion eine Marsmission wagen. 1988 startete sie ihre zwei *Fobos*-Sonden, mit dem Ziel einer Landung auf Phobos, dem größeren der beiden Marsmonde. Mit jeweils über sechs Tonnen Reisegewicht waren es die schwersten Sonden, die man je in den interplanetaren Raum geschickt hatte. Bereits im Zeichen der Gorbatschowschen Perestroika waren an dem Unternehmen auch zahlreiche westliche Wissenschaftler beteiligt, und die Vereinigten Staaten halfen mit dem Deep-Space-Network, ihrem System aus weltweit verteilten Radioteleskopen zur Kommunikation mit weit entfernten Raumsonden. Das verhinderte freilich nicht, dass auch dieses Unternehmen scheiterte. Der Kontakt zu *Fobos 1* ging bereits auf dem Weg zum Mars infolge eines Softwarefehlers verloren. *Fobos 2* schaffte es 1989, in den Marsorbit einzuschwenken und insgesamt 38 Aufnahmen von Phobos zu machen. In der kritischen Phase allerdings, in der sich die Sonde dem Mond bis auf 50 Meter nähern und zwei Landeeinheiten – eine davon ein mobiler »Hüpfer« – absetzen sollte, riss auch hier der Funkkontakt ab.

Damit scheiterte die einzige Marsmission, die in den achtziger Jahren unternommen worden war – dem Jahrzehnt, in dem Wernher von Braun eigentlich mit Astronauten auf dem Roten Planeten hatte landen wollen. Diese Träume aber waren schon lange zerstoben. Ein halbes Jahr vor seinem Tod musste von Braun durch die *Vikings* erfahren, wie unwirtlich, ja lebensfeindlich der Rote Planet tatsächlich ist. Exobiologisch oder – wie es heute heißt – astrobiologisch bewegten Forschern wie Carl Sagan boten die Eismassen am Nordpol noch etwas Hoffnung – ebenso wie die Fortschritte in der Paläontologie, wo man inzwischen auch versteinerte Reste früher irdischer Bakterien nachweisen konnte. So begannen Sagan und Kollegen von fossilen Lebensspuren aus feuchteren Mars-Urzeiten zu träumen. Und als man gegen Ende der 1970er Jahre am Tiefseeboden auf Organismengemeinschaften stieß, die ihr Dasein völlig unabhängig vom Sonnenlicht fristen, nur von vulkanischer Wärme und vulkanischen Chemikalien, da relativierte diese Entdeckung die *Viking*-Ergebnisse für die Frage nach noch heute existierendem Marsleben. Vielleicht steckt es ja irgendwo tief im Gestein.

Man hätte eben hinfahren und nachgraben müssen. Doch danach waren die Zeiten nun, in der Abenddämmerung des Kalten Krieges, ganz und gar nicht. Andere Weltraumpläne und -projekte schoben sich in den Vordergrund. Vieles davon war durch ein Geflecht politischer Kompromisse geprägt, darunter die bemannten Shuttle-Flüge im nahen Erdorbit – anderes war illusionär, etwa Ronald Reagans »Strategic Defense Initiative« (SDI) – im Volksmund auch »Star-Wars-Programm« genannt. Aber es gab durchaus auch neue Projekte, die dazu geeignet waren, neuen Elan für neue Forschergenerationen zu erzeugen, allen voran die Bilder und Daten der *Voyager*-Sonden von den äußeren Planeten. Für die Marsforschung allerdings waren die Achtziger ein verlorenes Jahrzehnt. Die Invasion von der Erde war ins Stocken geraten.

Bruchlandungen

Es war eine äußerst verlustreiche Invasion gewesen – und sollte es auch weiterhin bleiben. Zwischen 1960 und 2005 wurden insgesamt 40 unbemannte Missionen zum Roten Planeten gestartet, ganze 13 davon waren erfolgreich. Die anderen 27 scheiterten entweder schon beim Start, gingen unterwegs verloren, funktionierten nicht richtig oder hatten – im Falle der Orbiter der beiden sowjetischen Missionen *Mars 2* und *Mars 3* – einfach Pech mit dem Wetter. Bei sieben dieser Unternehmen überlebten Landeeinheiten ihren Ritt durch die Marsatmosphäre nicht oder nicht lange genug – oder sie zerschellten auf der Oberfläche. Damit liegen auf der Marsoberfläche heute mehr Wracks herum als dort Sonden stehen, die brauchbare Messdaten geliefert haben. Rein statistisch sind die Erfolgsaussichten einer neuen Marsmission also gering. Keine Versicherung würde sich auf solch ein Risiko einlassen.

Die miserable Erfolgsquote setzte sich nach dem Ende des Kalten Krieges noch über ein volles Jahrzehnt fort. So ging 1993 der *Mars Observer* verloren, mit dem die Amerikaner ursprünglich zum Roten Planeten hatten zurückkehren wollen. Drei Tage vor dem geplanten Einschwenken in die Marsumlaufbahn brach der Kontakt ab, möglicherweise aufgrund einer Verpuffung in den Triebwerken. Der Verlust des eine Milliarde Dollar teuren *Mars Observer* traf die Nasa zu einer Zeit, als der Untergang der Sowjetunion das amerikanische Weltraumprogramm gerade um eine ihrer wichtigsten politischen Säulen gebracht hatte. Die Konsequenz war ein Strategiewechsel: Statt große, teure Sonden in großem zeitlichen Abstand wollte man nun kleinere, billigere bauen und diese dafür in kürzeren Intervallen starten. Das würde auch den Schaden im Fall eines Fehlstarts in Grenzen halten, wie ihn drei Jahre später die Russen erlitten, als ihre riesige, technisch auf den *Fobos*-Missionen basierende Sonde *Mars 96* in den Pazifik fiel. Wenige Monate zuvor hatte die *Pathfinder*-Mission, von der im nächsten Kapitel die Rede sein wird, gezeigt, dass es tatsächlich auch preiswerter ging.

Doch die Grenzen des Billigsondenkonzepts wurden schnell deutlich. Da wurde das Jahr 1999 zu einem der schwärzesten in der Geschichte der interplanetaren Raumfahrt. Kurz vor der Jahreswende war den Japanern mit ihrer ersten eigenen Marssonde *Nozomi* (»Hoffnung«) ein Malheur passiert. Aufgrund der Fehlfunktion eines Ventils verbrauchte das Gefährt zu viel Treibstoff und erreichte nicht die vorgesehene Transferbahn. *Nozomi* musste nun einen jahrelangen Umweg zum Mars nehmen, um dann kurz vor dem Ziel endgültig zu scheitern.

Härter traf es aber die Nasa, die Ende 1999 gleich drei Missionen verlor: Eine davon, genannt *Deep Space 2*, bestand aus den beiden Kleinsonden *Scott* und *Amundsen*, die der *Mars Polar Lander* vor seinem Landeanflug absetzte. Die beiden jeweils nur 2,4 Kilo schweren Geräte sollten sich ungebremst 60 Zentimeter tief in den Marsboden bohren und von dort aus Daten funken. Beide koppelten ordnungsgemäß von der Muttersonde ab, sind aber seither verschollen. Natürlich könnten sie beide statt in weichem Sand auch auf hartes Gestein aufgeschlagen und dabei zerstört worden sein. Möglich ist aber auch, dass es mit ihren Batterien nicht zum Besten stand. Viel schlimmer aber war die missglückte Landung des *Mars Polar Lander* selbst, der in der Nähe des Südpols niedergehen sollte. Wahrscheinlich ließ ein simpler Softwarefehler einen Sensor glauben, die Vibrationen der ausfahrenden Landebeine seien durch das Aufsetzen verursacht. Daher schalteten sich die Landetriebwerke zu früh ab, und die Sonde fiel wie ein Stein auf den Marsboden.

Noch peinlicher aber war der Fehler, der kurz zuvor den *Mars Climate Orbiter* in der Marsatmosphäre hatte verglühen lassen: Die Ingenieure der Vertragsfirma Lockheed Martin hatten für die Steuersoftware der Triebwerke die auftretenden Kräfte in Pounds berechnet, also in dem in Amerika noch immer gebräuchlichen britischen Einheitensystem. Die Bodenkontrolle der Nasa ging aber davon aus, es würde die metrische Krafteinheit Newton verwendet. Daher schickten sie die Sonde auf einen falschen Kurs und damit ins Verderben. Beide Havarien, die des *Polar Lander* und des *Climate Orbiter*, hätten durch etwas aufwendigere Prüfprotokolle vermieden werden können.

Ob das auch für das bisher (Stand 2009) letzte Missgeschick am Mars gilt – den Verlust des kleinen britischen Landers *Beagle 2*, Anfang 2004 –, ist sehr fraglich. Woran das Gefährt scheiterte, ob es sein Ziel, die Ebene Isidis Planitia, oder überhaupt den Mars erreichte, ist unklar. Die Erbauer des *Beagle 2* um den umtriebigen britischen Professor Colin Pillinger wurden im Nachhinein kritisiert, weil sie die europäische Raumfahrtagentur ESA quasi dazu gedrängt hätten, ihre Entwicklung als Beiboot der ersten europäischen Marssonde *Mars Express* mitzunehmen. Immerhin hatte Pillinger die Hälfte der 80 Millionen Dollar für *Beagle 2* als Spenden aus der Privatindustrie eingeworben. Da konnte man bei der ESA nicht mehr so einfach Nein sagen. Das Risiko, dass es schiefging, lag allerdings ganz bei den Engländern. Sie hatten gespielt – und verloren.

Doch wo die Grenze zwischen leichtfertigem Umgang mit Ressourcen und dem akzeptablen Risiko verläuft, kann in der wissenschaftlichen Raumfahrt, wie bei allem Neuen, niemand wirklich sagen. Das Risiko ist nicht kalkulierbar. Dazu müsste man die Wahrscheinlichkeit des Schadensfalls berechnen können, was aber bei Wegen, die noch niemand beschritten hat, unmöglich ist. Wissenschaftliche Forschung, die Eroberung eines neuen, noch unbekannten Stücks Wirklichkeit ist nichts für Leute mit Vollkasko-Mentalität – war es nie gewesen. Forschung ist immer riskant. Schon im sicheren Labor haben oft nur die Wissenschaftler Chancen auf große Entdeckungen, die es wagen, Energie und Lebenszeit auf Ideen zu verwetten, die auch falsch sein können. Die Forscher, die in den vergangenen Jahrhunderten ausschwärmten, um unseren eigenen Planeten zu erkunden, riskierten natürlich noch sehr viel mehr. Den wenigen Namen der Arktispioniere etwa, an die man sich heute noch erinnert – Bering, Nansen, Peary –, stehen Dutzende gegenüber, die dort gescheitert sind. Heute ist Polarforschung für Leib und Leben vergleichsweise ungefährlich. Und auch auf dem Mars ist die Erfolgsquote schließlich nach oben gegangen.

Drittes Kapitel: **Die neue Flotte**

Am 4. Juli 1996, dem amerikanischen Unabhängigkeitstag, fiel im Mündungsgebiet des Ares Vallis in die Chryse Planitia ein brombeerartiges Gebilde vom Marshimmel. Das Ding hüpfte einige Male über die mit Basaltbrocken übersäte Staubwüste, und kaum war es zur Ruhe gekommen, erschlafften die prallen Gasbeutel und gaben den Blick auf einen metallenen Tetraeder frei, der sich bald wie eine Blume öffnete. Die Innenseiten der Blütenblätter waren dicht mit schwarz glänzenden Plättchen besetzt. Auf einem der drei Blätter befand sich eine befremdliche Konstruktion, aus der sich nun zu beiden Seiten längliche Fortsätze wie Rampen herunterklappten. Auf einer dieser beiden Rampen rollte zwei Tage später eine Kiste mit sechs kleinen Rädern zum Marsboden hinunter.

Mit der Mission *Mars Pathfinder* war die Nasa nach fast genau 20 Jahren endlich wieder zum Roten Planeten zurückgekehrt – zu einem Spottpreis. Gerade 150 Millionen Dollar hatte *Pathfinder* alles in allem gekostet, grob ein Zehntel dessen, was man (inflationsbereinigt) seinerzeit für eine *Viking*-Sonde ausgegeben hatte. Sie war damit die erste einer neuen Generation von Sonden, die kaum ein Jahrzehnt nach dem Ende des Kalten Krieges ein neues Kapitel in der Geschichte der Marsforschung aufschlug. In diesem Kapitel wollen wir die einzelnen Mitglieder dieser Flotte etwas näher kennenlernen – und insbesondere das Arsenal der wissenschaftlichen Instrumente, das sie mitführten.

Life im Internet: *Mars Pathfinder*

Pathfinder war die Vorhut dieser Flotte, ohne ihr im eigentlichen Sinn anzugehören. Es handelte sich im Grunde um eine Testmission, mit der neue Wege in der unbemannten Planetenforschung erprobt werden sollten. Die Idee einer mobilen Sonde zur Erkundung einer Planetenoberfläche war für sich allerdings keine Innovation. Bereits Anfang der siebziger Jahre hatte die Sowjetunion zwei bewegliche Erkundungsroboter über den Mond rollen lassen. *Lunochod 1* legte dabei 1970/71 innerhalb von zehn Monaten über 10 Kilometer zurück, *Lunochod 2* 1973 in vier Monaten sogar 37 Kilometer. Die sowjetischen Mondgefährte waren so groß wie Büroschreibtische gewesen und wogen jeweils über 800 Kilo. Die *Sojourner* (»Gast«) genannte mobile Einheit der *Pathfinder*-Mission war dagegen mit 65 Zentimetern Länge und 30 Zentimetern Höhe kaum größer als ein Rasenmäher und wog nur etwas über zehn Kilo.

Dafür konnte sich der *Sojourner* nicht mehr als 500 Meter von seiner Basisstation entfernen und hielt auch nur 83 Marstage durch. Entsprechend mager war auch seine wissenschaftliche Ausbeute. Immerhin offenbarten die Analysen an den herumliegenden Felsen zwei unterschiedliche Gesteine – was vielleicht auf teilweise Verfrachtung der Brocken durch Wasser oder Eis aus dem Ares Vallis hinweist. Alles in allem glich die Landestelle des *Pathfinder* aber sehr der Gegend 800 Kilometer weiter westlich, wo zwei Jahrzehnte zuvor *Viking 1* niedergegangen war.

Trotzdem konnte die Nasa das Unternehmen als durchschlagenden Erfolg verbuchen. *Pathfinder* hatte nicht nur bewiesen, dass man zum Preis eines aufwendigeren Hollywood-Streifens eine Sonde zum Mars schicken kann, sondern vor allem einige Techniken getestet, die späteren Marsmissionen zugutekamen, allen voran den Zwillingen *Spirit* und *Opportunity*. Neben einem Instrument, das die chemische Zusammensetzung von Gesteinen durch Bestrahlung mit Alphateilchen und Röntgenstrahlen analysiert, war das vor allem die neuartige Form der Landung: Während die *Viking*-Sonden nach dem Sinkflug am Fallschirm am Ende allein durch Raketen auf Landegeschwindigkeit abgebremst worden waren, schützten den *Pathfinder* in der letzten Landephase die erwähnten gasgefüllten Säcke vor einem allzu harten Aufprall.

Der größte Erfolg der *Pathfinder*-Mission war allerdings das unerhörte Medienecho, das sie hervorrief. Es dürfte sogar das der *Viking*-Missionen übertroffen haben – die immerhin die ersten von der Marsoberfläche aus aufgenommenen Bilder geliefert hatten –, und im Rückblick erinnerte es sogar an die Mondlandungen. Selbst viele Menschen, die sich sonst gar nicht für Planetenforschung interessieren, können sich noch heute lebhaft an die Bilder von der »rollenden Schuhschachtel« auf dem Mars erinnern. Das liegt vor allem daran, dass man sie nicht erst in den Abendnachrichten oder gar am nächsten Tag in der Zeitung zu sehen bekam, sondern im Internet, einem für breitere Bevölkerungsschichten damals brandneuen Medium. Denn die Nasa stellte alle Bilder praktisch sofort auf ihre Website. So konnte man die Abenteuer des kleinen Marsvehikels live erleben – soweit die noch schmale Bandbreite im Netz der Netze es zuließ.

Der ewige Nachmittag: *Mars Global Surveyor*

Die eigentliche Erforschungsgeschichte des Mars ging freilich erst am 11. September 1997 weiter, eine Woche bevor der *Pathfinder* seinen letzten Funkspruch zur Erde absetzte. Da traf der *Mars Global Surveyor* (kurz MGS) am Roten Planeten ein, obgleich er etwas früher als der *Pathfinder* auf die Reise geschickt worden war. Auf die ersten Daten des Orbiters mussten die Forscher allerdings noch etliche Monate warten. Denn zum ersten Mal wurde mit dem MGS die zuvor nur an der Venus erprobte Technik des »Aerobraking« am Mars erfolgreich angewandt:

Dazu lässt man die Sonde zunächst in eine stark elliptische Umlaufbahn um den Planeten einschwenken – was vergleichsweise wenig Treibstoff verbraucht. Beobachtungssatelliten sollten ihren Zielplaneten allerdings möglichst immer in derselben Höhe, also auf einer kreisförmigen Bahn umfliegen. Daher verlegt man den planetennächsten Punkt der ursprünglichen Ellipse so nahe an die Oberfläche, dass die Sonde dort bei jedem Umlauf kurz in die oberste Schicht der Atmosphäre eintaucht, deren Gasmoleküle sie dabei etwas abbremsen. Dieser Prozess – dessen Planung eine genaue Kenntnis der Planetenatmosphäre voraussetzt – verwandelt die Bahnellipse über einen längeren Zeitraum hinweg sukzessive in einen Kreis.

Die endgültige Bahn, auf die der *Global Surveyor* auf diese Weise gebracht wurde, verlief fast genau über die Marspole, und zwar in einer Höhe, auf der die Sonde den Planeten gerade so schnell umfliegt, dass auf der Tagseite die Sonne immer in demselben Winkel über dem gerade überflogenen Gelände steht. Alle Bilder, welche die mitgeführte Kamera bis zum Ausfall der Sonde Ende 2006 von der Oberfläche aufnahm, entstanden also immer zu derselben Ortszeit im gerade überflogenen Gebiet – 14:00 Uhr nachmittags – und damit in etwa bei immer derselben Beleuchtung.

Die Kamera des *Global Surveyor* war hundertmal genauer als die, mit welcher die beiden Orbiter der *Viking*-Mission den Planeten abgelichtet hatten: Ein Pixel erfasste einen Fleck von gerade mal anderthalb bis drei Metern Durchmesser. Daneben hatte man dem *Global Surveyor* noch ein Infrarotspektrometer namens »TES« (für »Thermal Emission Spektrometer«) mitgegeben, mit dem sich viele Substanzen auf der Marsoberfläche und seiner Atmosphäre identifizieren lassen. Des Weiteren war ein Magnetometer an Bord sowie eine extrem genaue Uhr. Diese erlaubte es, winzige Abweichungen der Sondenflugbahn von der fast kreisförmigen Ellipse aufzuzeichnen und damit Schwankungen im gerade überflogenen Gravitationsfeld des Planeten zu kartieren.

Das vermutlich wichtigstes Instrument an Bord des *Global Surveyor* aber war MOLA, das »Mars Orbiter Laser Altimeter«. Damit führte der »globaler Vermesser« seine namensgebende Aufgabe durch: die Erstellung einer kompletten topographischen Karte des Mars. Über mehr als 333 Millionen Punkte auf der Planetenoberfläche – umgerechnet etwa alle 160 Meter – schickte MOLA einen Laserimpuls hinunter zum Mars, fing die Reflexion davon wieder auf und errechnete aus der Laufzeit die Entfernung zwischen Sonde und Oberfläche mit einer Unsicherheit von gerade mal 30 Zentimetern. Diese Daten lassen sich zu einer Karte zusammenstellen. Sie ist auf dem Vorsatzblatt dieses Buchs im Bildteil zu sehen und gab zum ersten Mal umfassend und detailliert Auskunft über das lange rätselhafte Oberflächenprofil des Mars, die Höhe seiner Berge und die Tiefe seiner Täler.

Eine Nase für Wasserstoff: *2001 Mars Odyssey*

Die Benennung von Raumsonden hat zuweilen etwas Irrationales an sich, insofern sie sich nicht systematisch, sondern nur historisch verstehen lässt. Das ist aber manchmal besser so, etwa im Fall der ersten Marsmission, die den Amerikanern nach dem Pleitenjahr 1999 gelang. Sie sollte eigentlich *Mars Surveyor 2001 Orbiter* heißen, was allenthalben zur Verwechslung mit dem *Mars Global Surveyor* eingeladen hätte. Doch als die Nasa nach dem Desaster 1999 die Zwillingssonde *Mars Surveyor 2001 Lander* strich, fiel jemandem auf, dass die Ziffernfolge des Startjahres 2001 seit über drei Jahrzehnten Kultstatus genoss, hatte doch 1968 Stanley Kubrick in »2001 A Space Odyssey« der Raumfahrt bereits ein frühes cineastisches Denkmal gesetzt.

2001 Mars Odyssey wurde nach der Ankunft am Mars im Oktober 2001 ebenfalls mit einem Aerobrake-Manöver allmählich in eine kreisförmige Umlaufbahn gebracht. Bereits im Februar 2002 konnte die Sonde mit der Arbeit beginnen. Diese bestand vor allem daraus, den Planeten mit zwei sehr verschiedenen Instrumenten abzutasten. Da wäre erstens »Themis«, eine Infrarotkamera, die das Datenraster der Messungen des TES-Instrumentes an Bord des *Global Surveyor* verfeinern sollte. Es nimmt die Marsoberfläche in zehn verschiedenen Wellenlängen auf, die so ausgewählt sind, dass sich die wichtigsten der auf dem Mars vermuteten Minerale kartieren lassen: Carbonate (also Kalke), Phosphate, Hydroxide, Sulfate und natürlich Silikate, das Grundmaterial der meisten Gesteine. Zugleich liefern die Messungen auch die Oberflächentemperaturen der untersuchten Stellen, und durch den Vergleich von Aufnahmen am Tage und bei Nacht lassen sich Rückschlüsse darüber gewinnen, wie grob- oder feinkörnig das Material ist.

Das andere wichtige Gerät an Bord von *Mars Odyssey* ist ein hochempfindlicher Detektor für zwei Arten radioaktiver Strahlen, die von der Marsoberfläche ausgehen: Gammastrahlen und Neutronen. Beide entstehen dort vor allem dadurch, dass energiereiche kosmische Teilchen mit den Atomkernen auf dem Mars reagieren. Das Muster der Gammastrahlen-Intensitäten verschiedener Energien ist dabei sehr charakteristisch für die Atomkerne unterschiedlicher chemischer Elemente, deren Art und Konzentration im Marsboden damit gemessen werden kann. Eine Sorte von Atomkernen, die des Wasserstoffs, verrät sich dagegen dadurch, dass sie schnelle Neutronen effektiv abbremst, die ebenfalls durch den kosmischen Teilchenhagel freigesetzt werden. Aus dem Verhältnis von schnellen und langsamen Neutronen ergibt sich damit die lokale Konzentration von Wasserstoffatomen, und die ist besonders interessant, weil die üblichen Gesteins-Mineralien kaum oder gar keinen Wasserstoff enthalten, Wassermoleküle dagegen schon.

Die dritte Dimension: *Mars Express*

Europa ist spät zum Mars aufgebrochen. Eine europäische Organisation für Weltraumforschung, Vorläuferin der heutigen European Space Agency (ESA), wurde erst Mitte 1964 gegründet, wenige Monate bevor *Mariner 4* die ersten Bilder vom Roten Planeten zur Erde funkte. Die riskante Planetenforschung stand in Europa damals noch lange nicht auf der Tagesordnung. Erst Anfang der siebziger Jahre gab es – schnell begrabene – Pläne für eine europäische Venus-Mission, und 1981 diskutierte man einen Mars-Orbiter namens »Kepler«. Auch dieses Projekt wurde schnell aufgegeben, da mit dem amerikanischen *Mars Observer* und den sowjetischen *Fobos*-Sonden ähnliche Vorhaben geplant waren. Allerdings beteiligten sich nun zunehmend europäische Forscher an den Unternehmen der beiden großen Weltraummächte.

So flogen auf der russischen Mission *Mars 96* zwei Instrumente, die trotz des Scheiterns jener Mission heute jedem Marsforscher ein Begriff sind: eine deutsche Kamera mit dem spröden Namen »HRSC« und ein französisches Infrarotspektrometer namens »Omega«. Ihren Ruhm verdanken sie der Tatsache, dass ihre Erbauer sie im Juni 2003 in verbesserter Version noch einmal zum Mars starten durften: an Bord des genuin europäischen Orbiters *Mars Express*. Der Name sollte weniger auf die Reisezeit zum Mars hinweisen – sie war mit knapp sieben Monaten nicht sehr viel kürzer als bei anderen Missionen –, sondern auf die ungewöhnliche Geschwindigkeit, mit der diese Sonde geplant und gebaut worden war. Dies verdankte sich, ebenso wie der günstige Preis von nur 150 Millionen Euro, allerdings dem Umstand, dass man auf allerhand bereits fertig Entwickeltes zurückgriff: nicht nur auf die Instrumente von *Mars 96*, sondern auch auf die Grundstruktur der später (2004) gestarteten Kometensonde *Rosetta*. *Mars Express* schwenkte Weihnachten 2003 auf konventionelle Weise in eine fast polare elliptische Umlaufbahn um seinen Zielplaneten ein.

Abgesehen von dem Verlust der kleinen Landeeinheit *Beagle 2* wurde die erste europäische Planetenmission zu einem durchschlagenden Erfolg. Alle sieben Instrumente an Bord funktionierten weitgehend einwandfrei. Als Zitterpartie erwies sich allein das Ausfahren der beiden jeweils 20 Meter langen Antennen des Niederfrequenz-Radars »Marsis«, das großräumige Strukturen wie Eisschichten tief im Marsboden ertasten kann. Eine der Antennen hakte, und ein unkontrollierter Ruck hätte im schlimmsten Fall zum Verlust des Funkkontaktes zur Sonde führen können. Von den anderen Instrumenten dienten vier der Untersuchung der Marsatmosphäre und zwei der Oberfläche. Diesen beiden, es sind die erwähnten ursprünglich für *Mars 96* gebauten Geräte, hat Europa seinen Ruhm in der Marsforschung besonders zu verdanken.

Da wäre also einmal das Infrarotspektrometer Omega. Der Name ist ein französisches Akronym, das sich ausgeschrieben »Observatoire pour la Mineralogie, l'Eau, les Glaces, et l'Activité« liest – Observatorium für Mineralogie, Wasser, Eis und Aktivität. Ähnlich wie die Instrumente TES auf dem *Global Surveyor* und Themis auf *Mars Odyssey* untersucht es die Marsoberfläche auf ihre mineralogische Zusammensetzung. Im ersten Betriebsjahr von *Mars Express* hat Omega 90 Prozent der Marsoberfläche mit einer räumlichen Auflösung von einigen Kilometern bis hinab zu 500 Metern untersucht und dabei alle Minerale erfasst, die dort im Oberflächengestein mit einer Volumenkonzentration von mehr als fünf Prozent enthalten sind. Besonders empfindlich ist Omega für Wasser, wobei das Instrument unterscheiden kann, ob es als Gas, Reifablagerung oder massives Eis vorliegt, ob es vor dem Gefrieren von Sedimenten oder porösen Gesteinen aufgesogen wurde oder ob es in sogenannten hydratisierten Mineralen Bestandteil des Kristallgefüges ist.

So wichtig das alles ist, in der öffentlichen Wahrnehmung dürften die Daten der Kamera HRSC wohl den größeren Eindruck gemacht haben. Das Kürzel steht für »High Resolution

Stereo Camera«. »High Resolution« verheißt scharfe Bilder, und in der Tat löst die HRSC noch Details von etwa 10 bis 20 Metern auf. Ein sogenannter »Superkanal« liefert zwar eine bis zu fünfmal bessere Auflösung, doch im Normalbetrieb sieht das Auge des *Mars Express* damit nicht ganz so scharf wie die Kameras des *Global Surveyor* oder des *Reconnaissance Orbiter*. Dafür kann sie aber ungleich größere Regionen auf einmal erfassen. Das aber war ihrem Konstrukteur, Gerhard Neukum von der Freien Universität Berlin, besonders wichtig, denn Neukums besonderes Interesse gilt der Verteilung der Krater verschiedener Größe auf der Marsoberfläche, die sich auf HRSC-Aufnahmen dank ihres weiten Gesichtsfeldes besonders gut erfassen lässt – wir werden noch sehen, was daran so spannend ist.

Der auch für den Laien sofort erkennbare Clou der HRSC aber verbirgt sich hinter dem »S« für »Stereo«. Neukums Apparat kann räumlich sehen, und seine Daten lassen sich daher schon nach einmaligem Überflug mit der Hilfe eines Computers zu spektakulären dreidimensionalen Marslandschaften zusammensetzen. Dahinter steckt durchaus auch ein wissenschaftliches Interesse: Höhenprofile liefert zwar auch der MOLA-Laser an Bord des *Global Surveyor*, doch nicht in unmittelbarem Zusammenhang mit Bilddaten, die auch Helligkeits- und Farbwerte umfassen. Ob es sich etwa bei einer Anhöhe um eine Düne oder eine Lavakuppe handelt, kann man da unter Umständen nur durch mühsamen Vergleich mit anderen Bildern klären. Die HRSC liefert solche Infomationen auf einen Blick. Mindestens ebenso wichtig aber dürfte an dem Stereoblick der Kamera das ästhetische Moment gewesen sein. Denn mit ihm konnte *Mars Express* als erste Sonde auch aus dem Orbit nicht nur Bilder liefern, sondern Ansichtskarten, also Eindrücke, die sich auch dem Laienauge sofort erschließen.

Zwei Geologen: *Spirit* und *Opportunity*

Im Sommer 2003 kehrte die Nasa zu einer bewährten Strategie zurück: Fast dreißig Jahre nach *Viking* traten wieder zwei baugleiche Sonden die Reise zu einem gemeinsamen Ziel an. Im Abstand von nicht ganz vier Wochen schickten Raketen die Landesonden MER-A und MER-B auf die Reise. Unter diesen Abkürzungen für »Mars Exploration Rover A« und »Mars Exploration Rover B« kennen sie heute aber nur Fachleute. Inzwischen war es bei der amerikanischen Raumfahrtbehörde nämlich üblich geworden, Sonden erst nach gelungenem Start einen griffigeren Namen zu verleihen – und die Namenswahl ohne übermäßige Scheu vor Pathos zu treffen. In einem Wettbewerb fiel die Wahl auf den Vorschlag einer neunjährigen Grundschülerin in Arizona, die ihre ersten Lebensjahre in einem russischen Waisenhaus verbracht hatte. In der Begründung ihres Vorschlages schrieb sie, in Amerika könne sie all ihre Träume verwirklichen, und so danke sie für den Geist (Spirit – ein Wort, das man auch mit »Schwung« oder »Elan« übersetzen kann) und die Gelegenheit (Opportunity).

Die beiden Rover (zu Deutsch »Wanderer« oder »Vagabunden«) sind fahrbare Sonden. So manches an ihrer Konstruktion war sieben Jahre vor ihrem Start in der *Pathfinder*-Mission getestet worden, insbesondere die Landung mit Hilfe einer Schale aus vier kugelförmig segmentierten Gaskissen. Allerdings sind die Rover bedeutend größer als es der *Sojourner* des *Pathfinder* gewesen war: jeweils rund 180 Kilo gegenüber 10 Kilo. Vor allem aber sind sie nicht mehr auf eine Basisstation angewiesen, deren Umgebung sie nicht verlassen können. Vielmehr stehen beide Rover direkt mit der Erde in Verbindung, gegebenenfalls über die Orbiter *Mars Global Surveyor* und *Mars Odyssey* als Funkrelais. Dadurch lassen sie sich beliebig über die Marsoberfläche steuern, solange ihre Energieversorgung über Solarzellen funktioniert und soweit ihre jeweils sechs Räder sie eben tragen.

Und das sollten ursprünglich drei bis acht Monate sein, Zeit genug, um sich vielleicht einen oder zwei Kilometer von der Landestelle zu entfernen. Allerdings berechnen Raumfahrtingenieure die vorgesehene Einsatzdauer ihrer Produkte immer sehr konservativ – also kurz. Viele erfolgreiche Weltraummissionen haben ihre projektierte Lebenszeit später um ein Mehrfaches überschritten. Rekordhalter sind bislang die beiden *Voyager*-Sonden, die 1977 gestartet wurden, um 1979 am Jupiter und 1980 beziehungsweise 1981 am Saturn vorbeizufliegen. Inzwischen haben sie die Grenzen des Sonnensystems erreicht und liefern mehr als dreißig Jahre nach ihrem Start immer noch wissenschaftliche Daten. *Spirit* und *Opportunity* überraschten ihre Konstrukteure dennoch. Trotz der harschen Bedingungen in ihren Einsatzgebieten und ihren vielen empfindlichen beweglichen Teilen fuhren sie, wenn auch mit ersten Alterserscheinungen, fünf Jahre nach ihrer Landung immer noch auf dem Mars umher.

Beide Rover landeten nahe des Marsäquators. *Spirit* ging am 4. Januar 2004 in Gusev nieder, einem etwa vier Milliarde Jahre alten sedimentgefüllten Kraterkessel von der Fläche Hessens. Er war 1976 auf Aufnahmen der *Viking*-Orbiter entdeckt und nach dem russischen Astronomen Matwei Matwejewitsch Gusev (1826 bis 1866) benannt worden. *Opportunity* setzte am 25. Januar 2004 in einer Ebene der Terra Meridiani auf.

Die beiden Einsatzorte liegen auf fast genau entgegengesetzten Seiten des Planeten. Da somit stets über einem der beiden die Sonne scheint, sind die Bedienungsmannschaften im Jet Propulsion Laboratory (JPL) der Nasa im kalifornischen Pasadena rund um die Uhr im Einsatz. Jedem der beiden Rover ist ein Team zugeordnet, das auf verschiedenen, in unterschiedlicher Farbe gestrichenen Stockwerken arbeitet – das soll verhindern, dass Kommandos für *Spirit* irrtümlich an *Opportunity* geschickt werden oder umgekehrt. Die beiden Stockwerke sind völlig abgedunkelt, um es den Wissenschaftlern und Flugingenieuren leichter zu machen, während der Arbeit ganz »auf dem Mars« zu leben, denn da ein Marstag 40 Minuten länger ist als ein Tag auf der Erde, verschieben sich ihre Schichten ständig. Nicht wenige tragen daher zwei Armbanduhren: Eine zeigt die kalifornische Zeit an, die andere die Marszeit des Rovers, für den sie arbeiten.

Das Entscheidende an den Rovern ist ihre Beweglichkeit. *Spirit* und *Opportunity* fahren mit jeweils sechs 25 Zentimeter großen Rädern, von denen jedes seinen eigenen Motor hat. Sie sind an einer speziellen Aufhängung, genannt »Rocker Bogie«, befestigt, die es den Gefährten erlaubt, über Hindernisse und Bodenlöcher von bis zu doppelter Radgröße zu klettern, ohne dass eines der Räder den Bodenkontakt verliert. Solche Geländegängigkeit begrenzt allerdings die Höchstgeschwindigkeit auf fünf Zentimeter pro Sekunde (0,18 Kilometer pro Stunde). In der Praxis wurden auf dem Mars aber höchstens ein Zentimeter pro Sekunde erreicht – und im Tagesdurchschnitt waren es weit weniger: Die längste an einem Marstag zurückgelegte Strecke betrug gerade mal 220 Meter.

Die Rover fahren mit Solarstrom. Etwa 100 Watt, etwas weniger als ein Siebtel PS, ziehen die Motoren aus den Solarzellen. Diese liefern in praller Sonne 140 Watt, haben darüber hinaus aber auch die wissenschaftlichen Instrumente, den Bordcomputer und die Kommunikationseinheiten zu versorgen sowie die Batterien aufzuladen. Die darin gespeicherte Energie versorgt den Rover bei mangelhafter Beleuchtung, also etwa nachts. Die Abhängigkeit der Rover vom Licht bringt es mit sich, dass sie nicht das ganze Jahr über herumfahren können. Während des sieben Monate währenden Marswinters versuchen die Flugingenieure, sie auf einem nordwärts geneigten Hang zu parken. Da beide Geräte etwas südlich des Äquators im Einsatz sind, lässt sich so die spärlichere Sonne besser ausnutzen.

Kritisch wird es allerdings in einem großen Staubsturm. Während der übliche Wind sich als sehr vorteilhaft für die Rover erwiesen hat, da er die Solarzellen immer mal wieder von Staub befreit, verdunkeln Staubstürme den Himmel so weit, dass die Batterien nicht mehr richtig aufgeladen werden können. Mitte 2007 tobte solch ein planetenweiter Sturm und ließ die Nasa-Techniker das Schlimmste befürchten. Insbesondere für *Opportunity* sah es im wahrsten Sinne des Wortes düster aus. Doch sobald sich Ende August 2007 das Wetter gebessert hatte, konnten beide Rover ihre Missionen fortsetzen.

Gearbeitet wird mit zwei Gruppen wissenschaftlicher Instrumente. Die eine ist auf einem anderthalb Meter hohen beweglichen Mast montiert, der entfernt an einen Roboterkopf mit zwei Augen erinnert. Sie gehören der Panoramakamera, die das Gelände räumlich erfassen kann, ähnlich wie ein menschliches Augenpaar. Darüber hinaus sitzt auf diesem Mast noch Mini-TES. Wie die Thermal Emission Spectrometer (TES) an Bord der Orbiter kann es aus dem von den Steinen reflektierten Infrarotlicht Rückschlüsse auf die mineralogische Zusammensetzung ziehen. Anhand dieser Daten können die Wissenschaftler auf der Erde dann auswählen, welche Steine angesteuert und näher analysiert werden sollen.

Die Analyse selber wird vor allem von zwei Instrumenten vorgenommen, die auf einem gelenkigen Arm am Bug des Rovers sitzen: dem Mößbauer-Spektrometer und dem Alpha-Röntgen-Spektrometer (Alpha-Particle-X-Ray Spectrometer, kurz APXS), die beide in Mainz entwickelt wurden – das eine an der dortigen Universität, das andere am Max-Planck-Institut für Chemie. Das erstgenannte Instrument nutzt einen festkörperphysikalischen Effekt, den der Münchener Physiker Rudolf Mößbauer 1958 entdeckte und für den er schon drei Jahre später den Nobelpreis bekam. Der Mößbauer-Effekt erlaubt es, Material, das bestimmte Atomkernsorten enthält, von außen chemisch zu analysieren. Dazu setzt man die Probe Gammastrahlen eines bestimmten Energiebereichs aus. Die Mößbauer-Spektrometer der Mars-Rover sind auf das in natürlichem Eisen enthaltene Isotop Eisen-57 ausgelegt. Je nach der chemischen Umgebung, in welche die Eisenkerne in der Probe eingebunden sind, absorbieren sie Gammastrahlen anderer Energien, was sich anhand der zurückgestreuten Strahlung messen lässt. Auf diese

Weise können die Rover ziemlich genau bestimmen, welche Eisenminerale sie da vor sich haben.

Über die Chemie anderer Minerale als die des Eisens gibt das APXS Auskunft. Dieses Instrument enthält eine kleine Menge des künstlichen Radioisotops Curium-244. Das zerfällt mit einer Halbwertszeit von 18 Jahren und sendet dabei Heliumkerne aus, auch Alphateilchen genannt. Der zurückbleibende Tochterkern Plutonium-240 schickt jedem solchen Zerfall noch zwei Röntgenquanten hinterher. Beide Teilchensorten – die Alphas und die Röntgenquanten – dringen nun als Schwärme subatomarer Sonden in das Marsgestein ein. Stößt ein Alpha dabei auf einen Atomkern, wird es mit einer bestimmten Energie zurückgeworfen und landet mitunter wieder im APXS-Instrument, das diese Energie messen und daraus berechnen kann, wie schwer der getroffene Atomkern war. Damit lassen sich vor allem leichte Elemente wie Natrium, Magnesium oder Schwefel identifizieren und ihre Menge im Gestein bestimmen. Die Röntgenquanten dagegen schlagen aus den tiefsten Schichten der Elektronenhüllen um die marsianischen Atome Elektronen heraus. Die entstandenen Löcher werden sofort durch andere Elektronen wieder geschlossen, die dabei aber ein charakteristisches Muster von Röntgenstrahlen aussenden. Auf diese Weise »sieht« das Instrument auch die schwereren Atomsorten im Gestein.

Diese Ausrüstung macht die Rover zu zwei Roboter-Geologen. Sie wird noch ergänzt durch eine Mikroskopkamera für extreme Detailaufnahmen der Gesteinsoberflächen. Mehr als diese Oberflächen – bis etwa einen Tausendstel Millimeter Tiefe – ist den Instrumenten allerdings nicht zugänglich. Um etwas tiefer zu gehen, vor allem um unter eine eventuell am Felsen klebende Kruste aus Staub und Verwitterungsprodukten zu sehen, sind die Instrumentenarme der Rover mit einer kleinen Fräse ausgestattet. Sie kann in den Stein eine kreisförmige Fläche von 45 Millimetern Durchmesser schleifen, allerdings auch nur maximal fünf Millimeter tief.

Adlerauge: *Mars Reconnaissance Orbiter*

Raumsonden werden im Allgemeinen ohne Beteiligung von Designern konstruiert. Es ist ja auch egal, wie sie aussehen. Selbst die entfernt humanoide Erscheinung der beiden Marsrover – bedingt durch den Mast mit der Panoramakamera – hatte nur Funktionsgründe. Und daher sehen sich auch die Sonden in der Marsumlaufbahn auf den ersten Blick zum Verwechseln ähnlich: ein kastenförmiger Korpus mit Solarpaddel und verschiedenen Antennen.

Der nächste Neuzugang in der Marsumlaufbahn dagegen hat ein dominantes Merkmal, an dem man ihn auf den ersten Blick erkennt: seine riesige Parabolantenne, die mit drei Metern Durchmesser ähnliche Ausmaße hat wie der Korpus. Tatsächlich ist eine der beiden Besonderheiten des 2005 gestarteten *Mars Reconnaissance Orbiters* sein neuartiges Kommunikationssystem. Die Datenrate für Übertragungen vom Mars zur Erde von bis zu sechs Megabit pro Sekunde ist zwar nur halb so groß wie die in einer Full-Speed-Computerverbindung über USB-Kabel, aber es ist zehnmal mehr als bei jeder anderen Planetenmission zuvor. Allein in den zwei Jahren seiner nominellen Mission bis November 2008 hat der *Reconnaissance Orbiter* mehr Daten versendet als alle früheren interplanetaren Raumsonden zusammen.

Aber noch aus einem anderen Grund tat die Marsforschung technologisch einen neuen Schritt, als der neue Orbiter Ende September 2006 nach fünfmonatigem Aerobraking seine endgültige, fast kreisrunde Umlaufbahn in etwa 300 Kilometern Höhe über der Marsoberfläche erreicht hatte. Zwei Monate bevor ihr Vorgänger, der *Mars Global Surveyor*, ausfiel, sandte die Sonde damals ihr erstes Bild zur Erde, auf dem noch Details von knapp unter einem Meter Größe zu erkennen waren. Jedes Pixel der Hauptkamera, des High Resolution Imaging Science Experiment (HiRISE), bildet nämlich nur 30 Zentimeter Marsboden ab. Die Auflösung ist damit fünfmal feiner als die des *Global*

Surveyor, und sie ist auch besser als die der Erdbeobachtungssatelliten, von denen etwa die Bilder für den beliebten Internetdienst Google-Earth stammen. So konnte HiRISE auch problemlos Bilder schießen, auf denen der 2,5 mal 1,5 Meter große Rover *Opportunity* zu erkennen ist. Zu sehen sind die Rover zwar bereits auf den Bildern des *Global Surveyor* – aber nur für den, der genau weiß, wo sie sind.

Diese außerordentliche Sehschärfe wird allerdings – wie bei einem starken Mikroskop – damit erkauft, dass nur jeweils sehr kleine Bereiche auf einmal untersucht werden können. Die Kamera hat also ein sehr enges Gesichtsfeld: das 50-Zentimeter-Spiegelteleskop, das ihr vorgeschaltet ist, sammelt das Licht nur aus einem Winkel von höchstens 1,14 Grad, was bei 300 Kilometern Entfernung zum Objekt einen Bildausschnitt von gerade mal sechs Kilometern Länge entspricht. Aus diesem Grund verfügt die Sonde zusätzlich noch über eine sogenannte Kontextkamera, die, grobkörniger und auch nur schwarzweiß, die weitere Umgebung ablichtet. Damit können die Wissenschaftler das scharfe Bild besser in die bekannten Marskarten einpassen.

Daneben verfügt der *Reconnaissance Orbiter* noch über vier weitere Instrumente: eine grobsichtigere Farbkamera für den sichtbaren und UV-Bereich, mit dem globale Wetterphänomene und jahreszeitliche Veränderungen verfolgt werden; ein Spektrometer, das vor allem im Infrarotbereich die Verteilung der Lichtwellenlängen mit einer Bildauflösung von 18 Metern misst, um auf die Art der dort jeweils vorherrschenden Minerale zu schließen; ein Spektrometer zur Messung von Druck, Temperatur sowie Wasser- und Staubgehalt der Atmosphäre; und schließlich ein Radargerät zur Aufklärung der Schichtungen im Eis der marsianischen Polkappen. Das alles sind wichtige Geräte, doch hätte die Nasa den Orbiter wohl auch dann losgeschickt, wenn nur HiRISE und ihre Kontext-Hilfskamera an Bord gewesen wären. Denn ihr hohes Auflösungsvermögen verspricht das Rätsel der sogenannten Hangrinnen zu klären, längliche Strukturen, die der *Global Surveyor* entdeckt hatte und von denen manche Wissenschaftler glauben, es könnte sich um frische Spuren fließenden Wassers handeln.

Phoenix und die Zukunft

»Follow the water – folgt dem Wasser.« Das ist das Prinzip, an dem sich zumindest die amerikanische Marsforschung orientiert, seit *Mariner 9* die ersten – wenn auch nur fossilen – Spuren des nassen Stoffes auf dem Planeten entdeckte. Doch ist die Wasserfrage immer wichtiger geworden. Und so war es klar, dass früher oder später versucht werden würde, eine Sonde in der Nähe eines der vergletscherten Marspole zu landen. Eine Landung auf den zerfurchten Polkappen selber wäre mit der heute verfügbaren Technik zwar zu riskant, nicht aber in einer der flachen Ebenen darum herum, in deren Böden Wassereis möglicherweise knapp unter der Oberfläche schlummert.

Der erste Versuch war 1999 mit dem *Polar Lander* in der Südpolarregion gescheitert. Doch im August 2007 startete die Nasa einen neuen – diesmal im Norden. Die Landesonde *Phoenix* war aber nicht nur ein Nachbau des zuvor verunglückten Polarfahrers, sondern bestand aus dem Chassis des geplanten und nach den Pannen von 1999 gestrichenen *Mars Surveyor 2001*-Lander, der jenen Orbiter begleiten sollte, aus dem schließlich *Mars Odyssey* wurde. Die Instrumentierung allerdings orientierte sich teilweise an der des *Polar Lander*. Dazu zählte auch ein 2,35 Meter langer, kamerabestückter Roboterarm, der sich bis zu einem halben Meter tief in den Marsboden eingraben und das dabei Freigelegte in Augenschein nehmen konnte. Daneben war *Phoenix* unter anderem mit Mikroskopen sowie zwei kleinen Laboreinheiten zur chemischen Analyse ausgebaggerten Materials ausgestattet: In einem konnten bis zu acht Bodenproben bis auf 1000 Grad erhitzt und die austretenden Gase auf Wasser, Kohlendioxid und flüchtige organische Verbindungen wie Methan untersucht werden. Das andere Labormodul erlaubte, an bis zu vier Bodenproben die Gehalte einer Reihe wasserlöslicher Salze zu messen sowie den pH-Wert, also den Säuregrad zu bestimmen. Hinzu kamen eine kleine Wetterstation – und natürlich die obligatorischen Kameras.

Eine Besonderheit von *Phoenix'* optischer Ausstattung war die sogenannte »Descent Camera«, die das Zielgebiet während der Landung aus verschiedenen Höhen aufnehmen sollte, um eine nähere areographische Einordnung des schlussendlichen Landeplatzes zu ermöglichen. Denn die Endphase der Landung erfolgte nicht, wie bei *Pathfinder* oder den beiden Rovern, nach dem Flummi-Prinzip, sondern ganz konventionell durch den Rückstoß von Landeraketen. Allerdings wurde die Descent Camera, ebenso wie ein Mikrophon, das marisanische Windgeräusche aufzeichnen sollte, am Ende doch nicht benutzt: Ein zu spät entdecktes Problem mit der Datenverarbeitung an Bord barg ein Risiko – die Signale dieser Instrumente hätten während der Landung wichtigen Navigationsdaten in die Quere kommen können.

Es war nicht das letzte Problem, mit dem der *Phoenix* zu kämpfen hatte. Schon die Landung am 25. Mai 2008 in der nördlichen Tiefebene Vastitas Borealis erfolgte ganz am Rande des vorgesehenen Gebietes, da sich der Fallschirm sieben Sekunden zu spät öffnete – dafür schoss der *Reconnaissance Orbiter* kurz darauf ein sehr eindrucksvolles Bild der am Fallschirm schwebenden Sonde. Später, nach der Landung, gab es einen Kurzschluss in dem Ofenlabor, der aber behoben werden konnte, und dann kämpfte die Bodenkontrolle mit der unerwartet pappigen Konsistenz des Marsbodens an der Landestelle, die es schwermachte, Proben davon in die Labormodule zu befördern.

Das Landegebiet von *Phoenix* gehört zu einem die Ebene durchziehenden sehr flachen Tal mit dem inoffiziellen Namen »Green Valley«, dessen nördliche Breite etwa derjenigen der norwegischen Stadt Narvik auf der Erde entspricht. Sie liegt damit jenseits des marsianischen Polarkreises, was bedeutet, dass die Sonne dort während des Marssommers rund um die Uhr am Himmel bleibt, sich gegen den Winter zu aber für Monate verabschiedet. Da *Phoenix* – anders als die mittels Isotopenbatterien versorgten *Viking*-Sonden – auf Solarstrom angewiesen war, erwartete niemand, dass das Gerät den Herbst lange überleben würde. Tatsächlich aber setzte *Phoenix* sein letztes Funksignal zur Erde am 2. November 2008 ab und damit etwa drei Wochen früher, als man bei der Nasa erwartet hatte. Damit erfüllte sich die Hoffnung nicht, die Sonde könnte zumindest den Beginn der Polarnacht erleben, in der sich gefrorenes Kohlendioxid über das Green Valley legte und am Ende auch seinen Besucher von der Erde in einem dicken Panzer aus Trockeneis eingeschlossen haben dürfte. Immerhin lieferte *Phoenix* 125 Marstage lang Daten.

Phoenix war die letzte jener acht Sonden, mit denen die Marsforschung in der Dekade um die Jahrtausendwende wieder an Fahrt aufnahm. Aber sie wird natürlich nicht die letzte sein. So soll eine russische Mission namens *Fobos-Grunt* eine kleine Menge Bodenmaterial (russisch »Grunt«) vom Marsmond Phobos zur Erde zurückbringen und dabei auch eine erste chinesische Marssonde, *Yinghuo 1*, aussetzen. Wahrscheinlich im Jahr 2011 wird dann mit dem *Mars Science Laboratory* (MSL) ein weiterer Rover der Nasa zum Mars starten. Er ist achtmal schwerer als *Spirit* oder *Opportunity*, üppiger instrumentiert – und dank einer Isotopenbatterie nicht mehr von der Sonne abhängig. In Europa ist mit *ExoMars* ein ähnliches Gerät in Arbeit, es ist allerdings solargetrieben, verfügt dafür aber über einen großen Bohrer. Einen Nachfolger für *Mars Odyssey* und *Reconnaissance Orbiter* hat die Nasa auch schon beschlossen, allerdings ist *Maven* (Mars Atmosphere and Volatile Evolution Mission) sehr viel eher als das MSL in Gefahr, noch dem Rotstift einer finanziell zusehends klammen amerikanischen Regierung zum Opfer zu fallen. Eine sogenannte Sample-Return-Mission, die gezielt ausgesuchtes Marsgestein zur Erde zurückbringen kann, wird es nicht vor 2020 geben. Und was die Pläne für eine bemannte Marslandung machen, davon wird im letzten Kapitel noch ausführlich die Rede sein.

Flaschenpost vom Mars

Raumsonden sind heute die Hauptquellen für unser Wissen über den Mars. Doch ganz ausgedient hat die Beobachtung des Roten Planeten mit Fernrohren nicht. Um globale Phänomene wie zum Beispiel Staubstürme über längere Zeiträume hinweg zu studieren, sind Teleskope auf der Erde immer noch nützlich. Daneben gibt es auf der Erde aber noch etwas anderes, das über den Mars wertvolle Auskunft geben kann: knapp drei Dutzend Steine, von denen man die meisten in der Antarktis oder den Wüsten Nordafrikas fand.

Diese Steine fielen vom Himmel – und bei dreien von ihnen ist der kosmische Ursprung sogar direkt bezeugt: So gehört der vier Kilo schwere Brocken, der am Morgen des 3. Oktober 1815 bei Chassigny in dem französischen Department Haute Marne nach einem lauten Knall zur Erde fiel, zu den frühesten Meteoriten überhaupt, von denen Material erhalten ist und bei denen zugleich menschliche Augenzeugen des Einschlags historisch belegt sind. Der zweite, etwa fünf Kilo schwer, kam am 25. August 1865 bei dem Ort Shergotty im Nordosten Indiens herunter. Und am 28. Juni 1911 soll angeblich sogar ein Hund erschlagen worden sein, als ein Schauer von etwa 40 Steinen im Gesamtgewicht von gut zehn Kilo bei dem Dorf Nakhla (gesprochen »Nachla«) dreißig Kilometer östlich der ägyptischen Stadt Alexandria niederging.

Nach den drei Orten Shergotty, Nakhla und Chassigny haben die Geologen Gesteine ähnlicher Zusammensetzung Shergottite, Nakhlite und Chassignite genannt und sie zur Gruppe der SNC-Meteoriten zusammengefasst. Es handelt sich um eine äußerst seltene Meteoritenart. Ihre Vertreter unterscheiden sich sehr von den Eisenklumpen oder den sogenannten Chondriten, die den Löwenanteil aller auf der Erde gefundenen Meteoriten ausmachen und deren Material nie höheren Temperaturen ausgesetzt gewesen war.

Das Material der SNC-Meteoriten dagegen ähnelt Basalt, also erstarrter Gesteinsschmelze. Wo diese Steine erstarrt waren, ist allerdings noch nicht sehr lange bekannt. Erst im Jahr 1983 ergaben genauere geochemische Analysen, dass die SNC-Meteoriten einst auf einem großen geologisch aktiven Himmelskörper auskristallisiert sein müssen, bei dem es sich aber weder um die Erde noch um den Mond handeln kann. Die Vermutung, sie könnten vom Mars stammen, konnte noch im selben Jahr durch die Analyse von Spuren eingeschlossener Edelgasspuren in drei SNC-Meteoriten erhärtet werden: Die Isotopenverhältnisse in diesen Gasen passten hervorragend zu denen, welche die *Viking*-Sonden in der Marsatmosphäre gemessen hatten. Weitere Analysen bestätigten die Theorie, bis im Oktober des Jahres 2000 ein Fachartikel mit einem für Naturwissenschaftler ungewöhnlich apodiktischen Titel erschien: »Die SNC-Meteoriten sind vom Mars.«

Zuvor hatten nicht wenige Forscher – darunter der berühmte Planetengeologe Eugene Shoemaker – absolut ausgeschlossen, dass intakte Gesteine von einem Planeten auf einen anderen gelangen. Aber offenbar können große Asteroideneinschläge auf dem Mars die Steine aus der Oberfläche herausschlagen, ohne sie dabei aufzuschmelzen und ihre ursprüngliche Mineralstruktur restlos zu zerstören. Zugleich muss die Wucht aber ausreichen, um sie ganz aus dem Schwerefeld des Mars herauszukatapultieren. Sie erreichen eine Umlaufbahn um die Sonne, auf der sie nach einigen Millionen Jahren der Erde zu nahe kommen und dort niedergehen. Solche interplanetar gereisten Steine sind natürlich ungleich seltener als andere Meteoriten, dennoch schätzt man, dass jeden Monat irgendwo ein Bröckchen Mars zur Erde fällt – die weitaus meisten allerdings ins Meer. Damit verfügen die Marsforscher heute zumindest über ein paar Gesteinsproben vom Roten Planeten, auch wenn sie so zufällig in ihre Hände geraten sind wie eine Flaschenpost und sie daher auch nicht wissen, von welcher Region auf dem Mars die Steine kommen. Das allerdings wäre von höchstem Interesse, denn die Oberfläche des Roten Planeten ist viel abwechslungsreicher, als man lange dachte.

Viertes Kapitel: **Marslandschaften**

»Sieht der Mars denn wirklich so aus wie der Südirak?« Die amerikanische Kunstkritikerin Sarah Boxer stellte diese Frage im Februar 2004 in der *New York Times*, kurz nach der Landung der beiden Rover *Spirit* und *Opportunity*. Die neuen gestochen scharfen Bilder von der Marsoberfläche waren für Boxer weniger Anlass zum Erstaunen als vielmehr zur Ernüchterung. Hätten die Aufnahmen des *Mars Global Surveyor* aus dem Orbit noch eine wirklich neue Welt versprochen, sehe der Mars aus der Froschperspektive doch enttäuschend vertraut aus. »Manche dieser Bilder sind ganz hübsch«, schrieb Boxer, »aber ihnen fehlt der Kitzel des Fremdartigen. Es bedarf keiner neuen Metaphern, um sie zu beschreiben. Ein Atlas reicht völlig«.

Zwischen der ästhetischen und der wissenschaftlichen Perspektive, die man gegenüber einer Landschaft einnehmen kann, gibt es zuweilen eine Kluft. Dabei liebt der Wissenschaftler das Neue und Überraschende natürlich nicht weniger als der Künstler. Es zeigt sich ihm allerdings erst auf den zweiten Blick, nachdem er seinem Gegenstand zunächst mit vertrauten Kategorien der Beschreibung zu Leibe gerückt ist. Dieses Kapitel unternimmt den Versuch einer solchen areographischen Beschreibung. Mit dem Ziel, eine gewisse Ortskenntnis zu vermitteln, möchte es einen Überblick darüber geben, was die moderne Marsforschung inzwischen alles auf der Oberfläche des Roten Planeten vorgefunden hat. Wie bei Erdbeschreibungen auch, gehört dazu natürlich der Blick auf eine Karte. Auf dem Vorsatzpapier ist eine zu finden, auf der natürlich lange nicht alle Sehenswürdigkeiten eingezeichnet werden konnten, auf die dieses und die folgenden Kapitel aufmerksam machen möchten. Wem der grobe Überblick nicht reicht, der findet aber unter http://www.google.com/mars/ einen ganzen interaktiven Marsatlas mit bequemer Suchfunktion.

Koordinaten

Areographie ist eine quantitative Wissenschaft. Wer die Gestalt einer Oberfläche beschreiben will, der muss sie mit virtuellen Messlinien überziehen, anhand deren sich jeder Ort durch einen Satz Zahlen, seine Koordinaten, eindeutig identifizieren lässt. Für den Mars bieten sich sogenannte sphärische Koordinaten an, also die von der Erde bekannten Längen- und Breitengrade. Diese haben unter anderem den großen Vorteil, dass man nicht lange überlegen muss, wie man das Koordinatennetz über den Planeten zieht. Die Rotation legt den Äquator fest, von dem aus die Breitengrade gezählt werden, und ebenso die Pole, durch welche die Längenkreise laufen. Aussuchen kann und muss man sich nur irgendeinen Punkt auf dem Planeten, durch den man den sogenannten Nullmeridian legt, von dem aus die Längengrade gezählt werden. Wie das geschieht, dafür gibt es weder für die Erde noch für den Mars irgendwelche sachlichen Gründe, sondern nur historische. Auf unserem Heimatplaneten hat die Geschichte bekanntlich der Sternwarte von Greenwich bei London die Ehre zuteilwerden lassen, durch ihre Position den Nullmeridian zu definieren. Der Mars erhielt, wie so vieles andere auch, seinen Nullmeridian durch die Autorität Giuseppe Schiaparellis. Der legte ihn auf seiner berühmten Marskarte von 1877 durch eine kleine markante Struktur, die Anfang der 1830er Jahre schon Johann Heinrich von Mädler und Wilhelm Beer zur Bestimmung der Rotationsdauer des Planeten verwendet hatten. Camille Flammarion nannte die auffallend dunkle Region, in dem dieser Meridian den Marsäquator kreuzt, im schönsten Schiaparelli-Stil »Sinus Meridiani«, die Bucht des Meridians.

In dieser Gegend – etwa 400 Kilometer östlich der Stelle, an der 2004 der Rover *Opportunity* landete – liegt nun ein nach dem Greenwicher Astronomen George Biddell Airy (1801 bis 1892) benannter 40 Kilometer großer Krater und darin ein weiterer mit dem Namen »Airy-0«. Dieses nur 500 Meter messende Einschlagsloch ist es, dessen Zentrum seit der *Mariner 9*-Mission im Jahre 1972 den Nullmeridian des Mars definiert. Denn Schiaparellis Koordinatennetz ist für die präzisen Ortsmessungen, die modernen Raumsonden möglich sind, viel zu ungenau.

So ganz wie angegossen passt dem Mars sein Kugelkoordinatennetz allerdings nicht. Denn der Mars ist keine exakte Kugel. Wie die Erde ist er abgeplattet: Der Abstand seiner beiden Pole beträgt 6759 Kilometer und ist damit um etwa 20 Kilometer kleiner als der Durchmesser seines Äquators. Bei der etwas weniger als doppelt so großen Erde sind es knapp 43 Kilometer. Die Rotation um die eigene Achse ist auch beim Mars der Hauptgrund für diese Verformung, allerdings gehen gut fünf Prozent auf das Konto einer eigentümlichen Ausbuchtung auf seiner Westhälfte: der Tharsis-Region. Tatsächlich ist die geometrische Form des Mars aber noch etwas komplizierter: Anders als bei der Erde fällt sein Schwerpunkt nämlich nicht mit seinem geometrischen Mittelpunkt zusammen, sondern ist knapp drei Kilometer entlang der Rotationsachse zum Südpol hin verschoben. Der Mars hat also die Form einer Birne, noch dazu einer, die infolge der Tharsis-Beule auf einer Seite etwas dicker ist als auf der anderen.

Aufgrund dieser Birnenform liegt der Mars-Südpol gut sechs Kilometer höher als sein Nordpol. Aber was heißt hier »höher«? Die Festlegung einer Nulllinie für Höhenmessungen scheint auf dem Mars auf den ersten Blick nicht ganz so einfach zu sein wie auf der Erde. Denn mangels eines Meeres gibt es auf dem

Mars auch keinen Meeresspiegel als natürliche globale Referenz. Aber es gibt eine, wenn auch dünne, Atmosphäre. Wie bei der Erdatmosphäre auch fällt ihr Druck mit zunehmender Höhe ab – und zwar, von vorübergehenden Schwankungen abgesehen, überall auf dem Planeten annähernd in gleicher Weise. Daher kann man durch Wahl eines bestimmten Druckwertes eine globale Höhenlinie festlegen. Dabei bietet sich ein Wert von 6,1 Millibar an, dem Tripelpunktsdruck des Wassers. Wir erinnern uns: Bei Drücken höher als dieser Wert wird Wasser oberhalb einer bestimmten Temperatur flüssig. Wird der Tripelpunktsdruck unterschritten, ist kein flüssiges Wasser möglich, egal wie warm es ist.

Wie es der Zufall will, schwanken die Druckverhältnisse auf der Oberfläche des Mars gerade einige Millibar um den Wasser-Tripelpunktsdruck herum, somit zeigt dieser Wert zusätzlich zu seiner physikalischen Bedeutung so etwas wie eine mittlere Höhe des Marsterrains an. Extreme Abweichungen gibt es dabei in beide Richtungen: Der höchste Punkt der Marsoberfläche, der Gipfel des Berges Olympus Mons, ist mit 21 229 Metern über null allerdings bedeutend höher als sein irdisches Pendant, der 8848 Meter über dem Meeresspiegel gelegene Gipfel des Mount Everest. Die tiefstgelegene Marsregion befindet sich im Hellas-Becken auf der Südhalbkugel und liegt 8200 Meter unter null. Das ist viel mehr als an der tiefsten Stelle aller Landflächen der Erde (das 418 Meter unter Meeresniveau gelegene Tote Meer in Israel), aber nicht so viel wie die Strecke, die man zum absolut tiefsten Punkt der Erdoberfläche hinabtauchen müsste, dem fast elf Kilometer tiefen »Challenger Deep« im Marianen-Tiefseegraben.

Dabei muss man sich vor Augen halten, dass der Mars ungleich kleiner ist als die Erde. Sein Äquatordurchmesser ist mit 3396 Kilometern nur etwas mehr als halb so groß; mit einer Flugstrecke, mit der man auf dem Mars den ganzen Planeten umrundet, käme man auf der Erde von Deutschland gerade mal bis nach Neuseeland. Und trotzdem liegen die Höhenwerte der festen Erdkruste – vom Gipfel des Mount Everest bis zur Sole des Marianengrabens – keine 20 Kilometer auseinander. Auf dem kleineren Mars sind es über 30 Kilometer, von denen allerdings sechs Kilometer besagter Birnenform zuzuschreiben sind.

Weite Felder

Global gesehen ist der Mars also eine ziemlich unebene Welt. Trotzdem wimmelt es auf modernen Marskarten von Gegenden mit einem »Planitia« oder »Planum« im Namen. Beide lateinischen Wörter bedeuten eigentlich dasselbe, nämlich »Ebene«. Seit aber die International Astronomical Union 1973 im Gefolge der *Mariner 9*-Mission Schiaparellis lateinisch-griechische Mars-Nomenklatur auf die neuen Erkenntnisse übertragen hat, sind die »Planitiae« des Roten Planeten stets Tiefebenen, deren topographisches Niveau meist unterhalb der Nulllinie liegt, die »Plana« dagegen immer Hochebenen.

Wie zu erwarten, stellen diese beiden Geländetypen die flächenmäßig größten Strukturen auf dem Mars. Doch sind sie überraschend ungleich verteilt. Im Grunde besteht nämlich fast die gesamte Nordhalbkugel aus einer einzigen riesigen, mit Höhenunterschieden von unter 300 Metern praktisch völlig flachen Tiefebene. Nördlich des 50. Breitengrades ist diese so arm an Geländestrukturen, dass man sie »Vastitas Borealis« genannt hat: riesige nördliche Einöde.

Einzig am Nordpol wölbt sich eine kleine Hochebene: das Planum Boreum, besser bekannt als nördliche Polkappe. Im Sommer zeichnet es sich gleißend hell von der rotbraunen Vastitas ab. Es ist von unregelmäßigem Umriss und von höchst eigentümlichen, wirbelförmig um den Pol angeordneten Tälern durchzogen. Sein Gegenstück am Südpol, das mehrere Kilometer höher gelegene Planum Australe, hat eine ähnlich kuriose Form. Wie man heute weiß, handelt es sich bei beiden Formationen im

Wesentlichen um riesige Gletscher aus gefrorenem Wasser, weshalb sie uns in einem späteren Kapitel noch ausführlich beschäftigen werden.

Nach Süden hin geht die Vastitas Borealis weitgehend nahtlos in drei durch höhere Regionen getrennte Tiefebenen über, die sich teilweise bis weit unterhalb des 30. Breitengrades erstrecken. Der Größe nach geordnet sind dies Utopia Planitia, deren nicht mehr ganz so tiefe und ebene Fortsetzung Elysium Planitia bis über weit über den Äquator vorstößt, dann Arcadia Planitia mit ihrer Fortsetzung Amazonis und schließlich Acidalia Planitia, in deren südlichstem Ausläufer, der Chryse Planitia, die Landemissionen *Viking 1* und *Mars Pathfinder* niedergingen. Insgesamt bedeckt dieses zusammenhängende System von Tiefebenen fast den halben Planeten.

Die andere, südliche Hemisphäre sieht dagegen völlig anders aus. Fast hat man den Eindruck, als hätte der Schöpfer den Mars aus den Hälften zweier völlig verschiedener Himmelskörper zusammengeklebt. Der Süden liegt nämlich nicht nur um gut fünf Kilometer über dem Niveau der nördlichen Tiefebenen, er ist auch alles andere als flach, sondern uneben und von kreisförmigen, unschwer als Krater erkennbaren Strukturen schlimm zernarbt. In dem seit 1973 üblichen Mars-Latein tragen solche unebenen Landschaften gewöhnlich den Namenszusatz »Terra«, egal ob die Höhenunterschiede vor allem von Kratern herrühren wie bei Noachis Terra im tiefen Süden oder von Scharen paralleler Gräben, sogenannter »Fossae«, wie in Tempe Terra, der zur Tharsis Region zählenden nördlichsten Landschaft dieser Art.

Die topographische Zweiteilung des Mars, die sich geometrisch genau in der erwähnten Birnenform wiederfindet, war eine der großen Überraschungen der *Mariner 9*-Mission. Allerdings finden sich Hinweise darauf bereits auf den alten Marskarten Giuseppe Schiaparellis, spätestens auf der von 1888. Dort zeichnete der italienische Areograph am südlichen Teil der Marsscheibe (auf den alten Karten oben, denn die damals benutzten Refraktoren stellen den beobachteten Gegenstand auf den Kopf) eine große dunkle Fläche ein und nannte sie »Mare Australe«, südliches Meer. Die Nordhälfte des Planeten schien ihm dagegen überwiegend hell. Wohl als Folge der von Schiaparelli selbst ausgelösten Debatte um die Marskanäle und dem dafür thematisierten Gegensatz zwischen Polar- und Äquatorregionen fand diese Beobachtung seinerzeit vergleichsweise wenig Beachtung.

Doch handelt es sich bei diesem globalen Nord-Süd-Muster um eine der wenigen Fälle, wo ein Hell-Dunkel-Kontrast auf der Marsscheibe in irdischen Teleskopen auf ein reales topographisches Merkmal zurückgeht. Ansonsten gibt es nämlich oft gar keine gute Übereinstimmung zwischen dem Relief der Marsoberfläche und ihrer sogenannten »Albedo-Struktur«. Mit dem neulateinischen Wort Albedo (von »albus« weiß, hell) bezeichnen die Astronomen das Rückstrahlvermögen eines nicht selbst leuchtenden Himmelskörpers, also seine Fähigkeit, auftreffendes Sonnenlicht zurückzuwerfen und damit hell zu erscheinen. Flächen geringerer Albedo absorbieren mehr Licht und erscheinen dunkler. Wie geschildert, war man bis weit ins 20. Jahrhundert hinein ganz selbstverständlich davon ausgegangen, dass die Albedo-Variationen auf dem Mars etwas mit dem Relief seiner Oberfläche zu tun haben. Dunkle Regionen wie das »Sanduhr-Meer« (Syrtis Major) interpretierte man dabei als tiefliegende Regionen – erst als Meere und seit Percival Lowell als bewachsene Tiefebenen.

Tatsächlich aber spiegelt die Albedo des Marsbodens sein Relief nur in bestimmten Fällen wider, und dann ist die Beziehung in der Regel genau umgekehrt als von den frühen Areographen vermutet. Das ausgeprägt dunkle »Sanduhr-Meer« etwa ist keine Tief-, sondern eine Hochebene, welche die benachbarte, viel hellere Isidis Planitia um mehrere Kilometer überragt und daher heute »Syrtis Major Planum« heißt. Das tiefe Hellas-Becken dagegen erschien den teleskopisch arbeitenden Areographen stets auffallend hell. Es war daher der Prototyp eines hochgelegenen meerumspülten »Mars-Kontinents«, weswegen man es ja auch nach dem küstenreichen Griechenland benannte, dem Sehnsuchtsort abendländischer Gelehrter. Umgekehrt gibt es allerdings auch helle hohe Regionen wie in der Tharsis sowie dunkle tiefe wie Acidalia Planitia.

Im nächsten Kapitel werden wir sehen, was diese Helligkeitsunterschiede hauptsächlich verursacht. Hier bleibt nur festzuhalten, dass auf der südlichen Hemisphäre des Mars tatsächlich die dunkleren Regionen dominieren und auf der nördlichen die helleren. Allerdings, ganz sauber ist die Trennung in eine ebene, niedrig gelegene Nord- und eine hohe, raue Südhemisphäre nicht. Zum einen fällt die Grenze zwischen beiden nicht mit dem Äquator zusammen, sondern ist um etwa 15 Grad gegen diesen geneigt. Zweitens ist sie von einer gewaltigen Ausbuchtung überlagert, die hoch und zugleich ausgesprochen kraterarm ist: die schon mehrfach erwähnte Tharsis-Region. Dieses Gefüge von Hochebenen, bei dem sich ein kleinerer Nordteil um den Vulkan Alba Patera und ein sehr viel größerer Südteil unterscheiden lässt, hat eine maximale Ost-West-Ausdehnung von fast einem Viertel des Planetenumfangs. In Nord-Südrichtung erstreckt es sich noch einmal so weit, und zwar beiderseits des Äquators um jeweils 45 Breitengrade oder über 5000 Kilometer. Es überragt die südliche Kraterlandschaft um 6000 bis 8000 Meter und das nördliche Tiefland um bis zu 10 000 Meter. Zugleich findet man hier noch eine ganze Reihe weiterer topographischer Absonderlichkeiten, von denen noch die Rede sein wird.

Neben der Tharsis hat der Marsglobus noch weitere, wenn auch weitaus kleinere Beulen. Eine, in der Elysium-Region, ist auf der topographischen Karte des *Mars Global Surveyor* besonders markant, da sie von lauter Tiefebenen umgeben ist. Allerdings ist sie nur wenige hundert Kilometer groß und auch kein richtiges Hochplateau (Planum), sondern der breite Sockel eines Bergkegels namens Elysium Mons. Von dessen Gipfelregion abgesehen erreicht diese Erhebung gerade mal die Höhe der südlichen Kraterregion. In dieser nun liegen einige weitere große Hochebenen, die sich dort aber von der Umgebung nicht durch ihre Höhe, sondern durch ihre relative Kraterarmut abheben. Die beiden größten sind Hesperia Planum nordöstlich des Hellas-Beckens und eben Syrtis Major Planum, jene Struktur, die durch ihre (im Vergleich zum Umland) besonders niedrige Albedo bereits Christiaan Huygens aufgefallen war und die, wie erwähnt, über Jahrhunderte als »Sanduhr-Meer« das markanteste Merkmal auf der Marsoberfläche gewesen war.

Die Dächer des Mars

Die extreme Topographie des Mars spiegelt sich nicht zuletzt in seinen höchsten Bergen – auch wenn es nur eine Handvoll sind. Sie erreichen deutlich mehr als 10 000 Meter über Normalnull und überragen damit auch die Hochebenen des Planeten bei weitem. Anders als bei den höchsten Bergen der Erde ist jedoch keiner von ihnen Teil eines Gebirges wie des Himalaya oder der Anden. Alle sind einzelne weitgehend frei stehende Kegel, bei denen schon der Laie sieht, dass es sich um Vulkane handeln muss.

Genauer gesagt sind es Schildvulkane, die sich aus zahllosen übereinander abgelagerten Lavaschichten gebildet haben, wobei diese Lava dünnflüssig war und daher weit strömen konnte, bevor sie erstarrte. Die irdischen geologischen Äquivalente dieser Marsberge sind damit nicht die aus zäher Lava steil aufgetürmten Stratovulkane der Anden, sondern eher der Kilimandscharo in Afrika oder der Mauna Loa auf Hawaii, deren Besteigung keine besonderen alpinistischen Künste erfordert. Selbst den höchsten aller Marsberge, den gewaltigen Olympus Mons, könnte man ohne weiteres in Halbschuhen erklimmen, wenn die atmosphärischen Bedingungen es zulassen würden. Zwar ragt er 27 Kilometer über seine Umgebung, doch seine

Basis ist 600 Kilometer weit – das ergibt eine durchschnittliche Steigung, die sich auch mit einem Fahrrad bewältigen ließe.

Drei der Vulkanriesen des Mars – Ascraeus, Pavonis und Arsia Mons – finden sich auf dem sowieso schon hohen Tharsis-Buckel. Olympus Mons zählte man früher ebenfalls zur Tharsis, bis die Laserkarten des *Global Surveyor* 1999 zeigten, dass er von dem Hochebenensystem getrennt ist. Allerdings könnten ihm seine Lavahänge einmal viel näher gekommen sein. Heute aber bricht sein Kegelmantel auf einem Radius von 300 Kilometern ringsherum ab und geht in einen bis zu 7000 Meter hohen verhältnismäßig steilen Hang über, der vor allem im Südwesten, zur Tharsis hin, fast senkrecht abfällt. Diese auch auf dem Mars einmalige Formation ist vielleicht eine Folge der Erosion. Auf der Westseite des Vulkans zeigen die Bilder der Stereokamera von *Mars Express* typische Winderosionsspuren, sogenannte Yardangs, wie sie auf der Erde etwa in der Wüste Taklamakan in Zentralasien zu finden sind.

Auf jeden Fall wuchs Olympus Mons einst auf einer separaten Ebene empor, die etwa auf marsianischem Nullniveau liegt. Er ist damit nicht nur der höchste Berg auf dem Mars, sondern überhaupt im gesamten bekannten Sonnensystem. Olympus ist auch der einzige, der schon vor der Ankunft der ersten Raumsonden von der Erde aus gesehen wurde. Giuseppe Schiaparelli hatte ihn ab 1879 insgesamt neunmal gesichtet, ahnte aber nicht, womit er es zu tun hatte. Als *Mariner 9* den Mars erreichte und ihn zunächst von einem globalen Staubschleier verhüllt vorfand, waren nur Olympus und die drei hohen Tharsis-Vulkane als verschwommene Flecken erkennbar. Dass es sich um Vulkane handelt, erfuhr man erst, als der Staub sich gelegt hatte.

Der fünfte Marsgipfel jenseits der 10 000 Meter-Marke ist Elysium Mons. Er ragt aus der gleichnamigen Tiefebene heraus und erscheint nach Höhenmetern daher nicht ganz so beeindruckend. Dafür liegt er weit abseits der Tharsis und sticht mit seinen beiden Satellitenkegeln Hecates und Albor Tholus besonders auf topgraphischen Karten heraus. Auf den Gipfeln aller fünf Vulkane finden sich breite Krater, die allerdings nicht durch kosmische Einschläge entstanden. Vielmehr handelt es sich um sogenannte Calderen, Kesseltäler, die sich bildeten, als nach schweren Ausbrüchen die Decken der entleerten Magmakammern einstürzten. Oft haben die Marsvulkane mehrere einander überlappende Calderen, was darauf schließen lässt, dass es auch mehrere Magmakammern gab.

Calderen finden sich auf sämtlichen Vulkanen des Mars, von denen es – außer den fünf Montes – noch ein knappes Dutzend weitere gibt. Sie liegen alle entweder auf der Tharsis oder in der Nähe der Elysium-Region und tragen je nach ihrer Form den Beinahmen »Tholus« (»Kuppel«) oder »Patera« (»Schale«): Tholi sind nicht nur kleiner als die Montes, sondern auch steiler, was daran liegen kann, dass sie aus zähflüssigerer Lava aufgetürmt wurden oder aber in Schüben kleinerer Lavamengen, die sich daher näher an der Quelle ablagerten. Die Paterae dagegen sind flache komplexere Gebilde, die den Eindruck erwecken, als seien hier am Ende mancher Ausbrüche die Schilde insgesamt kollabiert. Auch scheinen sie stärker erodiert als die Montes und Tholi, entweder weil sie weitaus älter sind – oder weil sie aus weicherem Material wie Vulkanasche bestehen statt aus erstarrter Lava.

Fast alle diese Vulkane sind bedeutend kleiner als die fünf Montes. Eine Ausnahme ist Alba Patera im äußersten Norden der Tharsis, die es an Schilddurchmesser mit Olympus Mons ohne weiteres aufnehmen kann, ihre Umgebung aber nur um drei Kilometer überragt. Die Lavamengen, die einst aus dem Schlund von Alba Patera flossen, waren aber mit Sicherheit um ein Vielfaches größer als bei Olympus Mons. Zusammen mit dem tausend Kilometer langen vulkanischen Rücken der Ceraunius Fossae, deren Nordende sie bildet, dominiert Alba Patera im Grunde die gesamte nördliche Tharsis, und ihre erstarrten Lavaströme lassen sich bis weit in die Vastitas Borealis hinein verfolgen.

Bei so viel Vulkanen stellt sich natürlich irgendwann die Frage, ob es auf dem Mars denn keine »normalen« Berge gibt, also solche, wie wir sie in Deutschland in den Alpen oder – in abgeschliffener, überformter Gestalt – in unseren Mittelgebirgen finden. Die Antwort lautet nach allem, was man bisher weiß: nein. Und bereits daraus ergeben sich, wie wir noch sehen werden, interessante Rückschlüsse. Auf dem Mars gibt es keine durch klassische Auffaltung entstandenen Gebirgsketten – jedenfalls sind keine erhalten. Wo die Marskarten längliche Bergrücken zeigen, da handelt es sich meist um bei Asteroideneinschlägen aufgeworfene Wälle – wie die Nereidum und Charitum Montes um das Einschlagsbassin Argyre Planitia – oder um deren Reste.

Gebirgscharakter haben auch Gebiete der alten südlichen Kraterlandschaft, die möglicherweise bei der Bildung der südlichen Tharsis so weit emporgehoben wurden, dass sie den Lavafluten entgingen. Die Höhenzüge rings um das Solis Planum und seine benachbarten Hochebenen dürften auf diese Weise entstanden sein. Andere Erhebungen wiederum sind in Wahrheit Überbleibsel erodierter Ebenen. Ein besonders großes Exemplar dieser Art ist Gordii Dorsum am Äquator südwestlich von Olympus Mons. Aber es gibt sie auch viel kleiner, dann heißen sie oft Mesas, wie die Tafelberge, die man auf der Erde etwa im Monument Valley in Utah kennt. Und wie diese wurden einige davon erst aus der Landschaft herausgeschält, als sich dort Täler ins Gestein schnitten.

Klüfte und Täler

Die Täler des Mars waren die zweite große Überraschung auf den Bildern von *Mariner 9*. Während die Zweiteilung der Planetenkruste in einen flachen Norden und einen unebenen Süden bis heute vor allem die Fachwelt staunen lässt, waren die Täler auch in der öffentlichen Wahrnehmung eine Sensation. Und sie wären es vielleicht selbst dann gewesen, wenn *Mariner 9* nur jenes eine Talsystem entdeckt hätte, das heute seinen Namen trägt: die Valles Marineris in der östlichen Tharsis.

Die »Mariner-Täler« sind einzigartig. Nirgendwo sonst gibt es solch eine Formation, weder auf dem Mars noch sonst irgendwo im Sonnensystem. Auf den ersten Blick sieht sie aus wie die Kerbe eines Axthiebs, den ein zorniger Gigant dem Planeten in grauer Vorzeit beibrachte. Tatsächlich zieht sich dieses Ensemble aus zusammenhängenden Schluchten nahe des Äquators fast schnurgerade in West-Ost-Richtung über 4000 Kilometer hin, also gut ein Fünftel des Planetenumfanges. Das vergleiche man mit der größten Schlucht der Erde, dem gerade mal 446 Kilometer langen Grand Canyon in Arizona. Wäre der so lang wie die Valles Marineris, würde er bis nach New York reichen.

Die Valles Marineris bestehen dabei aus mehreren parallelen, aber zugleich miteinander verbundenen Canyons, den »Chasmata«, wie sie nach dem griechischen Wort für »Klüfte« oder »Erdspalten« heißen. Die Hauptspalte ist dabei in mehrere separat benannte Abschnitte unterteilt, von denen Melas Chasma der mit 200 Kilometern breiteste ist und seine östliche Fortsetzung, Coprates Chasma, der tiefste. Der Höhenunterschied zwischen Talsohle und den umliegenden Hochebenen der Tharsis beträgt hier gut 7000 Meter.

Auf der geologischen Karte, die aus den Lasermessungen des *Global Surveyor* erstellt wurde, erscheinen die Talsohlen fast aller Chasmata der Valles Marineris durchgängig grün oder blau – den Farben, in denen Gelände mit Höhen zwischen null und minus 4000 Metern eingefärbt ist. Nur am äußersten Westende des Systems sind die Schluchten nicht ganz so tief. Aber dort in unmittelbarer Nähe liegt ja auch das Syria Planum, die höchste Hochebene auf dem ganzen Planeten und das Herz der Tharsis. In diesem Gebiet scheinen die Mariner-Täler quasi zu entspringen, und zwar aus einem Gewirr kleinerer, in allen Himmelsrichtungen verlaufender und sich dabei schneidender

Schluchten. Diese geheimnisvolle chaotische Region, in der die Marsoberfläche wie mit einem Mörser zu Blöcken zerstoßen erscheint, trägt den passenden Namen Noctis Labyrinthus, Irrgarten der Nacht.

Zu dem Anfang hoch oben im Westen scheint das andere Ende des Schluchtensystems gut zu passen. Dort verzweigt sich Coprates Chasma, der östlichste Abschnitt des Hauptcanyons, in kleinere, breitere und nicht mehr ganz so schnurgerade Chasmata. Und sobald diese den Ostrand der Tharsis erreichen, werden sie in den tiefliegenden Gefilden der Margaritifer Terra zu etwas, was aussieht wie ein System aus riesigen Flusstälern, die nach einem Schwenk nach Norden in die Chryse Planitia und damit in die Tiefebene der Nordhemisphäre münden. Natürlich sind alle diese Täler heute staubtrocken. Trotzdem sehen sie aus, als hätten sich hier irgendwann einmal gewaltige Wassermassen aus dem Hochland ihren Weg in die Tiefebene gebahnt, sich dabei in die Lavafelder der Tharsis gefressen und die Mariner-Täler gebildet.

Diese Theorie zur Entstehung der riesigen Canyons gab es in den frühen 1970er Jahren tatsächlich, aber heute weiß man, dass sie so nicht zutreffen kann. Auf die Frage nach dem Wasser auf dem Mars und seiner Geschichte – eines der zentralen Themen der modernen Marsforschung – werden wir später noch ausführlich zu sprechen kommen. Aber auch ohne nähere Informationen zu einem möglichen urzeitlichen Wasserkreislauf, der es über der Zentral-Tharsis hätte regnen oder schneien lassen können, gibt es heute einen rein areographischen Befund dafür, warum die Mariner-Täler nicht allein durch Wassererosion verursacht worden sein können: Nach den Laserdaten des *Global Surveyor* erreicht der Hauptcanyon gut 300 Kilometer vor dem Ostende des Coprates Chasma seine tiefste Stelle. Noch weiter östlich geht es dann über 1500 Kilometer hinweg wieder leicht bergauf. Würde man die Valles Marineris also mit Flüssigkeit füllen, könnte diese nicht abfließen. Es entstünde ein Tausende Kilometer langer See von etwa 1000 Meter Tiefe, der erst bei weiterem Flüssigkeitsnachschub ins Tiefland überlaufen würde. Ein Flusstal sieht anders aus.

Vermutlich sind die Valles Marineris doch eher das, wonach sie auf den allerersten Blick aussehen: Risse. Und offenbar stehen sie dabei in engem Zusammenhang mit der Entstehung der Tharsis: das Aufwölben der Marskruste und ihre anschließende Belastung durch die sich auftürmenden Lavamassen ließ die Planetenoberfläche im Osten brechen, als die tief im Marsinneren tätige Quelle für den Vulkanismus weiter nach Westen gewandert war.

Erosionsprozesse dürften aber anschließend mit im Spiel gewesen sein und die Bruchlinien im Laufe der Zeit wesentlich verbreitert haben. So wird etwa Capri Chasma auf seiner Nordseite von einem 3000 Meter hohen Steilhang begrenzt, der sehr danach aussieht, als hätten hier Fluten die alte Hochlandfläche regelrecht weggefräst. Und auch das, was den Talwänden weiter westlich zugesetzt hat, muss in irgendeiner Form einmal flüssig gewesen sein. Denn die Wände fast aller Chasmata sind durchsetzt mit vergleichsweise kurzen Seitentälern, die aber oft verzweigt und verästelt sind. Eine solche dendritische (baumartige) Struktur erinnert nun sehr an die Flüsse auf der Erde, bei denen sich kleinere Ströme zu größeren vereinigen. Schöne Beispiele hierfür sind etwa die Louros-Täler am Südrand von Ius Chasma, von denen die Stereokamera des *Mars Express* atemberaubende 3D-Aufnahmen gemacht hat.

Die Louros-Täler sind ein Beispiel für ein sogenanntes »Talnetzwerk«. Solche auch in manchen deutschsprachigen Fachartikeln oft als »valley networks« bezeichneten Strukturen sind einer der beiden Taltypen auf dem Mars, bei deren Entstehung nach Auffassung einer großen Mehrheit der Marsforscher Wasser in irgendeiner Form ursächlich beteiligt war. Der andere Typ sind die sehr viel größeren sogenannten »Ausflusstäler« (oder eben »outflow channels«). Im Gegensatz zu den kurzen, mehr oder weniger verzweigten Talnetzwerken sind die Ausflusstäler riesig und meist ohne Seitenarme. Zu den prominentesten Beispielen zählen die schon erwähnten Rinnen, über die sich die östlichsten Chasmata der Valles Marineris in die Chryse-Tiefebene zu entleeren scheinen.

Die Ausflusstäler und Talnetzwerke waren es, deren erste Sichtung durch *Mariner 9* im Jahre 1971 das kurze Jahrzehnt beendete, in dem man den Mars für mondähnlich gehalten hatte. Sie signalisierten, dass es auf dem Mars einmal feuchter, wärmer und vielleicht lebensfreundlicher gewesen sein könnte, und so erfreuen sich diese Strukturen bis heute der ganz besonderen Aufmerksamkeit der Marsforscher. In den folgenden Kapiteln wird daher noch oft von ihnen die Rede sein. Hier bleibt nur zu betonen, dass es Ausflusstäler und Talnetzwerke keineswegs nur im Umkreis der Valles Marineris gibt. Man findet sie an vielen Stellen entlang der Ränder der meisten Tiefebenen. So gibt es Ausflusstäler zum Beispiel auch am Ostrand des Hellas-Basins, auch wenn die meisten und mit Abstand größten im nordöstlichen Viertel der Tharsis entspringen und von dort in die Chryse Planitia münden.

Neben den Chasmata der Mariner-Täler sowie den in ihren Namen beide ebenfalls mit »Valles« gekennzeichneten Talnetzwerken und Ausflusskanälen gibt es noch ein weiteres Wort für langgestreckte Vertiefungen auf dem Mars: die sogenannten »Fossae« (Gräben). Meist im Plural, bezeichnen sie Scharen paralleler, meist gerader Furchen entlang von Höhenzügen. Nur in einem prominenten Fall, den Acheron Fossae nördlich des Olympus Mons, bilden sie einen weiten sichelförmigen Bogen. Wie schon bei den Valles signalisiert der gemeinsame Name noch keine gemeinsame geologische Natur; immerhin erfolgte die Benennung der meisten größeren Strukturen auf dem Mars 1973 nach den ersten Auswertungen der Bilder von *Mariner 9*, also in den Kindertagen der modernen Marsforschung.

Tatsächlich aber scheinen die meisten Fossae ähnlichen Ursprungs zu sein. Es dürfte sich um Risse handeln, die durch Bewegungen der Marskruste verursacht worden sind – und insofern sind sie so etwas wie Miniaturausgaben der Valles Marineris. Besonders eindrucksvoll belegt das eine Aufnahme, die *Mars Express* von einem Abschnitt der Acheron Fossae gemacht hat, wo die Spalten durch einen alten Krater laufen und ihn förmlich zerschnitten haben. Da verwundert es nicht, dass die meisten Fossae irgendwo in dem aufgewölbten Gebiet der Tharsis zu finden sind. Die prominentesten liegen dabei in deren Zentralbereichen: die Ceraunius Fossae im Norden bei Alba Patera und im Süden die Claritas Fossae, deren gefurchter Rücken zerbrochen aus den dort abgelagerten Lavamassen herausragt. Aber es gibt sie auch an den Randgebieten zum Tiefland, wo sie besonders starke Erosionsspuren aufweisen. Die finden sich bei den Acheron Fossae aber auch in Tempe Terra im äußersten Nordosten der Tharsis, wo sie in kleine Ausflusstäler münden.

Narben des Himmels

Ebenen, Berge und Täler geben dem Mars sehr unterschiedliche Gesichter. Je nachdem, von welcher Seite man seinen Globus betrachtet, wird einem anderes zuerst ins Auge fallen: die Weiten der nördlichen Tiefebene, die großen Vulkane oder die zerfurchte östliche Tharsis. Eines aber wird man immer sehen: Krater, Spuren kosmischer Brocken aller Größen, die im Laufe der Marsgeschichte auf der Planetenoberfläche aufgeschlagen sind. Es gibt sie überall, selbst in der Vastitas Borealis, wo sie so ziemlich das Einzige sind, was es überhaupt gibt.

Doch von den über 42 000 Kratern mit einem Durchmesser von über fünf Kilometern, die man schon auf den Aufnahmen der *Viking*-Orbiter gezählt hat, finden sich in den großen Tiefebenen des Nordens nur die allerwenigsten. Die Nord-Süd-Asymmetrie des Planeten zeigt sich nicht nur in der Höhe und Rauigkeit des Terrains, sondern auch in der Dichte der sichtbaren Krater. Die südliche Hemisphäre ist derart übersäht von ihnen, dass man Detailaufnahmen dieser Gegenden auf den ersten Blick für Bilder vom Mond oder dem Planeten Merkur halten könnte. Wie geschildert, war das auch genau der Eindruck, den 1965 die erste erfolgreiche Marssonde vermittelte.

Allerdings gibt es zwischen den Kratern auf Mond und Mars erhebliche Unterschiede. Das beginnt damit, dass kleine Krater – solche mit Durchmessern von unter 20 Kilometern – auf dem Mars offenbar seltener anzutreffen sind als auf dem Mond. Offensichtlich fallen diese kleinen Löcher dort eher der Erosion zum Opfer, die es auf dem Mond mangels Atmosphäre nicht in nennenswertem Umfang gibt. Für diese Erklärung spricht, dass dieser Unterschied in der Häufigkeit nicht für ganz junge Krater gilt. Zwischen Mai 1999 und März 2006 sind auf dem Mars mindestens 130 größere Brocken eingeschlagen – das folgt aus einer Hochrechnung aus den 20 neuen Kratern, die in dieser Zeit auf den Bildern des *Global Surveyor* aufgetaucht sind. Deren Größenverteilung aber passt ganz hervorragend zu der, die man auch auf dem Mond antrifft.

Solche sehr kleinen Krater sehen auf dem Mars auch ziemlich genauso aus wie auf dem Mond: Es sind schalenförmige Vertiefungen, deren Durchmesser in etwa das Fünffache ihrer Tiefe beträgt. Größere Krater dagegen haben eine flachere, komplexere Gestalt; so findet man häufig kleine Berge in ihrem Zentrum. Solche Zentralkegel entstehen bei Kratern ab einigen Kilometern Größe durch ein Zurückfedern des Bodens nach der Schockwelle des Einschlags. Komplexe Marskrater haben nun häufig anstelle eines solchen Kegels eine zentrale Vertiefung (einen sogenannten »floor pit«), oder sie haben einen Kegel, und dann trägt dieser eine Vertiefung (»summit pit«). Auf dem Mond und dem Merkur sind solche Strukturen die Ausnahme, dagegen findet man sie häufig in Kratern auf den Eismonden des äußeren Sonnensystems, etwa dem Jupitermond Io.

Zudem sind große Marskrater meist flacher als ihre lunaren Gegenstücke. Auffällig ist auch, dass das beim Einschlag nach allen Seiten weggespritzte Gestein im Fall von Marskratern ab einer Größe von etwa fünf Kilometern nicht mehr so verteilt ist, wie man es durch einen schlichten Auswurf von trockenem Material vermuten würde. Stattdessen beobachtet man einander überlagernde lappige Schichten. Solche Marskrater sehen dann eher so aus, als habe man einen Kieselstein in eine Schlammpfütze geworfen. Tatsächlich lassen sich die meisten dieser Unterschiede nicht durch die höhere Schwerkraft auf dem Mars erklären. Vielmehr ist offenbar der Boden auf dem Mars ein ganz anderer als auf dem Mond.

Der Mars trägt allerdings auch Narben, die so groß sind, dass sie von der Erde aus zu sehen sind. Manche davon waren sogar schon bekannt, als die beiden Amerikaner Clyde Tombaugh und Ralph Baldwin um 1950 als Erste den Verdacht äußerten, es müsse auf dem Mars zahlreiche Spuren von Asteroideneinschlägen geben. Hellas und Argyre Planitia, zwei ovale Strukturen tief im Süden des Planeten, waren schon im 19. Jahrhundert in guten Teleskopen kaum zu übersehen, vor allem wenn die südlichen Winter sie mit Reif aus gefrorenem Kohlendioxid überzogen hatten. Allerdings hätte damals niemand auch nur im Traum geahnt, dass es sich dabei um Krater handelt, genauer: um sogenannte Einschlagsbecken, da ihr Durchmesser die für die Bezeichnung »Krater« zulässige Maximalgröße von 70 Kilometern weit überschreitet. So ist Argyre Planitia mit einem Durchmesser von 1900 Kilometern tatsächlich keine lokale Struktur mehr.

Das größte sichtbare Loch im Mars aber ist Hellas Planitia. Mit rund 2100 Kilometern Durchmesser hat diese Tiefebene eine Dimension, die bereits der Größenordnung des Planetenradius nahe kommt. Und dieses Loch ist außerordentlich tief. Der Beckenboden von Hellas liegt heute 9000 Meter unter dem Niveau des umgebenden Hochlandes – und möglicherweise lag er ursprünglich noch 2000 bis 3000 Meter tiefer. Denn der ebene Beckenboden ist vergleichsweise arm an Kratern, könnte also später ein Stück weit mit Lava oder anderen Sedimenten angefüllt worden sein. Die Bildung des Beckens selber muss sehr früh in der Geschichte des Mars erfolgt sein, als noch wesentlich mehr und größere Asteroiden durch das innere Sonnensystem schwirrten als heute. Wie die Laser-Kartierungen des *Global Surveyor* ergaben, dürfte ein erklecklicher Teil des südlichen Hochlandes nichts anderes sein als Auswurfmaterial aus dem Hellas-Einschlag.

Völlig einzigartig im Sonnensystem sind Krater dieser Größe freilich nicht. Die mit 2500 Kilometern Durchmesser größte bekannte Struktur dieser Art ist das Aitken-Südpol-Becken auf der erdabgewandten Seite unseres Mondes, das auch sonst große Ähnlichkeiten mit dem Hellas-Becken hat. So türmen sich die beim Einschlag ausgeworfenen Trümmermassen nördlich des Aitken-Beckenrandes kilometerhoch. Auch die Höhe des Geländes um Hellas, vor allem gegen Norden hin, bringen die Marsgeologen heute mit der Entstehung der Hellas in Verbindung. Vermutlich geht der in diesem Teil der marsianischen Äquatorialregion besonders abrupte Niveauunterschied zwischen südlichem Hoch- und nördlichem Tiefland zumindest zum Teil auf das Konto des Hellas-Einschlags.

Auch auf dem Merkur gibt es einen vergleichbaren Riesenkrater, das Caloris-Becken. Auf der anderen Seite des Merkur, Caloris genau gegenüber, befindet sich das »Weird Terrain«, ein Gelände mit chaotisch zerfurchter Topographie, das vermutlich entstand, als seismische Schockwellen des Caloris-Einschlags um den kleinen Merkur liefen, sich an dem Antipodenpunkt trafen und gegenseitig verstärkten. Auch angesichts des Hellas-Bassins haben sich Planetologen wiederholt die Frage gestellt, ob dessen Entstehung nicht ähnliche Auswirkungen auf der gegenüberliegenden Seite des Mars hatte.

Tatsächlich wird die Aufwölbung der Tharsis immer wieder mal mit dem Hellas-Einschlag in Verbindung gebracht. Doch dieser Bezug ist viel schwerer zu belegen als im Fall von Caloris und dem Weird Terrain auf dem Merkur. Dass die Vulkane und Lavaebenen der Tharsis wahrscheinlich etwas jünger sind als das Hellas-Becken, ist dabei gar nicht einmal das zentrale Problem – die Lava könnte ja auch später durch die Risse in der Marskruste gedrungen sein, welche die konvergierenden Schockwellen dort möglicherweise verursacht haben. Schwerer wiegt, dass der Antipodenpunkt von Hellas nicht mit dem Zentrum des Tharsis-Buckels zusammenfällt, sondern mit seinem nördlichen Ende, dem Nordrand des Vulkans Alba Patera. Auch eine nachhaltige Störung des Marsinneren durch den Hellas-Einschlag, die ebenfalls schon diskutiert wurde, ist nicht mehr als Spekulation. Selbst das Geschoss, das Hellas schlug, dürfte nicht mehr als einige zehn Kilometer tief in die Kruste eingedrungen sein, bevor es verdampfte.

Hellas und Argyre sind allerdings nicht die einzigen großen Einschlagsbecken auf dem Mars. *Mariner 9* entdeckte mit Isidis Planitia ein weiteres, das sogar Argyre an Größe übertrifft. Da es aber im Nordosten nur eine sehr sanfte Schwelle von der Tiefebene Utopia Planitia trennt und in seiner äquatorialen Lage keine winterliche Reifbedeckung erlebt, ist es von der Erde aus praktisch nicht zu erkennen. Utopia schließlich wurde von den Messungen des *Global Surveyor* selber als ein riesiges, später eingeebnetes Einschlagsbecken identifiziert. Und auch anderswo könnten sich solche, Hellas an Größe noch beträchtlich übertreffende Einschlagsstrukturen verbergen, deren Ränder später von Erosion eingeebnet und von Lava überflutet wurden. So hat man verschiedene Gebirgszüge – etwa die Phlegra Montes in der Elysium-Region – als stehengebliebene Randstücke eines ansonsten verschwundenen Beckens interpretiert.

Das hat in den 1980er Jahren die Frage aufgeworfen, ob nicht über Utopia Planitia hinaus die gesamte nördliche Tiefebene das Überbleibsel einer oder mehrerer gewaltiger Kollisionen des Mars mit großen Asteroiden sein könnte. Dann wäre die erstaunliche Birnenform des Mars eine Folge davon, dass er in seiner Frühzeit sehr einseitig einige schwere Treffer abbekam.

Doch die Sondendaten sprachen zunächst dagegen. Erstens schien der Rand der nördlichen Tiefebene keineswegs so kreis- oder ellipsenförmig, wie es sich für ein Einschlagsbecken gehört. Zweitens hat der Marsboden dort nicht die in solchen Becken übliche anomal hohe Dichte, die sich für überfliegende Sonden durch eine regional erhöhte Schwerkraft bemerkbar macht. Die Anomalie rührt von dem beim Einschlag aufgeschmolzenen Gestein her, welches das Becken aus ungeschmolzener Marskruste füllt und darin erstarrt wie in einem Topf.

Doch 2008 konnten eine genauere Analyse der Topographie sowie Computersimulationen diese Einwände gegen ein Einschlagsereignis als Grund für die Nord-Süd-Asymmetrie des Planeten ausräumen. Wie sich herausstellte, fehlt die Gravitationsanomalie deshalb, weil der Bolide sehr tief in den Mars eindrang und im Einschlagsbereich die komplette Kruste vernichtete. Es gab also keinen Topf mehr, der hätte volllaufen können. Vielmehr bildete die Einschlagsschmelze eine neue, auf dem Mantel schwimmende Kruste. Zudem zeigte sich, dass die nur etwas über dem Niveau der Tiefebene liegende Grenzregion Arabia Terra in Wahrheit zum Hochland gehört. Ohne dieses Gebiet aber – und ohne Berücksichtigung der erst später entstandenen Beulen der Tharsis und des Elysium Mons – ist die nördliche Tiefebene perfekt elliptisch.

Offenbar handelt es sich bei der Vastitas Borealis tatsächlich um einen einzigen, ungeheuren Krater. Der Körper, der dieses Loch hinterließ, dürfte den Computersimulationen zufolge im schrägen Winkel von 30 bis 60 Grad aufgetroffen sein. Aber es war auch kein Asteroid im heutigen Sinne. Zwischen 1600 und 2700 Kilometer groß muss er gewesen sein. Das entspricht der Größenklasse des Pluto, den nicht wenige Astronomen trotz seiner offiziellen Degradierung immer noch als Planeten ansehen. Hier sind tatsächlich einmal sehr buchstäblich zwei Welten aufeinandergeprallt.

Nun heißt das alles nicht, dass nur ein Einschlag die Doppelgestalt des Mars verursacht haben kann. Alternative Erklärungen, etwa durch Umwälzungen im Marsinneren, sind damit nicht ausgeschlossen. Aber davon abgesehen, dass dergleichen auch nicht so einfach zu beweisen ist: Die Hypothese einer planetaren Kollision ist gar nicht so spektakulär, wie man glauben möchte. Sie wäre es nur, wenn sie erst vor geologisch kurzer Zeit stattgefunden hätte, während der letzten dreieinhalb Milliarden

Jahre. Tatsächlich dürfte der Einschlag den Mars aber bereits während der ersten 50 Millionen Jahre nach der Bildung des Planeten getroffen haben. In dieser Zeit aber sah das Sonnensystem noch ganz anders aus als heute. Es war eigentlich noch gar nicht ganz fertig. Zwar hatten die Planeten bereits etwa ihre heutige Größe erreicht, nachdem sie sich durch Verklumpung von Staub, der die junge Sonne zunächst scheibenförmig umgab, zu immer größeren Brocken bis hin zu glutflüssigen Kugeln gebildet hatten. Auch muss zumindest der Mars nach dem Zeugnis des Meteoriten ALH84001 damals bereits eine feste Kruste gehabt haben. Doch noch immer schwirrten Myriaden kleiner, großer und riesiger Körper durch den interplanetaren Raum, und noch immer herrschte großer Krawall. Asteroiden und Planetenrohlinge krachten ständig ineinander und verwischten die Spuren früherer Zusammenstöße. Auch die blutjunge Erde wurde damals schwer getroffen: Etwa zur selben Zeit, als der Mars seinen nördlichen Großtreffer abbekam, raste ein anderer Urplanet in sie hinein, der etwa so groß war wie der Mars heute. Die Kollision schälte der Erde einen enormen Batzen Gestein aus dem Mantel, das sich anschließend in der Erdumlaufbahn wieder verklumpte und schließlich unseren Mond bildete. Wenig später waren diese gewalttätigen Zeiten vorbei. Der Weltraum zwischen den verbliebenen Planeten wurde langsam leerer und die Einschläge seltener. Der große Bolide, der mutmaßlich die nördliche Tiefebene des Mars schuf, war nur der Letzte seiner Art, und so sollte man das Ereignis vielleicht weniger als Katastrophe werten, die einen intakten Planeten verwüstete, denn als letzten Akt in der Geburt des Mars.

Die Marszeitalter

Landschaften sind ihrer Natur nach geschichtlich. Nicht umsonst ist die Geologie auf der Erde zu einem guten Teil eine historische Wissenschaft. Sie ordnet die Gesteine und die daraus aufgebauten Landschaften in einem Gitter aus Epochen ein, für deren Einteilung die vertikale Schichtung zu verschiedenen Zeiten abgelagerten Materials eine zentrale Rolle spielt. Dabei orientieren sich die größten dieser erdgeschichtlichen Schubladen an den fossilen Resten von Lebewesen, die sich in den Ablagerungen finden: So unterscheidet man in der Erdgeschichte zunächst das Proterozoikum (»die Zeit vor den Tieren«) vom Phanerozoikum (»die Zeit, in der die Tiere erschienen«) und zieht die Grenze zwischen beiden mit dem plötzlichen Auftreten der höheren Tiere in der sogenannten »Kambrischen Explosion« vor 543 Millionen Jahren. Das Phanerozoikum wird dann weiter unterteilt in Erdaltertum (oder Paläozoikum), Erdmittelalter (Mesozoikum) und Erdneuzeit (Känozoikum), die voneinander durch Fossilien dreier Tiergruppen unterschieden werden können, die in jeweils einem dieser drei Zeitalter in besonderer Formenvielfalt auftraten und den beiden anderen fehlten.

Auf dem Mars kann man so nicht vorgehen. Die Erforschungsgeschichte des Mars begann nicht mit der unterirdischen Perspektive, sondern mit der Draufsicht von oben. Erst durch die allerneusten Marssonden, vor allem den *Reconaissance Orbiter* und die beiden Rover, ist man hier und dort in der Lage, übereinander abgelagerte Gesteinsschichten auf dem Mars zu unterscheiden. Aber das Fotografieren eines Gesteins, selbst die Analyse seiner chemischen Zusammensetzung mittels Infrarot- oder Mößbauerspektroskopie, verrät noch lange nichts darüber, wie alt es ist.

Tatsächlich ist die Datierung der Gesteine, Formationen und Landschaften auf dem Roten Planeten eines der kniffligsten Probleme der Marsforschung. Das wäre anders, könnte man gezielt Gesteinsproben von der Planetenoberfläche bergen und in Speziallabors auf ihren Gehalt an bestimmten, oft nur in winzigen Spuren vorhandenen Atomsorten untersuchen. Von Interesse sind hier insbesondere langlebige radioaktive Isotope sowie deren stabile Zerfallsprodukte. Aus ihrer Häufigkeit lässt sich nämlich berechnen, wann das Gestein des Meteoriten auf dem Mars zuletzt aus einer Schmelze erstarrte – denn mit ihrem Auskristallisieren fror auch der Gehalt an diesen Spurenelementen ein und veränderte sich danach nur noch durch radioaktiven Zerfall.

Nun gibt es ein paar Marssteine, deren Alter sich auf diese Weise exakt bestimmen ließ: die am Ende des letzten Kapitels erwähnten Marsmeteoriten. Nach ihrem Alter lassen sich die etwa drei Dutzend Steine in drei Gruppen einteilen. Die größte und häufigste Gruppe deckt sich mit den meisten der sogenannten Shergottiten. Sie bestehen alle aus Basalten, die vor 165 bis 475 Millionen Jahren fest wurden. Die zweite umfasst die Marsmeteoriten vom Typ Nakhla und Chassigny – sie sind 1,3 Milliarden Jahre alt. Die dritte Gruppe besteht nur aus einem einzigen Stein, dem berühmten ALH84001, der 4,5 Milliarden Jahren auf dem Buckel hat, mehr als jedes Gestein, das auf der Erde erhalten geblieben ist.

Älter sind nur noch Meteoriten von der Sorte der sogenannten kohligen Chondriten, die nie groß und heiß genug wurden, um zu schmelzen. Ihr Alter von 4,568 Milliarden Jahren (bei einer Messunsicherheit von plus-minus etwa einer Million Jahre) zeugt von dem Zeitpunkt, als das Rohmaterial des Planetensystems aus einer kosmischen Gas- und Staubscheibe um die junge Sonne auszukondensieren begann, und markiert damit die Geburtsstunde des Sonnensystems. Da ALH84001 keine 100 Millionen Jahre später auf dem Mars entstand, muss es sich um ein Stück sehr alter Marskruste handeln. Bei ALH84001 sowie einem Marsmeteoriten vom Nakhla-Typ konnten darüber hinaus noch näher zu diskutierende Ablagerungen und Veränderungen festgestellt werden, die bei der Rekonstruktion der Marsgeschichte hilfreich sind. Doch damit endet das Potential der Marsmeteoriten für Datierungsfragen auch schon fast, denn natürlich hat man keine Möglichkeit herauszufinden, wo auf dem Planeten sie einst abgeschlagen wurden.

Es gibt aber eine Methode, mit der man einem Stück Marsboden – einer Lavaebene, einem Einschlagsbecken oder einem Ausflusstal – aus der Orbit heraus ansehen kann, wie alt es ungefähr ist: Man zählt, wie viele Krater welcher Größe darauf sichtbar sind. Die Grundidee dahinter ist einfach: Je länger ein Stück Marsoberfläche existierte, desto mehr Meteoriten konnten drauffallen und desto verkraterter ist es. Daraus aber ein Alter abzuleiten, ist eine eigene Wissenschaft für sich. Denn die Zahl der Asteroiden, deren Bahnen die des Mars kreuzen – und damit auch die Einschlagsrate auf dem Planeten –, haben sich im Laufe der Zeit geändert. Tatsächlich steht es außer Frage, dass in der Frühzeit des Sonnensystems sehr viel mehr Trümmer zwischen den Planeten umherschwirrten als heute, weswegen die Häufigkeit der Einschläge sehr viel höher war. Wie das Bombardement abgenommen hat, kann man aber mit Hilfe theoretischer Betrachtungen, Asteroidendaten sowie der Krater auf dem Erdmond in etwa rekonstruieren.

Schon auf der ersten geologischen Karte des Mars, die 1978 im Gefolge von *Mariner 9* und der *Viking*-Missionen erstellt worden war, haben die Marsforscher drei Geländetypen stark unterschiedlicher Kraterdichte unterschieden und nach typischen Regionen benannt. Wir sind ihnen bereits begegnet: Es ist das stark verkraterte Hochland der Südhalbkugel, etwa Noachis Terra westlich des Hellas-Beckens. Dann Regionen wie Hesperia Planum östlich der Hellas, wo das noachische Kraterchaos offensichtlich unter jüngeren Lavamassen begraben ist. Dennoch tragen die hesperischen Gefilde noch immer erheblich mehr Einschlagsspuren als die nördlichen Tiefebenen, etwa die Amazonis Planitia.

Nach dem Alter dieser Geländetypen lässt sich also die Marsgeschichte unterteilen in eine ältere Periode, das sogenannte Noachium, eine mittlere, das Hesperium, und eine jüngere, bis heute andauernde, das Amazonium. Eine erste absolute Datierung der Grenzen zwischen diesen Epochen hat in den achtziger Jahren der Astrogeologe Kenneth Tanaka vom U. S. Geological Survey unternommen. Sie wurde nach der Ankunft des

Global Surveyor und den direkten Datierungen der Marsmeteoriten noch einmal gründlich überarbeitet. Demnach endete das Noachium spätestens vor etwa 3,5 bis 3,7 Milliarden Jahren und das sich daran anschließende Hesperium vor 2,9 bis 3,3 Milliarden Jahren. Seither befindet sich der Mars im Amazonium. Dieses wird heute seinerseits in drei Phasen unterteilt: Ein frühes, mittleres und spätes Amazonium. Dabei liegt der Übergang zwischen frühem und mittlerem Amazonium irgendwo zwischen 1,4 und 2,2 Milliarden und der vom mittleren zum späten zwischen 300 und 600 Millionen Jahren vor heute.

Wie man sieht, sind die Unsicherheiten dieser Zeitleiste beträchtlich. Tatsächlich hat eine Datierung über die Krater zahlreiche Fehlerquellen. So müssen die Forscher bei der Auswertung der Marsbilder die primären Einschlagskrater sauber von solchen unterscheiden, die sekundär vom Auswurf solch eines Einschlages verursacht wurden. Des Weiteren darf man Krater nicht mit vulkanischen Calderen verwechseln und muss berücksichtigen, dass die Erosion kleinere Krater verschwinden lässt. Auch erfahrene Beobachter können nicht verhindern, dass ihre Datierungen aufgrund solcher Probleme um einige Prozent neben dem tatsächlichen Alter liegen. Noch größer ist allerdings der sogenannte statistische Fehler, der für Marsregionen, deren Oberflächen jünger sind als drei Milliarden Jahre, bis zu 30 Prozent betragen kann. Das bedeutet: Wenn die Kraterzahl einer Lavaebene ein Alter von einer Milliarde Jahre ergibt, dann liegt ihr wahres Alter irgendwo zwischen 1,3 und 0,7 Milliarden Jahren.

In den älteren Regionen des Noachiums oder Hesperiums ist die Unsicherheit dagegen nicht ganz so groß, sie beträgt hier nicht mehr 100 bis 200 Millionen Jahre. Der Grund ist die deutlich erhöhte Asteroidendichte in der Frühzeit des Sonnensystems, die sich auch an den Kratern anderer Himmelskörper, vor allem an denen des Erdmondes, ablesen lässt. Sie zog seinerzeit eine höhere Wahrscheinlichkeit für Meteoritentreffer nach sich, und entsprechend kleiner sind in dieser frühen Zeit die statistischen Fehler von Kraterdatierungen. Das ist ähnlich wie bei einer Wählerumfrage, welche die Stimmung im Volk umso genauer wiedergibt, je mehr Menschen befragt wurden. Waren es nur wenige, ist die Wahrscheinlichkeit größer, zufällig mehr Anhänger einer Partei befragt zu haben, als es deren Anteil an der Gesamtbevölkerung entspricht. Genauso ist bei einer kraterarmen, amazoniumszeitlichen Region auf dem Mars die Wahrscheinlichkeit größer, dass hier zufällig mehr (oder weniger) Brocken heruntergekommen sind, als es der mittleren Einschlagsrate auf der gesamten Marsoberfläche zur fraglichen Zeit entsprach.

Die Unsicherheiten in der Datierung bringen es mit sich, dass die drei Marszeitalter bis heute eine auch nicht annähernd so präzise Bedeutung haben wie die Erdzeitalter. Die Dreiteilung ist eine geomorphologische Grobgliederung, von der noch nicht einmal sicher ist, ob sich andere Aspekte der Marsgeschichte, etwa die Entwicklung seines Wasserhaushaltes oder seiner Atmosphäre, darin wiederfinden. Dennoch bieten die drei Marszeitalter den Forschern ein unentbehrliches sprachliches Raster für die Diskussion der Marsgeschichte – und uns eine ungefähre Vorstellung davon, welch ungeheures Alter die Landschaften des Mars haben. Das südliche Hochland, die großen Einschlagsbecken Hellas und Argyre sowie der Sockel der Tharsis-Wölbung sind globale Strukturen des Planeten. Und sie stammen alle aus dem Noachium, ebenso wie weitere vierzig Prozent der Marsoberfläche sind sie also älter als die allermeisten Gesteine auf der Erde. Woraus besteht ein Planet, auf dem Ebenen und Berge scheinbar unsterblich sind?

Fünftes Kapitel: **Das steinerne Buch**

Der Mars ist ein »terrestrischer Planet«. Er gehört also in die gleiche planetenkundliche Kategorie wie die Erde. Aber das heißt noch nicht viel, denn dazu zählt auch der atmosphärenlose Merkur und die Venus, auf der es Bleisalze schneit. Gemeinsam ist allen diesen Himmelskörpern eigentlich nur, dass man auf ihnen im Prinzip landen kann. Das unterscheidet sie von einem anderen Planetentyp, zu dem in unserem Sonnensystem Jupiter, Saturn, Uranus und Neptun gehören. Diese bestehen hauptsächlich aus Gasen, die zum Zentrum hin immer dichter werden. Solche Planeten haben damit keine festen oder flüssigen Oberflächen, anhand deren man sie von ihrer Atmosphäre unterscheiden könnte.

Woraus aber besteht der Mars? Dieser Frage wollen wir nun dieses und das nächste Kapitel widmen – auch wenn die groben Züge einer Antwort darauf schon seit den Tagen William Herschels feststehen: Er dürfte im Wesentlichen aus Stein bestehen und von einer gasförmigen Atmosphäre umgeben sein. Welcher Art diese Gase und Gesteine aber sind, darüber lässt sich erst Genaueres sagen, seit moderne spektroskopische Messinstrumente zur Verfügung stehen. Mit denen lässt sich die Zusammensetzung von Luft und Gesteinen auf dem Mars aus der Art und Weise erschließen, wie sie auftreffende Strahlung verändern. Und je höher die Auflösung und Präzision der Instrumente, welche die Wissenschaftler auf den Planeten richteten, desto mehr lernten sie in dem Marsmaterial zu lesen wie in einem Buch. Es ist ein steinernes Buch, das – wenn auch oft nur in dunklen Andeutungen und in einer erst im Ansatz bekannten Sprache – von Dingen erzählt, die sich zu Zeiten zutrugen, aus denen auf der Erde kaum ein Sandkorn erhalten ist.

Marsluft

Die Atmosphäre des Mars ist heute vielleicht der am besten erforschte Teil des Planeten. Sie ist durchsichtig wie die der Erde, und gleich der irdischen Luft streut sie das Sonnenlicht stark genug, dass sich auf den Bildern der Landesonden über den Landschaften kein schwarzes Weltall wölbt, wie auf den Aufnahmen der Mondastronauten, sondern ein echter Himmel. Nicht zuletzt deswegen ist uns der Mars psychologisch heute so viel näher als der Mond.

Und doch ist die Marsatmosphäre von der unserer Heimatwelt grundverschieden. Einmal ist sie klirrend kalt, im globalen Jahresdurchschnitt beträgt die Oberflächentemperatur –60°C, auf der Erde sind es +15°C. Die regionalen und jahreszeitlichen Schwankungen sind aber beträchtlich, und es gibt durchaus Gegenden, wo die Sonne den Marsboden auf Barfußtemperaturen aufheizt – an Sommernachmittagen über den südlichen Wendekreisen werden schon mal +20°C erreicht. Trotzdem müsste ein menschlicher Besucher auch dort Schal und Mütze tragen, denn die Lufttemperaturen liegen auf dem Mars bereits zwei Meter über dem Boden etwa 20 bis 30 Grad unter der Bodentemperatur. Der Grund dafür ist der extrem niedrige Luftdruck, der die gleichmäßige Verteilung der Wärme behindert. Direkt an der Oberfläche ist die Marsatmosphäre etwa so dicht wie die irdische Atmosphäre in 35 Kilometern Höhe. In solch dünner Luft kann, wie schon öfter erwähnt, kein offenes Wasser existieren, in Tropen und Subtropen noch nicht einmal in gefrorenem Zustand.

Die geringe Atmosphärendichte ist einer der betrüblichsten Unterschiede zu den Bedingungen auf der Erde und zugleich einer der überraschendsten. Denn im Prinzip sollte der Mars bei seiner Entstehung ähnliche Anteile an leichten, atmosphärenbildenden Stoffen wie Wasser, Stickstoff und Kohlendioxid mitbekommen haben wie die Erde. Auch wenn er nur etwas mehr als ein Zehntel der Masse unseres Heimatplaneten besitzt, kommt man damit auf erhebliche Mengen. Befänden sie sich heute alles noch auf dem Mars und an seiner Oberfläche, stünde letztere 1200 Meter unter Wasser und darüber lastete eine Kohlendioxidatmosphäre vom 27fachen des irdischen Luftdrucks. Ob der Mars wirklich jemals solche Mengen an flüchtigen Stoffen besaß, ist allerdings nicht sicher. Immerhin zeigen aber die im vorangegangenen Kapitel beschriebenen Talsysteme – von denen später noch ausführlicher zu reden sein wird –, dass die Marsatmosphäre einmal sehr viel dichter gewesen sein muss als heute.

Wohin die Luftmassen des Urmars entschwunden sind, ist heute das vielleicht größte Problem der Marsforschung, und so werden wir dieser Frage in den nächsten Kapiteln immer wieder begegnen. Sicher ist immerhin, dass sie viel mit der vergleichsweise geringen Größe des Planeten zu tun haben dürfte. Das schwächere Gravitationsfeld an sich reicht zur Erklärung zwar nicht aus. Da aber der Mars, anders als die Erde, nicht von einem globalen Magnetfeld eingehüllt wird, kann der Strom geladener Teilchen von der Sonne ungehindert auf seine Gashülle einprasseln. Dabei werden immer mal wieder schwerere Moleküle zu leichteren zerschlagen, etwa ein Wassermolekül (H_2O) in ein Sauerstoffatom und zwei Wasserstoffatome. Wegen ihres geringeren Gewichtes können sich solche Molekülfragmente dann etwas weniger gut im Schwerefeld des Mars halten und entschwinden mit höherer Wahrscheinlichkeit in den Weltraum. Die UV-Strahlen von der Sonne wirken sich ähnlich zersetzend auf die Marsatmosphäre aus, und auch der Einschlag von Asteroiden und Kometen dürfte immer mal wieder Gasportionen ins All geschleudert haben.

Schließlich könnten sich aber zumindest Teile der ehemaligen Marsluft im Laufe der Zeit in die Marskruste zurückgezogen haben. So frieren Wasser und Kohlendioxid bei sehr kalten Temperaturen schlicht aus und verbergen sich fortan im sogenannten Regolith, also dem Sand und Lockergestein des Marsbodens, oder an den Polkappen. Kohlendioxid kann zudem auch geologisch zu Carbonaten gebunden und damit der Atmosphäre entzogen werden – auf der Erde ist das im großen Stile passiert. Anders als dort dürfte eine eventuelle Carbonatbildung auf dem Mars weitgehend irreversibel geblieben sein. Wie wir noch sehen werden, hat auch das wahrscheinlich etwas mit der geringeren Größe des Roten Planeten zu tun.

Alle diese Prozesse können zum allmählichen Abbau der Marsatmosphäre beigetragen haben, bei einigen, wie der fotochemischen Erosion durch UV-Strahlen, ist dies auch ziemlich sicher. Was sie nach viereinhalb Milliarden Jahren von der Marsatmosphäre übrig gelassen haben, das hat man schon von der Erde aus mit spektroskopischen Verfahren herauszufinden versucht. Dabei stellte sich heraus, dass die Marsatmosphäre tatsächlich größere Mengen Kohlendioxid enthalten muss. Erst die Raumsonden aber machten klar, dass sie fast vollständig – nämlich zu 95,32 Prozent – aus diesem Gas besteht, das uns Erdlingen von sprudelnden Getränken oder der Debatte um die globale Klimaerwärmung bekannt ist. Auch auf dem Mars wirkt das CO_2 als Klimagas, das durch den Treibhauseffekt – also die Neigung, Infrarotstrahlung zu absorbieren und dadurch am Entweichen in den Weltraum zu hindern – den Planeten wärmer hält, als er es sonst wäre. Bestünde die Marsatmosphäre überwiegend aus Stickstoff, wie man lange vermutete, wäre es dort noch sehr viel kälter.

Doch Stickstoff, der Hauptbestandteil der Erdatmosphäre, macht nur 2,7 Prozent der Marsluft aus. Zusätzlich besteht die Marsatmosphäre zu 1,6 Prozent aus Edelgasen, vor allem Argon. Der Anteil an Wasserdampf dagegen beträgt im Mittel nur 0,021 Prozent. Zum Vergleich: Der Wassergehalt der irdischen

Luft beträgt bei starken Schwankungen durchschnittlich ein Prozent. Neben diesen chemisch trägen Gasen finden sich in der Marsatmosphäre auch welche, die ausgesprochen reaktiv sind: Kohlenmonoxid, Stickstoffmonoxid und auch Sauerstoff. Letzterer, der auf der Erde von fotosynthetisierenden Organismen produziert wird und alles tierische Leben mit Energie versorgt, macht immerhin 0,13 Prozent der Marsluft aus. Allerdings glaubt kein einziger Forscher an einen biologischen Ursprung des freien Sauerstoffs auf dem Mars. Vielmehr erklärt man sich ihn durch die erwähnten fotochemischen Reaktionen, in denen die UV-Strahlung der Sonne sauerstoffhaltige Moleküle spaltet.

Doch die Marsatmosphäre enthält nicht nur Gas. Ihre Färbung, die auf den Bildern der Oberflächensonden alle möglichen Töne von lachsrosa über gelborange bis braun annehmen kann, rührt von einer variablen Befrachtung mit rotem Staub her, den wir uns gleich noch näher ansehen wollen. Meist ist es dieser Staub, der den Himmel auf den Postkarten vom Mars so trübe erscheinen lässt – obgleich die Bilder aus dem Orbit selten ein Wölkchen stört.

Dabei gibt es Wolken auf dem Mars. Natürlich bestehen sie nicht aus Wassertröpfchen wie die Wolken auf der Erde. Bei einem Luftdruck, der kleiner ist als ein Hundertstel des irdischen, würden solche Tröpfchen sofort verdampfen. Marswolken bestehen vielmehr aus Eiskristallen. Dass man sie auf den Sondenbildern so selten sieht, liegt daran, dass sie vor allem nachts auftreten. Dann können sie allerdings dicht genug werden, um messbar Wärme zurückzuhalten. Es gibt sogar Wolken, die vom Orbit aus sichtbare Schatten auf die Oberfläche werfen. Sie wurden erst 2007 von dem französischen Infrarotspektrometer Omega an Bord von *Mars Express* entdeckt und bestehen nicht aus Wassereis, sondern aus gefrorenem Kohlendioxid, sogenanntem Trockeneis. Sie treten vor allem in äquatorialen Regionen auf, erreichen Ausdehnungen von bis zu mehreren hundert Kilometern und schweben in extremen Höhen von gut 80 Kilometern – mehr als das Vierfache dessen, was die höchsten Wolkengipfel auf der Erde erreichen.

Wahrscheinlich sind diese Trockeneiswolken eine Folge der hohen Temperaturdifferenzen zwischen Tag und Nacht. Noch extremer sind die Unterschiede aber zwischen Regionen und Jahreszeiten. Kann das Thermometer, wie gesagt, am südlichen Wendekreis im Sommer schon mal auf über +20°C steigen, fällt es in den polaren Wintern auf –140°C. Letzterer Wert liegt nun unterhalb des Punktes, bei dem der Hauptbestandteil der Marsatmosphäre, das Kohlendioxid, fest wird, und das hat recht dramatische Konsequenzen. Wird es über einem Pol Winter, frieren dort bis zu 30 Prozent der Atmosphäre aus, während der Sommer am anderen Pol entsprechend große Mengen an Gas freisetzt. Die Folge sind enorme Druckunterschiede, die sich in bis zu 400 Kilometer pro Stunde schnellen Winden ausgleichen. Dieser Zyklus wird hauptsächlich vom Südpol getrieben, dessen Winter länger und kälter sind als die im Norden, und führt alle paar Jahre bis Jahrzehnte zu den berüchtigten globalen Staubstürmen.

Wie genau es zu den planetaren Stürmen kommt, ist noch weitgehend ungeklärt. Möglicherweise sind sie die Folge des Umstandes, dass die Marswinde ihre eigene Entstehung beeinflussen, indem sie große Mengen feinkörnigen Staub hin und her verfrachten. Damit ändern sie lokal die Albedo, also das Rückstrahlvermögen der Oberfläche. Percival Lowell hat dies seinerzeit als Beweis für eine Marsvegetation interpretiert, tatsächlich sind die zeitlichen Albedoschwankungen aber vor allem auf Änderungen im Staubgehalt der Atmosphäre zurückzuführen. Aber auch die Staubbedeckung der Oberfläche ändert sich lokal durch die Windaktivität. Dies ergaben Messungen des *Global Surveyor*, der auch vielerorts Spuren fotografierte, die kleine Luftwirbel, sogenannte Dust Devils, zu Deutsch »Staubteufel«, in der Staubschicht hinterlassen hatten – und die beiden Mars Rover konnten solche Wirbelwinde schließlich sogar vom Boden aus beobachten. Nun hängen aber die lokalen Temperaturen, auf welche die Sonne ein bestimmtes Areal tagsüber erwärmen kann, auch davon ab, wie hell die Planetenoberfläche dort ist: Dunkle Gegenden heizen sich mehr auf als helle. Da Temperaturunterschiede aber Bewegungen der Luftmassen nach sich ziehen, können sich die staubigen Winde auf dem Mars damit selbst verstärken.

Die Folgen der Winde sind auf der Marsoberfläche allenthalben zu besichtigen: Sandfelder sind wellenförmig modelliert, vielerorts türmen sich Dünen, manchmal bis zu mehr als 70 Meter hoch, und auch die Yardangs, vom Wind modellierte Hügel aus verbackenem Sedimentmaterial, hat man auf den Aufnahmen der Marssonden entdeckt. Diese Strukturen auf dem Mars sind erstaunlicher, als sie uns vielleicht erscheinen mögen, die wir dergleichen von Nordseeurlauben oder Wüstentrips auf der Erde kennen. Sie sind ein Hinweis darauf, dass die Marswinde um eine ganze Größenordnung heftiger wehen, um trotz des geringen Luftdrucks solche Formationen zu erzeugen.

An entsprechenden Windgeschwindigkeiten fehlt es nicht. Dennoch entfalten die Marswinde lange nicht die Gewalt irdischer Böen. Das erkennt man etwa an den typischen Dünen, die sich im Inneren von Kratern und Tälern gebildet haben: Sediment, das einmal in eine solche Vertiefung hineingeraten ist, wird nicht wieder hinausgeweht, sondern bleibt darin gefangen. Und während ein zünftiger irdischer Sandsturm dem Saharatouristen schon einmal binnen Stunden das Auto zuwehen kann, wurden die Dünen auf dem Mars in Jahrtausenden aufgetürmt. So hat etwa die Landesonde *Viking 1* in ihrer sechsjährigen aktiven Zeit an ihrem Landeplatz in der Chryse Planitia nur ein einziges Mal eine Windverfrachtung um mehr als einem Zentimeter registriert – das war während des gewaltigen Staubsturms im Jahr 1977. Marsdünen sind daher äußerst träge. Modellrechnungen zufolge bewegen sie sich in tausend Jahren nur wenige Meter. Das erklärt, warum beim Vergleich von Aufnahmen der Ende der 1990er Jahre aktiven Raumsonden mit den 20 Jahre älteren Bildern der *Viking*-Orbiter keinerlei Bewegungen von

Dünen oder anderen größeren Sedimentmassen festgestellt wurden.

Verblüffenderweise hat die Kamera des *Reconnaissance Orbiter* vom Wind modellierte Sandhaufen auch an Stellen entdeckt, an denen man sie nicht vermutet hätte, nämlich auf den Gipfeln der großen Vulkane, wo der Atmosphärendruck nur ein Tausendstel des irdischen Wertes beträgt. Dort haben die Winde eigentlich noch viel weniger Kraft als etwa auf Chryse Planitia – und trotzdem haben sie es irgendwie geschafft, Sedimentmaterial zusammenzuwehen. Eine Erklärung wäre, dass dies Zeugnisse aus einer fernen Vergangenheit sind, als der Mars noch eine dichtere Atmosphäre besaß. Doch so alt sehen diese Strukturen bei weitem nicht aus, weswegen das Phänomen den Forschern noch Rätsel aufgibt.

Trotz ihres luftdruckbedingten Mangels an Wucht sind die staubbeladenen Winde des Mars zweifellos eine Quelle von Erosion: An den Felsen rund um die Landestellen der beiden *Viking*-Sonden sowie der *Pathfinder*-Mission haben sie sichtbar genagt. Dabei zeigen Modellrechnungen allerdings, dass die Winderosion den Brocken weit weniger zugesetzt hat, als ihr hohes Alter vermuten lässt – immerhin dürften die meisten von ihnen seit dem Hesperium, also seit gut und gerne drei Milliarden Jahren, dort herumliegen.

Roter Staub

Was aber ist das nun für ein Material, das da aufgewirbelt wird? Auch hier verdanken wir unser Wissen wieder vor allem der Methode der Spektroskopie. Eine einfache Art von Spektroskopie betreiben wir bereits mit unserem freien Auge, nämlich immer dann, wenn wir Stoffe an ihren Farben wiedererkennen: Je nach chemischer Beschaffenheit werden Wellenlängen bestimmter Farben verschluckt, während andere zurückgeworfen werden und sich im Auge des Betrachters zu der Farbe des Materials mischen. Die Methode, von der Farbe auf den Stoff zu schließen, hat freilich ihre Tücken, wie gerade die im ersten Kapitel geschilderten frühen Hypothesen über die Natur der Marsoberfläche zeigen. Trotzdem hat die Farbe des Mars durchaus etwas mit einer Substanz auf seiner Oberfläche zu tun – und diese Farbe ist bekanntlich überwiegend rot.

Wenn wir auf der Erde irgendwo rötlichen Gesteinen begegnen, Buntsandstein etwa oder rosafarbenen Quarzkieseln, dann rührt diese Färbung oft von Verunreinigungen mit Eisenoxid her – und tatsächlich ist es dieser Stoff, der auch den roten Planeten färbt. Genauer gesagt ist es eine Form des Minerals Hämatit, chemisch Fe_2O_3, das nun aber keineswegs überall in Brocken auf dem Mars herumliegt und auch nicht das anstehende Gestein wie mit einer Rostkruste überzieht. Vielmehr sitzt der rote Hämatit in Form von Nanometer großen Kriställchen in kleinen Staubkörnern. Der Hämatit ist tatsächlich ein Reaktionsprodukt des Sauerstoffs, der bei der oben erwähnten Strahlenerosion des Wassers in der Marsatmosphäre frei wird, mit dem Eisen im Marsgestein. Es ist aber chemisch nicht das Gleiche wie der Rost, den wir von alten Autos und falsch gelagerten Gartengeräten kennen. Rost enthält neben dem farbgebenden Hämatit noch ein anderes Eisenoxid und vor allem Wasser.

Der Mars ist also vor allem deswegen rot, weil hämatithaltiger Staub seine Oberfläche bedeckt. Allerdings werden die Staubkörner durch den Hämatit nur gefärbt. Sie selber sind mit deutlich weniger als 100 Mikrometer Durchmesser zwar immer noch pulverfein, aber wesentlich größer als ihre roten Pigmentpartikel. Neben einem weiteren Eisenoxid, dem dunklen magnetischen Magnetit (chemisch Fe_3O_4), das die Mars Rover durch mitgeführte Magnete nachweisen konnten, bestehen sie hauptsächlich aus Silikaten, wie man aus dem Vergleich der Infrarotspektren dieses Staubes mit denen irdischer Mineralien schließen konnte.

Das rötliche Silikatpulver bestimmt maßgeblich, welche Gebiete auf dem Mars heller und welche dunkler erscheinen – und zwar nicht nur im Takt der Winde. Auch die dauerhaft sichtbaren sogenannten Albedo-Strukturen, über deren Natur sich die Astronomen jahrhundertelang die Köpfe zerbrochen hatten, sind nicht zuletzt Gebiete unterschiedlicher Staubbedeckung: Die helleren Regionen sind spektroskopisch auch die röteren und – nach der Art und Weise zu schließen, wie die Marsoberfläche das Infrarotlicht der Sonne großräumig reflektiert – auch die staubigeren.

Dabei ist die Schicht aus feinem roten Staub in der Regel nur wenige Millimeter dick; darunter ist der Mars deutlich dunkler und eher bräunlich-grau. Das zeigen die erwähnten Spuren der Staubteufel und – besonders eindrucksvoll – die Abdrücke, welche die Räder von *Spirit* und *Opportunity* auf dem Marsboden hinterlassen haben. Zur Überraschung der Wissenschaftler konnten die Kameras der Rover ihre eigenen Radspuren noch über Hunderte von Metern sehen, und mit den hochauflösenden Kameras verschiedener Orbiter sind sie sogar aus dem Weltraum zu erkennen. Nach einer gewissen Zeit allerdings werden diese Spuren immer heller, bis sie schließlich wieder die Farbe ihrer Umgebung annehmen und verblassen. Auch das zeigt, wie beweglich der Marsstaub ist und dass er weniger eine Komponente der Marsoberfläche als der Atmosphäre ist.

Für den Betrieb von solargetriebenen Landesonden ist der Staub allerdings ein Problem. Hat sich zu viel davon auf ihren Solarzellen abgesetzt, geht die Energieversorgung in die Knie. Für das Wissenschaftlerteam, das die beiden Rover plante, war das Einstauben der Sonden einer der wichtigsten Faktoren, welche die Lebensdauer ihrer Geräte begrenzen würden. Einer der Gründe, warum die beiden Robotergeologen so viel länger durchhielten als geplant, war, dass sie in einem relativ staubarmen Jahr landeten. Später stellte man verblüfft fest, dass die Energieproduktion der Solarzellen zwischenzeitlich wieder anstieg und plötzlich wieder das Niveau am Tag der Landung erreichte. Offenbar hatten Windböen, vielleicht sogar vorüberziehende Dust Devils, die Rover freigeblasen.

Auf dem Trockenen

Noch in anderer Hinsicht wurde das rote Pulver den Forschern bald lästig: Indem es sich überall absetzt, behindert es zuweilen die spektroskopische Untersuchung der Oberfläche darunter. Dabei interessiert man sich brennend dafür, was da unter der Staubschicht schlummert. Klar war nur, dass es sich fast durchweg ebenfalls um Silikate handeln muss. Das hatten die Forscher schon vor der Ankunft der ersten Raumsonde und vor der Identifikation des ersten Marsmeteoriten vermutet. Denn auch die äußeren Zonen aller anderen erdähnlichen Planeten bestehen aus diesen Verbindungen aus den Elementen Aluminium, Sauerstoff und dem namensgebenden Silicium. Silikate sind die Stoffe, aus denen sich die allermeisten jener harten kristallinen Massen zusammensetzen, die man landläufig »Gesteine« nennt.

Auf der Erde teilen Geologen die Gesteine in drei Grundgruppen ein: magmatische Gesteine, Sedimentgesteine und sogenannte metamorphe Gesteine. Das ist eine Einteilung nach der Entstehung. So bilden sich magmatische Gesteine immer durch Erstarren glutflüssiger Silikatschmelzen. Wie genau das verfestigte Magma dann aussieht, hängt allerdings von verschiedenen Faktoren ab. Einer der geologisch wichtigsten ist der Anteil an Siliciumdioxid. Gesteinsschmelzen, die verhältnismäßig viel davon enthalten, sind vergleichsweise zähflüssig. Statt die Oberfläche zu erreichen, verfestigen sie sich daher oft schon in der Tiefe und damit unter hohem Druck und vergleichsweise langsam. Das Ergebnis ist dann im Extremfall heller, großkristalliger Granit. Schmelzen mit wenig Siliciumdioxid dagegen sind dünnflüssiger. Sie können dadurch bis an die Oberfläche steigen, wo sie schnell erstarren. Dabei entsteht zumeist dunkler Basalt.

Die überwiegende Zahl der Gesteine, die man bisher auf dem Mars gefunden oder anhand ihrer mineralischen Hauptbestandteile durch Infrarotspektroskopie vom Orbit aus gesichtet hat, sind Basalte. Granitartige Gesteine gibt es dagegen kaum, nur an den Zentralhügeln einiger Krater haben die Spektrometer der Marssonden bislang welche ausgemacht. Dabei sind die Basalte des Mars durchgehend noch ein Stück ärmer an Siliciumdioxid als die der Erde, aber zugleich reicher an Phosphor und vor allem an Eisen. Letzteres führt zu der bereits angesprochenen Farbe des Planeten. Denn bei dem roten Staub handelt es sich um fein zerriebene Lava, enthält er doch neben dem roten Hämatit vor allem die für Basalt typischen Silikatminerale Pyroxen und Olivin.

Die zweite von der Erde bekannte Gesteinsgruppe macht sich auf dem Mars vergleichsweise rar. Sedimentgesteine entstehen auf unserem Heimatplaneten zum Beispiel dann, wenn Wind, Wetter und Fließgewässer Berge abtragen, und die so zerkrümelten Massen in Senken ablagern, wo sie sich verfestigen, etwa zu Sandstein. Von solchen sogenannten klastischen Sedimenten (nach dem griechischen Wort »klasma«, was so viel bedeutet wie »Bruchstück« oder »Brocken«), unterscheidet man chemische und biogene Ablagerungen. Chemische Sedimente entstehen, wenn in Wasser gelöste Minerale durch anorganische Prozesse ihre Löslichkeit verlieren und sich als Feststoffe absetzen. Eine prominente Form sind etwa die sogenannten Evaporite: Salze, die zurückbleiben, wenn das Wasser, in dem sie gelöst waren, verdampft. Die Steinsalzvorkommen auf der Erde sind so vor Urzeiten aus eingetrockneten Meeren entstanden. Biogene Sedimente dagegen bilden sich aus den Resten abgestorbener Lebewesen

Irdische Sedimentgesteine sind also meist Werke des Wassers. Aber auch auf dem Mars müsste eine feuchtere Vergangenheit bestimmte Sedimentgesteine hinterlassen haben, zumindest klastische Ablagerungen, aber auch Evaporite und vielleicht auch die bereits erwähnten Carbonate, in denen dann Teile der früheren Marsatmosphäre gebunden wären. Die Suche nach solchen Gesteinen ist daher eines der zentralen Themen der modernen Marsforschung, und das nächste Kapitel wird erörtern, wie weit man hier inzwischen gekommen ist. Allerdings können sich klastische Sedimente auch ganz ohne Wassereinwirkung bilden. Die knochentrockenen Winde auf dem Mars zernagen mit der Zeit die Basaltfelsen, und die dabei entstehenden Krümel müssen irgendwo hin. Tatsächlich hat man mit den Präzisionskameras des *Global Surveyor* und der nachfolgenden Orbiter auf dem Mars jede Menge Gesteinsformationen entdeckt, die einen sedimenttypischen Schichtaufbau besitzen. Vor allem die Chasmata der Valles Marineris, aber auch viele alte Krater sind voll von geschichteten Ablagerungen. In Arabia Terra wurden mit dem *Reconnaissance Orbiter* sogar Gesteinsformationen gesichtet, in deren Schichtstruktur sich der Rhythmus von astronomisch bedingten Klimaschwankungen erhalten zu haben scheint. Manche dieser Sedimente könnten auch von Wasserfluten abgelagert worden sein, aber die meisten lassen sich ohne weiteres als Produkte der Winderosion erklären.

Der dritte von der Erde bekannte Gesteinstyp scheint auf dem Mars völlig zu fehlen. Die sogenannten metamorphen Gesteine – oder Metamorphite, wie die Geologen sie auch nennen – bilden sich auf der Erde aus Sediment oder magmatischem Material, das von tektonischen Kräften in Zonen hohen Drucks und hoher Temperatur befördert wurde. Ein berühmter Metamorphit der Erde ist der Marmor: Der schöne weiße Stein war einst ein biogenes Kalksediment, das in große Tiefen oder in die Nähe aufsteigender Magmablasen geriet und dort quasi durchgebacken wurde. Andere bekannte Beispiele für metamorphe Gesteine sind Gneise oder Schiefer. All das gibt es auf dem Mars offenbar nicht, jedenfalls nicht in Mengen, die sich den Instrumenten der Sonden verraten hätten.

Der Grund dafür ist letztlich das Fehlen plattentektonischer Prozesse auf dem Mars, Prozesse, welche die Geologie unseres Heimatplaneten maßgeblich bestimmen. Denn die Erdkruste zerfällt in ein gutes Dutzend größerer und kleinerer Stücke, die auf einer weichen Erdmantelschicht gleiten, der sogenannten Asthenosphäre. Diese Krustenplatten wandern mit Geschwindigkeiten von mehreren Zentimetern im Jahr und schieben sich dabei an vielen Stellen übereinander, wobei sie die auf ihnen reitenden Kontinente nicht selten geradewegs miteinander kollidieren lassen. Bei solchen Kollisionen werden nicht nur Gebirge aufgefaltet, sondern ebenso häufig Gesteinsmassen in die Tiefe gezogen und dabei aufgeschmolzen oder der Metamorphose unterworfen. Die Plattentektonik der Erde hält damit einen Kreislauf der Gesteine in Gang: Schmelzen erstarren zu magmatischen Gesteinen, diese verwittern und werden zu Sedimentgesteinen, die wiederum metamorph verändert oder ganz eingeschmolzen und wieder emporgehoben werden, um sich erneut der Verwitterung auszusetzen. Durch diesen Kreisprozess gelangen auf der Erde auch die in Sedimenten enthaltenen flüchtigen Stoffe, allen voran das in Carbonaten gebundene Kohlendioxid, immer wieder aus der Kruste in die Atmosphäre zurück.

Auf dem Mars ist dieser Kreislauf nicht geschlossen. Dort sind Gesteine seit Urzeiten vor allem vulkanisch entstanden und fallen seither einer zumeist unglaublich langsamen, aber doch stetigen Verwitterung anheim. Das Umwandeln oder gar Einschmelzen von Ablagerungen aber findet nicht statt – jedenfalls nicht global und aus dem Planeten selbst heraus, sondern höchstens punktuell und von außen durch Einschläge von Asteroiden – wobei deren Stärke und Häufigkeit in den letzten 3,8 Milliarden Jahren sehr viel geringer ausfielen als in der Frühzeit.

Warum dem Mars die Plattentektonik fehlt – und damit die Möglichkeit zu einem Atmosphärenrecycling wie auf der Erde –, das ist im Detail noch unklar. Ein vielleicht entscheidender Faktor aber ist ein Mangel an Wasser, der irgendwann eingetreten sein muss. Nur eine ausgesprochen nasse Planetenkruste wie die der Erde kann dauerhaft Platten tanzen lassen. Denn indem das Wasser in den Erdmantel dringt, weicht es ihn in einer bestimmten Tiefe auf und lässt die Asthenosphäre entstehen, auf der die Platten gleiten können. Der Mars, so scheint es, ist dafür seit geraumer Zeit zu trocken.

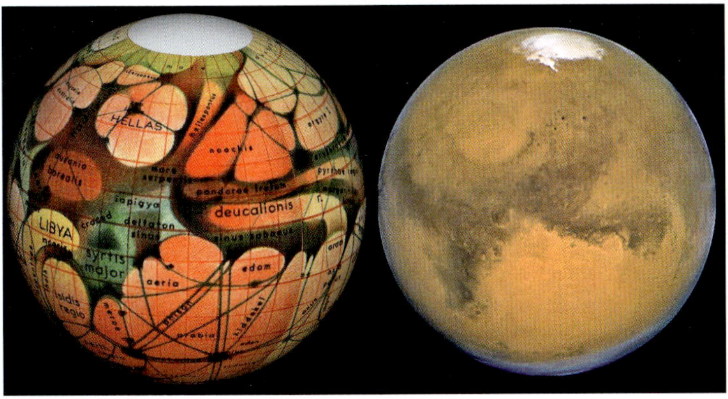

Ein Marsglobus nach einer 1894 gezeichneten Karte (links) zeigt neben realen Strukturen wie Hellas oder Syrtis Major auch »Marskanäle«. Der Südpol ist oben. Das Bild rechts daneben wurde 2003 vom Weltraumteleskop *Hubble* gemacht und zeigt den Mars in gleicher Orientierung. (Graphik Tom Ruen)

So stellte man sich den Mars vor, bevor die ersten Sonden eintrafen: »The Surface of Mars« malte Chesley Bonestell für das 1949 erschienene Buch »The Conquest of Space« von Willy Ley. (Reproduced courtesy of Private Collection).

Eine der ersten Nahaufnahmen: *Mariner 4* schoss sie bei ihrem Vorbeiflug am 14. Juli 1965. Es zeigt einen 254 Kilometer breiten Ausschnitt der Terra Sirenum. (Quelle: Nasa)

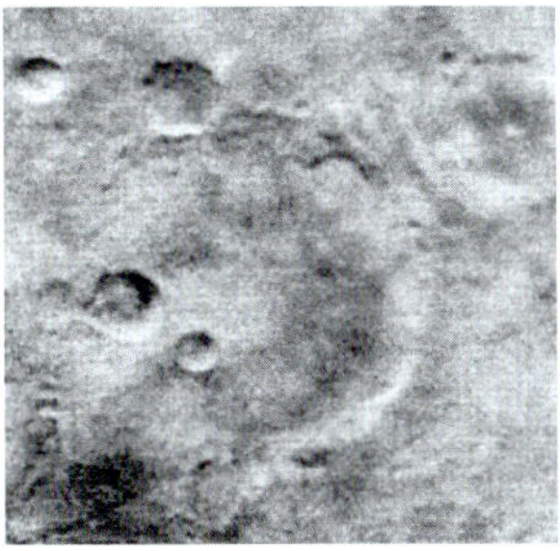

Mariner 9, der erste Mars-Orbiter, entdeckte 1972 Spuren von Wassererosion: Hier die Ausflusstäler der Maja Valles. Der Bildausschnitt ist 225 Kilometer breit. (Quelle: Lunar and Planetary Institute)

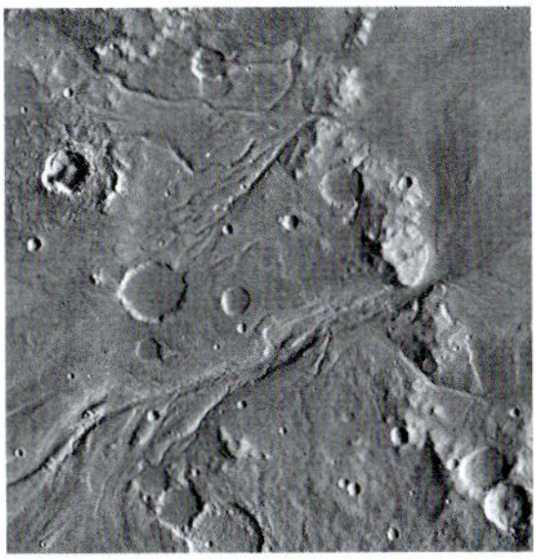

Der Victoria-Krater in Meridiani Planum. Der etwa 750 Meter weite und 70 Meter tiefe Krater wurde zwischen 2006 und 2008 von *Opportunity* untersucht. Auf dem vergrößerten Ausschnitt dieser Aufnahme des *Reconnaissance Orbiter* ist der Rover am Kraterrand zu erkennen. (Quelle: Nasa)

Die Landeplattform des Rovers *Spirit*, aufgenommen am 21. Januar 2004, am 16. Marstag nach der Landung im Krater Gusev. Die staubverschmierten Textilien sind die entleerten Prallsäcke, welche die Sonde bei der Landung schützten. (Quelle: Nasa)

Der experimentelle Rover der *Pathfinder*-Mission, kurz nachdem er einen Marstag nach der Landung am 4. Juli 1997 von seiner Basisstation gerollt war. (Quelle: Nasa)

Spuren des Rovers *Opportunity* im Marssand am Rande des Victoria-Kraters. Das Bild entstand am 29. April 2007, 1160 Marstage nach der Landung im Januar 2004. Die Felsbrocken rechts im Bild sind nicht mehr als zehn Zentimeter hoch. (Quelle: Nasa)

Unter dem Landegestell der Sonde *Phoenix* machte die Kamera am Roboterarm der Sonde fünf Marstage nach der Landung im Mai 2008 diese Aufnahme. Die hellen Flächen bestehen vermutlich aus Wassereis, das die Bremsraketen bei der Landung freigelegt haben. (Quelle: Nasa)

Der Schildvulkan Olympus Mons, der höchste Berg im gesamten Sonnensystem. Das Komposit aus Aufnahmen des *Viking 1*-Orbiters vom Juni 1978 zeigt ein 1300 Kilometer breiten Ausschnitt. (Quelle: Nasa)

Flug über die Valles Marineris. Die Aufnahme der Stereokamera an Bord der Sonde *Mars Express* vom 28. Mai 2004 zeigt das 100 Kilometer weite und etwa neun Kilometer tiefe Coprates Chasma sowie im Vordergrund drei schmalere Canyons parallel dazu. (Quelle: ESA)

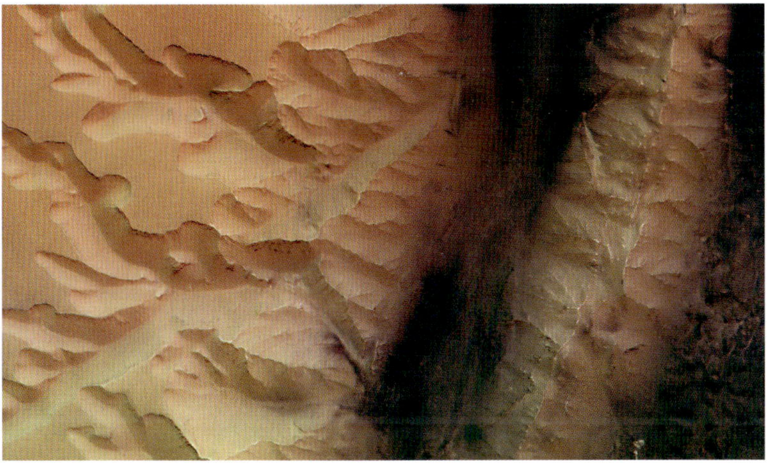

Die Louros-Täler am Südrand von Ius Chasma sind ein Talnetzwerk, in dem einst Wasser geflossen sein muss. Die Aufnahme der Stereokamera an Bord von *Mars Express* zeigt einen etwa 100 Kilometer breiten Ausschnitt. (Quelle: ESA)

Viele Marskrater sind von charakteristischen, einander überlagerten Lappen ausgeworfenen Materials umgeben. Hier der 18 Kilometer große Krater Yuty in Chryse Planitia auf einer Aufnahme des *Viking 1* Orbiters aus dem Jahr 1977. (Quelle: Nasa)

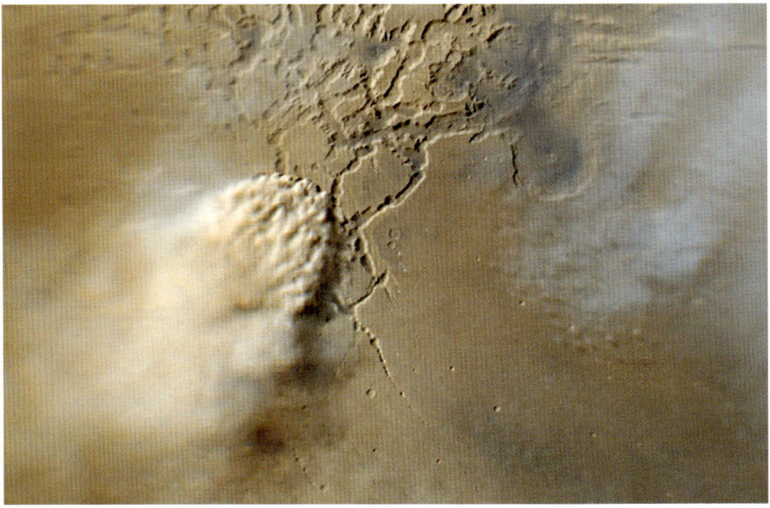

Ein Staubsturm tobt über Noctis Labyrinthus. Die weißen Schleier am oberen und oberen rechten Bildrand sind dagegen Wolken aus Wassereis. Die Aufnahme des *Reconnaissance Orbiter* zeigt einen etwa 1100 Kilometer breiten Ausschnitt. (Quelle: Nasa)

Sicheldünen in Noachis Terra. Solche auch »Barchans« genannten Dünen bilden auf der windabgewandten Seite Hörner aus. Jeder dieser Dünen ist etwa 100 bis 200 Meter lang. Das Falschfarbenbild wurde mit dem *Reconnaissance Orbiter* aufgenommen. (Quelle: University of Arizona)

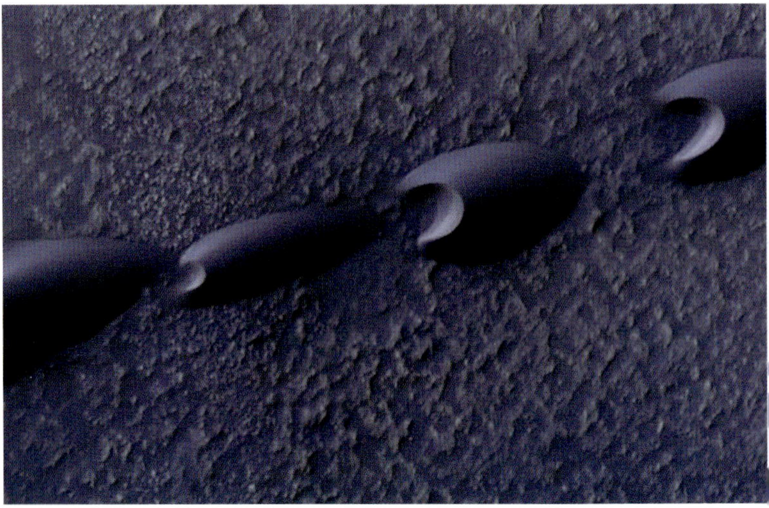

Der Boden nahe der Stelle, an welcher der Rover *Spirit* ab April 2006 seinen ersten Marswinter verbrachte: einmal in etwa den Farben, die ein Mensch vor Ort sehen würde (oben), einmal in sogenannten Falschfarben (unten), in die auch Information über das Reflexionsverhalten der Gesteine im Infrarotlicht einfließt. Neben dem Sand sind drei verschiedene Gesteine zu erkennen: dunkle, scharfkantige Lavabrocken, hellere abgerundete Steine und Zacken papierdünner Sedimentschichten. (Quelle: Nasa)

Eine Lawine aus Eis und Staub stürzt einem 700 Meter hohen Steilhang am Rand der nördlichen Eiskappe hinunter – zufällig in dem Moment, als der *Reconnaissance Orbiter* die Stelle am 18. Februar 2008 fotografiert. Die weiße Substanz links ist gefrorenes Kohlendioxid, darunter hellbraune Schichten aus Eis mit verschiedenem Staubanteil. (Quelle: University of Arizona)

Vereiste Düne in einem Krater in der Vastitas Borealis, aufgenommen mit der Stereokamera der Sonde *Mars Express* am 2. Feburar 2005. Der Krater ist 35 Kilometer breit. Das Relief ist dreifach überhöht wiedergegeben, die Farben sind aber annähernd natürlich. (Quelle: ESA)

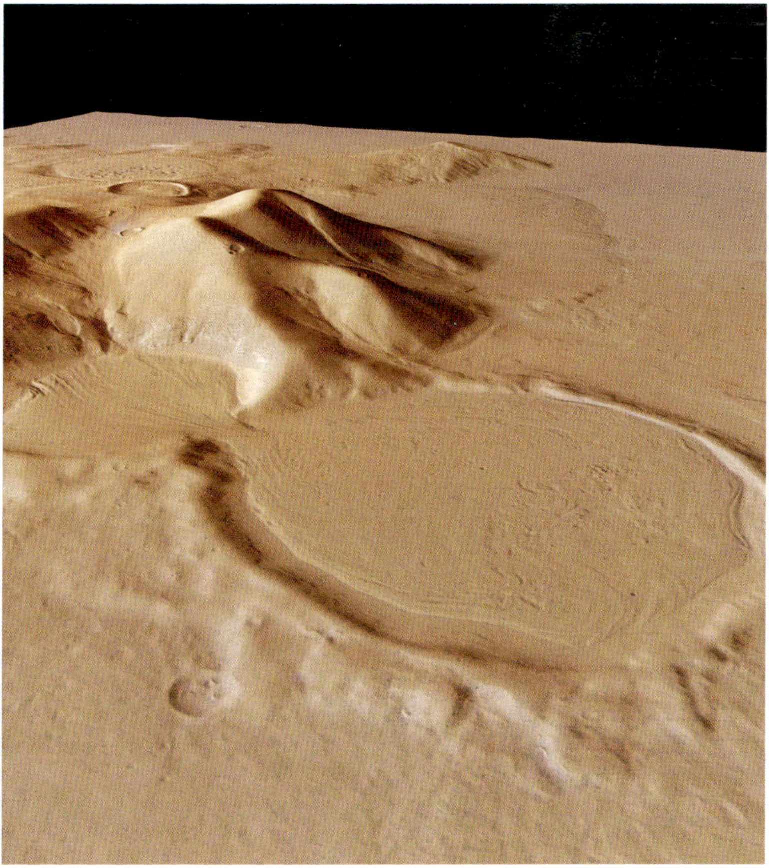

Der »Sanduhr-Gletscher« am Ostrand von Hellas Planitia. Es sieht aus, als sei staubbedecktes Eis von einem kleineren, etwa neun Kilometer breiten Krater in einen etwa 16 Kilometer großen Krater geflossen. (Quelle: ESA)

Das »Gefrorene Meer« in der Elysium Planitia hat etwa die Ausdehnung der Nordsee und weist Strukturen auf, die sehr an Eisschollen erinnern. Das Bild zeigt einen etwa 30 Kilometer breiten Ausschnitt. (Quelle: ESA)

»Blaubeeren«, bis zu sechs Millimeter große Kügelchen aus Hämatit fand *Opportunity* an seiner Landestelle im Meridiani Planum. Der kreisförmige Fleck entstand durch Säuberung des Sandsteins mit einer rotierenden Bürste am Roboterarm des Rovers. (Quelle: Nasa)

Ein fossiles Flussdelta im Krater Eberswalde in Margeritifer Terra. Der Bildausschnitt zeigt einen etwa zwanzig Kilometer breiten Geländeausschnitt. (Quelle: Nasa)

Der Marsmeteorit ALH84001, so wie er 1984 in der Antarktis gefunden wurde. Der kleine Würfel rechts hat eine Kantenlänge von einem Zentimeter und dient als Größenmaßstab.

Die Carbonat-Globulen im Inneren von ALH84001 unter der Lupe. Die weißen Kristalle am Saum der 0,2 Millimeter großen »Bläschen« bestehen aus Magesiumcarbonat. Einige Forscher werteten diese Strukturen als Hinweis auf die Aktivität marisanischer Mikroorganismen.

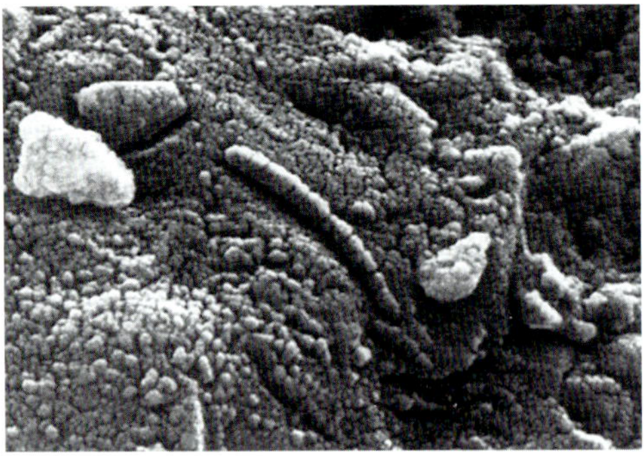

Diese »Würmchen« wurden zunächst für versteinerte Marsmikroben gehalten. Sie kamen bei der rasterelektronenmikroskopischen Untersuchung der Carbonat-Globulen in ALH84001 zum Vorschein und sind mehr als tausendmal dünner als ein menschliches Haar. (Quelle für alle drei Abbildungen: Nasa)

Fossile Felder

Man muss sich die Marskruste also als eine einzige, planetenumspannende Platte vorstellen. Aber war das schon immer so? Seit den Tagen William Herschels scheinen Wissenschaftler wie interessierte Laien ja nicht zum Mars blicken zu können, ohne nach Ähnlichkeiten zu suchen – und seien es welche, die es nur in bestimmten, vielleicht lange zurückliegenden Epochen gab. Nicht nur in der Frage, deren Gegenstand das nächste Kapitel bildet, orientieren sich die Marsforscher wie selbstverständlich an der These von einer besonderen Ähnlichkeit der beiden Planeten, womit es dann die Unterschiede sind, die einer Erklärung bedürfen. Das sagt viel über die Marsforscher und Marsenthusiasten, aber man erfährt durch diese geozentrische Heuristik doch auch einiges über den Mars.

So hatte man die Sonde *Mars Global Surveyor* mit einem empfindlichen Messgerät zum Nachweis von Magnetfeldern ausgestattet. Wie schon erwähnt, besitzt der Mars kein globales Magnetfeld, was nicht heißt, dass er gar keins hat. Doch während das Magnetfeld der Erde überall auf ihrer Oberfläche und bis weit in den Weltraum hinaus messbar ist, treten Magnetfelder auf dem Mars nur lokal in bestimmten Regionen der Südhemisphäre auf. Auch wenn dabei mancherorts Feldstärken erreicht werden, die mit der des Erdmagnetfeldes vergleichbar sind, ist das Marsfeld insgesamt gesehen mickrig und vor allem von völlig anderer Form als das unseres Heimatplaneten. Denn das Erdmagnetfeld gleicht einem riesigen Stabmagneten mit zwei magnetischen Polen, deren Verbindungslinie nur leicht gegen die Rotationsachse der Erde gekippt ist. Das ist ja der Grund dafür, warum die Magnetnadel eines Kompasses ungefähr die Nord-Süd-Richtung anzeigt. Es ist im Hinblick auf den Mars nicht ganz uninteressant, sich einmal kurz anzusehen, wie es – soweit man heute weiß – zu diesem sogenannten Dipolfeld der Erde kommt.

Der Ursprung des Magnetfeldes der Erde liegt in ihrem

Kern. Im Unterschied zum silikatischen Erdmantel besteht er aus Metall, einem Gemisch aus Eisen und Nickel – mit einem kleinen Anteil leichterer Elemente. Infolge seiner metallischen Natur ist er elektrisch leitfähig. Die äußere Zone des Erdkerns ist zudem noch glutflüssig und in ständiger Bewegung. Dabei ist es nicht nur die Erdrotation, welche die Metallschmelze in Bewegung hält. Vielmehr steigt an manchen Stellen heißere und leichtere Flüssigkeit auf, während an anderen Material absinkt. Diese sogenannte Konvektionsbewegung im äußeren Erdkern ist vermutlich die Folge des sehr langsamen Erstarrens des Kerns von innen heraus. Da das Festwerden von Flüssigkeit in der Regel Wärme freisetzt und zudem die dem Kernmetall beigemischten leichteren Elemente länger in der Schmelze bleiben als Eisen oder Nickel, ist das flüssige Metall an der Grenze von festem inneren und flüssigem äußeren Kern unter bestimmten Bedingungen leichter als das an der darüberliegenden Grenze zwischen äußerem Kern und Erdmantel. Eine Flüssigkeitsschicht aber, die in der Tiefe leichter ist als an der Oberfläche, ist instabil und muss sich neu umschichten, also eine Konvektionsbewegung ausführen.

Rotation und Konvektion nun verwirbeln zusammen die Flüssigkeit des äußeren Erdkerns, und solche Wirbel in elektrisch leitenden Flüssigkeiten können ein Magnetfeld hervorrufen. Der Effekt beruht auf dem gleichen physikalischen Prinzip – dem der sogenannten elektromagnetischen Induktion –, dem auch ein Fahrraddynamo zugrunde liegt, weshalb man bei der Erde auch von einem »Geodynamo« spricht. Welche Bedingungen genau herrschen müssen, damit der glutflüssige Kern eines Planeten ein globales Magnetfeld erzeugt, ist bis heute nicht restlos geklärt. Sicher ist jedoch, dass diese Bedingungen im Erdkern in den vergangenen dreieinhalb Milliarden Jahren die meiste Zeit hindurch erfüllt waren. Denn aus verschiedenen geologischen Epochen sind Minerale gefunden worden, deren Magnetisierung sich zum Zeitpunkt ihrer Entstehung aus erstarrender Lava nach dem damals herrschenden Erdmagnetfeld ausgerichtet hat. Daher ist auch die Erdkruste mancherorts magnetisch.

Während dieser Magnetismus der Erdkruste zu kaum einem Tausendstel zum Erdmagnetfeld beiträgt, werden die Magnetfelder des Mars wohl ausschließlich durch eine solche Magnetisierung der Kruste hervorgerufen. Es muss sich dabei also um Spuren eines längst verschwundenen globalen Marsmagnetfeldes handeln. Und genau darüber sollte die magnetische Kartierung der Marskruste durch den *Global Surveyor* mehr herausfinden. Dabei gab es auch die Chance, nebenbei etwas über eine etwaige plattentektonische Vergangenheit des Mars zu erfahren.

Anlass zu dieser Hoffnung war die Erkenntnis, dass sich das Erdmagnetfeld in zeitlichen Abständen von einigen hunderttausend Jahren immer wieder umpolt. Auch das zeigen Analysen magnetisierter Gesteine, in diesem Fall der Basaltdecke am Grunde der Tiefsee. Denn dort, wo entlang der sogenannten Mittelozeanischen Rücken benachbarte ozeanische Erdkrustenplatten auseinanderdriften und dabei ständig frisch erstarrenden Basalt aus dem Erdmantel ziehen, sind die Umpolungen des Erdfeldes am Ozeanboden in Form von Streifenmustern erhalten, die parallel zu den Plattengrenzen verlaufen. Diese Magnetstreifen sind damit eine typische Folge des Zusammenwirkens der Plattentektonik mit einem ständig schwankenden Erdmagnetfeld. Würde man daher auf magnetischen Karten der Marskruste irgendwo auf solche Streifen stoßen, könnte man daraus in Analogie mit der Erde nicht nur schließen, dass der Mars einmal ein globales Dipolfeld hatte, sondern auch, dass auf ihm ebenfalls einst tektonische Platten durch die Gegend geschoben wurden.

Tatsächlich fanden sich solche Streifen. Sie verlaufen in Ost-West-Richtung fast überall auf der Südhemisphäre. Am intensivsten sind sie zwischen Terra Cimmeria und Terra Sirenum – in uralten noachischen Gebieten. In der Tharsis und in der Umgebung der großen Einschlagsbecken Hellas und Argyre sind die magnetischen Signale dagegen schwächer oder fehlen völlig. Vor mehr als vier Milliarden Jahren, so folgern die Forscher aus ihren Beobachtungen, bevor sich die Tharsis wölbte und gigantische Asteroidentreffer die großen Einschlagsbecken schufen, war es direkt unter der Marskruste heiß und zugleich nass genug, um zumindest für kurze Zeit plattentektonische Aktivitäten zu unterhalten – und der Planet muss ein starkes eigenes Magnetfeld besessen haben.

Während aber die Plattentektonik sehr früh zum Erliegen gekommen sein muss, vielleicht noch bevor sich die Nord-Süd-Teilung herausbildete, dürfte der Dynamo im glutflüssigen Inneren des Planeten länger gelaufen sein. Messungen haben noch an den 3,7 Milliarden Jahre alten Basalten am Vulkan Apollinaris Patera eine Magnetisierung festgestellt, so dass das Feld zu dieser Zeit, am Ende des Noachiums, noch bestanden haben könnte. Da eine solche Magnetisierung in den Laven jüngerer Vulkane aber fehlt, muss das Marsmagnetfeld wenig später verschwunden sein. Im nächsten Kapitel werden wir sehen, dass der Mars etwa zu dieser Zeit – vor 3,7 Milliarden Jahren – einschneidende geochemische Veränderungen erfuhr. Und dieses Zusammentreffen ist vielleicht kein Zufall.

Unter der Kruste

Wie und warum das Magnetfeld und die tektonischen Aktivitäten des Mars zum Erliegen kamen, darüber wird bei den Marsforschern viel gerätselt. Das Problem ist, dass die Ursachen beider Phänomene – und damit auch die ihres Verschwindens – tief im Inneren des Planeten liegen. Doch aus dem Strom der Daten, welche die Raumsonden und Landeeinheiten heute von der Oberfläche funken, lässt sich bislang nur wenig darüber schließen, wie es unter der Marskruste aussieht.

Über das Innere unseres eigenen Planeten wissen wir vor allem durch seismische Untersuchungen Bescheid, also Analysen der Ausbreitung von Erdbebenwellen. Vom Mars gibt es solche Messungen bislang nicht. Dazu müsste man dort ein ganzes Netz von Messstationen aufbauen und erst einmal wissen, ob es Marsbeben im erforderlichen Umfange überhaupt noch gibt. Die starken Beben auf der Erde werden alle von der Plattentektonik verursacht, und die ist, wie erwähnt, auf dem Mars längst eingeschlafen. Allenfalls vulkanische Beben und solche, die durch das Schrumpfen langsam erkaltender tieferer Schichten der Marskruste hervorgerufen werden, könnten die staubigen Basaltlandschaften des roten Planeten gelegentlich noch erzittern lassen. Doch es gibt andere Messdaten, aus denen sich zumindest in Umrissen ein Bild über den inneren Aufbau des Mars ablesen lässt: Demnach lassen sich dort die drei Zonen unterscheiden, die auch das Innere der Erde gliedern: Kern, Mantel und Kruste.

Die Marskruste unterscheidet sich vom darunterliegenden Mantel vor allem durch die Dichte. Über die Existenz einer solchen leichteren Gesteinshaut gab es schon vor den ersten Messungen keine wirklichen Zweifel. Jeder Himmelskörper, der so groß ist, dass er bei seiner Entstehung aus kleineren Fragmenten im frühen Sonnensystem ganz aufgeschmolzen und von seiner Schwerkraft zu einer Kugel geformt wurde, hat eine Kruste. Denn in der Schmelze trennen sich leichtere Mineralbestandteile von den schwereren und schwimmen oben auf, wo sie dann unter vergleichsweise niedrigem Druck erstarren.

Die Frage nach der Dicke der Marskruste konnte allerdings erst durch Messungen des *Global Surveyor* beantwortet werden. Aus einer sehr präzisen Verfolgung der Sondenbahn um den Planeten ließ sich eine Karte lokaler Variationen seines Gravitationsfeldes erstellen: Denn unter den Regionen, über dem die Marsschwerkraft etwas weniger stark an dem Raumfahrzeug zog, muss die Marsmaterie aufs Ganze gesehen weniger dicht, die leichte Kruste folglich dicker sein. Dabei stellte sich heraus, dass die Stärke der Marskruste regional schwankt – und zwar in einer bereits aus der Oberflächentopographie vertrauten Weise:

Unter der alten zernarbten Südhemisphäre ist sie zwischen 50 bis 60 Kilometer stark, im flachen Norden dagegen oft weniger als 30 Kilometer. Unter den großen Einschlagsbecken ist die Kruste besonders dünn, im Falle von Hellas, Isidis und Utopia weniger als 20 Kilometer.

Damit ist die Marskruste allerdings auch an ihren dünnsten Stellen noch deutlich dicker als die nur fünf bis sieben Kilometer dicken Krustenplatten unter den Weltmeeren der Erde. Nun besteht diese dünne ozeanische Erdkruste eigentlich aus nichts anderem als aus Erdmantelmaterial, das entlang der Mittelozeanischen Rücken bei Kontakt mit dem kalten Tiefseewasser versprödet ist. Die kontinentale Erdkruste dagegen, die sich durch einen hohen Anteil an Silicium-, Aluminium- und Magnesiumoxiden chemisch stark von dem Erdmantel unterscheidet, ist mit einer Stärke zwischen 30 und 50 Kilometern etwa so dick wie die des Mars. Das könnte einen auf den Gedanken bringen, die dünnere Kruste der marsianischen Nordhemisphäre als ozeanisches Relikt aus der Zeit zu interpretieren, als auf dem Mars noch eine Plattentektonik am Werke war. Doch diese Idee greift mit Sicherheit zu kurz, schon weil die erwähnten magnetischen Streifenmuster, auf der Erde ein Charakteristikum der Ozeanböden, nur in der dicken Kruste des Südens erhalten ist.

Die oberste Mantelschicht wird – auf dem Mars genauso wie auf der Erde – mit der Kruste zur sogenannten Lithosphäre zusammengefasst. Darunter versteht man die starre Gesteinshülle eines Planeten. Eine Lithosphäre ist, anders als die Kruste, nicht durch ihre chemische Zusammensetzung definiert, sondern durch ihr mechanisches Verhalten. Denn obgleich der Mantel aus festem Gestein besteht, hat er unter dem hohen Druck der darüberliegenden Schichten eine zäh-plastische Konsistenz – Mantelgestein kann langsam fließen, absinken oder aufsteigen, ohne aufgeschmolzen zu sein. Die Lithosphäre der Erde reicht nun weit tiefer als die eigentliche Kruste, bis in Tiefen von 100 bis 300 Kilometern, und auf dem Mars scheint das genauso zu sein. Jedenfalls ergaben Radarmessungen des *Reconnaissance*

Orbiter, dass das Gewicht der Eiskappe des marsianischen Nordpols die darunterliegende Gesteinsschicht nicht messbar in den plastischen Marsmantel drückt. Daraus lässt sich ableiten, dass der Mars zumindest unter seinem Nordpol bis hinab in 300 Kilometer Tiefe unverformbar hart ist.

Die Ähnlichkeiten in Krusten- und Lithosphärendicke zwischen Mars und Erde zeigen in Wahrheit, wie unterschiedlich die beiden Planeten auch in ihrem Inneren sind. Denn gliche der um die Hälfte kleinere Mars der Erde, würde man eine viel dünnere Hülle erwarten. Der Kern des Mars hingegen steht mit einem Radius zwischen 1520 und 1840 Kilometern zum gesamten Planeten in etwa dem gleichen Verhältnis wie der Erdkern zur Erde, ist wahrscheinlich sogar noch etwas kleiner. Die Existenz einer solchen Kernzone deutlich höherer Dichte wurde bereits 1997 bei Analysen der genauen Bahn der *Pathfinder*-Sonde bewiesen. Details über die Ausdehnung des Marskerns ergaben dann sechs Jahre später Analysen der Positionsdaten des *Global Surveyor*, anhand deren die leichten Verformungen nachgewiesen werden konnten, welche Gezeitenkräfte der Sonne am plastischen Marsinneren verursachen.

Wahrscheinlich besteht der Marskern – wie jener der Erde – vornehmlich aus Eisen und einigen Prozent Nickel. Das Kernmaterial ist allerdings weniger dicht als im Fall der Erde, muss also doch Beimengungen leichterer Elemente enthalten. Vermutlich handelt es sich dabei um Schwefel. Dies folgt aus einem Modell, das Mitte der achtziger Jahre Gerlind Dreibus und Heinrich Wänke vom Max-Planck-Institut für Chemie in Mainz anhand der Elementanalyse von Marsmeteoriten sowie allgemeinen geochemischen Argumenten entwickelt haben. Dabei gelangten Dreibus und Wänke zu dem Schluss, dass auch der Marsmantel beträchtliche Mengen an Eisen enthält, mehr als doppelt so viel wie der Mantel der Erde. Dieses Ergebnis passt bestens zu dem Eisenreichtum, den die Marssonden bei den marsianischen Oberflächengesteinen festgestellt haben.

Der mit bis zu 16 Prozent hohe Schwefelgehalt ist aber nicht das Einzige, was das Innerste des Mars von dem der Erde unterscheidet. Denn sehr wahrscheinlich ist der Marskern nicht nur in einer äußeren Zone flüssig, sondern durch und durch. Dieser Befund deutete sich schon in den Daten des *Global Surveyor* an, aber 2007 konnten Mineralogen der ETH Zürich die flüssige Konsistenz des Marskerns durch Hochdruck-Experimente an den dort vermuteten Mineralien experimentell demonstrieren. Allerdings wird sich durch die weitere Abkühlung des Planeten irgendwann ein fester innerer Marskern bilden, wie die Erde ihn besitzt – und dann könnte der Planet auch ein der Erde ähnliches Magnetfeld ausbilden. Allerdings wird es bis dahin noch mindestens 100 Millionen Jahre dauern.

Heute aber hat der Marskern noch keinen festen Zentralbereich und dürfte auch noch nie einen besessen haben. Das ist ein wichtiger Befund für die Frage, warum er so früh sein globales Magnetfeld verlor. Dass er vor vielleicht vier Milliarden Jahren einmal eins hatte, ist ausweislich seiner magnetisierten Kruste ziemlich sicher. Aber es kann nie so erzeugt worden sein wie heute das Feld der Erde. Die nötigen Konvektionswirbel in dem flüssigen Metall wurden nicht durch das langsame Auskristallisieren einer festen Zentralzone angetrieben. Vielmehr dürfte es ein schnelles, starkes Auskühlen des jungen Mars gewesen sein, durch das die Eisen-Schwefel-Schmelze seines Kerns so schnell Wärme abgeben konnte, dass sie sogleich wieder absank und alleine dadurch Konvektionsströme erhalten konnte.

Irgendwann aber muss die Wärmeabgabe an den Mantel einen kritischen Wert unterschritten und die Kernkonvektion dadurch abgewürgt haben. Ursache könnte ein Nachlassen der Hitzeproduktion gewesen sein, weil in dem kleinen Mars die radioaktiven Isotope knapp wurden, die jeder Planet bei seiner Entstehung aus dem Urnebel des Sonnensystems mitbekommen hat und deren Zerfallswärme die größere Erde noch immer einen guten Teil ihrer inneren Glut verdankt. Zum Ersterben der Kernkonvektion könnte aber auch beigetragen haben, dass die Wärmeableitung nach außen nicht mehr so gut funktionierte, etwa weil das Ende der Plattentektonik das Marsinnere zu sehr isolierte. Einer dieser beiden Effekte – zu wenig Hitze oder mangelnde Ableitung nach außen –, vielleicht auch beide zusammen, müssen die Wirbel schließlich zum Verschwinden gebracht haben und damit auch das Magnetfeld.

Wie es genau war, wird nicht ohne weitere Details über das Marsinnere zu klären sein. Man weiß heute, dass der Planet sich aus einem flüssigen Kern, einem zähen Mantel und einer starren Kruste zusammensetzt, doch weder ist mit Sicherheit Näheres über den Aufbau des Mantels bekannt noch über den Übergang zwischen Mantel und Kruste. Vor allem Letzteres wäre aber wichtig, um mehr über diejenige geologische Aktivität zu erfahren, welche den Mars noch geformt hat, nachdem die Plattentektonik und der Magnetfelddynamo längst eingeschlafen waren: seinen Vulkanismus.

Vulkane

Der Mars war die meiste Zeit seiner Geschichte eine vulkanische Welt. Davon zeugen die endlosen Basaltfelder und vor allem die zahlreichen, zum Teil megalomanisch großen Lavakegel. Die enorme Größe der Marsvulkane hat nicht nur etwas mit der geringeren Schwerkraft auf dem Roten Planeten zu tun, die geschmolzenem Gestein den Weg an die Oberfläche erleichtert. Ihr Riesenwuchs ist auch eine Folge der tektonischen Sklerose, die den Planeten schon in jungen Jahren befiel. Die meisten irdischen Vulkane brechen über den Zonen aus, in denen tektonische Platten untereinander wegtauchen – und sie erlöschen, sobald sich diese Zonen verschieben. Mangels Plattentektonik gibt es diese Form des Vulkanismus auf dem Mars nicht. Marsvulkane gehören vielmehr zu einem Typ, der auf der Erde selten ist. Sie wachsen über sogenannten »Hot Spots«, heißen Flecken, bei denen Hitze punktuell aus sehr großen Tiefen im Mantel aufsteigt und Krustengesteine aufschmilzt.

Der berühmteste irdische Hot Spot hat mitten im Pazifik, fern aller Plattengrenzen, in den vergangenen fünf bis zehn Millionen Jahren die Inselgruppe Hawaii entstehen lassen. Der amerikanische Dichter Mark Twain hat den langgestreckten Archipel einmal mit einer Perlenkette verglichen. Doch wurden die Lavamassen, die sie bildeten, alle von einem und demselben heißen Fleck im Erdmantel verflüssigt. Dabei musste sich aber jeder Inselvulkan aufs Neue den Weg zur Oberfläche bahnen, da die pazifische Platte über den Hot Spot hinweggleitet und die Lavaströme immer wieder verschließt. Wäre die Platte nicht immer weitergewandert, sondern über dem Fleck verharrt, wäre Hawaii nicht eine Kette aus verschieden alten Vulkaninseln geworden, sondern bestünde aus einem einzigen gewaltigen Kegel nach Art des Olympus Mons auf dem Mars.

Olympus Mons liegt am Rande des Tharsis-Hochlandes und begann seine Aktivität wahrscheinlich vor mehr als 3,7 Milliarden Jahren, noch während sich die Tharsis-Region aufwölbte und aus manchen der dabei aufbrechenden radialen Spalten immer wieder enorme Lavamengen entließ. Olympus ist aber nicht der älteste Marsvulkan. Auch im noachischen Hochland der Südhalbkugel gibt es vulkanische Formationen, die vor mehr als 3,9 Milliarden Jahren entstanden. Doch sind diese wohl noch zu Zeiten der Tharsis-Aufwölbung erloschen.

Alle Vorstellungen über die Entstehung der Tharsis sind bis dato Hypothesen. Aber möglicherweise ist die ganze Tharsis inhärent vulkanischer Natur, könnte doch die ganze Region vom aufsteigenden Hitzestrom eines gewaltigen Hot Spots aus der Tiefe des Marsmantels emporgehoben worden sein. Tatsächlich vermuten Forscher in den frühen Vulkanen des Südens Reste einer globalen Vulkanlandschaft, die sich aus einem die gesamte Planetenkruste durchziehenden unterirdischen Magmaozean speiste. Nach fortschreitender Abkühlung konzentrierte sich der Vulkanismus dann auf wenige Gebiete wie Elysium und vor allem die Tharsis. Auf alle Fälle dürften die anderen großen Vulkane der Tharsis und in Elysium etwas jünger sein als Olympus

Mons. Ihre Kegel begannen sich wohl vor 3,7 bis 3,5 Milliarden Jahren aufzutürmen. Der zwar nicht hohe, aber doch sehr ausgedehnte Vulkan Alba Patera im Norden der Tharsis war wohl noch vor drei Milliarden Jahren sehr aktiv gewesen.

An Alba Patera ereigneten sich vielleicht die letzten wirklich schweren Vulkanausbrüche auf dem Mars. Infolge des stetig sinkenden Vorrats an innerer Wärme ist der Planet danach nirgendwo mehr imstande gewesen, ständig Tausende von Quadratkilometern mit Lava zu fluten. Irgendwann geriet auch der Lavafluss am Olympus Mons ins Stocken, und es ist eine für die gesamte Marsforschung zentrale Frage, wie schnell oder wie langsam die geologische Aktivität des Mars zurückgegangen ist – und wie es um diese Aktivität heute bestellt ist. Zu Beginn der 1950er Jahre hatte der amerikanische Astronom Dean Benjamin McLaughlin Helligkeitsänderungen auf der Marsoberfläche als Zeichen aktueller Vulkanausbrüche interpretiert. Doch heute sind sich die Wissenschaftler fast sicher, dass es auf dem Mars gegenwärtig keine aktiven Vulkane gibt. Die Feuerberge dort sind alle erloschen.

Allerdings, so schrecklich lange können die letzten Vulkaneruptionen auf dem Mars auch wieder nicht zurückliegen. Das bezeugen bereits die Gesteinsbrocken, die ihren Weg vom Mars auf die Erde gefunden haben. Die Marsmeteoriten vom Typ Nakhla und Chassigny sind magmatische Gesteine mit einem Alter von 1,3 Milliarden Jahren und die häufigsten Marsmeteoriten, die vom Typ Shergotty, sind mit der Ausnahme des uralten ALH84001 alles Oberflächenlaven, die erst vor 474 bis 165 Millionen Jahren fest wurden. Sie stammen also aus dem späten Amazonium, der jüngsten Epoche der Marsgeschichte.

Allerdings müssen auf dem Mars noch in wesentlich jüngerer Zeit Vulkane geraucht haben. Das zeigte nicht zuletzt eine Ende 2004 erschienene Studie des Teams um den deutschen Planetologen Gerhard Neukum, des Schöpfers der Stereokamera HRSC auf der europäischen Sonde *Mars Express*. Mit eben dieser Kamera hatten Neukum und seine Kollegen einige der größten Marsvulkane abgelichtet und nach der im vorigen Kapitel erwähnten Methode durch Abzählen der Krater die Lavafelder datiert. Demnach müssen die Vulkane Hecates Tholus in der Elysium-Region sowie Ascraeus Mons und Olympus Mons in der Tharsis noch vor 130 bis 70 Millionen Jahren erkleckliche Lavamengen zutage gefördert haben. Auch Alba Tholus und Arsia Mons haben demnach vor ein paar hundert Millionen Jahren noch gespuckt. Hecates Tholus dürfte gar noch vor fünf, Olympus Mons vielleicht sogar noch vor zwei Millionen Jahren aktiv gewesen sein.

Damit wäre Olympus Mons nicht nur der höchste bekannte Vulkan, sondern auch der mit der längsten Aktivitätsdauer. Über 3,7 Milliarden Jahre rauchte er, wenn auch während der letzten drei Milliarden Jahre mit immer längeren Unterbrechungen. Falls er überhaupt schon erloschen ist. Denn auch wenn Benjamin McLaughlin sich mit seinen Beobachtungen vulkanischer Glut auf der heutigen Marsoberfläche sehr wahrscheinlich irrte, völlig ausgeschlossen ist es nicht, dass irgendwo in der Marskruste noch Kammern mit flüssiger Gesteinsschmelze verborgen sind, die es vielleicht noch einmal an die Oberfläche schaffen oder dort zumindest durch ihre konzentrierte Hitze wirksam werden könnten. Bis zur Drucklegung dieses Buches gab es keine eindeutigen empirischen Hinweise dafür – von Beweisen ganz zu schweigen. Aber vielleicht, so hoffen nicht wenige Marsforscher, hat man ja nur noch nicht genau genug hingesehen.

Rätselhafte Gase

Staub, Steine und eine dünne, trockene Atmosphäre aus Kohlendioxid; alles, was die Wissenschaftler bisher auf dem Mars gesehen und gemessen haben, zeigte ihnen eine rein anorganische Welt – fast alles. Anfang 2003 gelang einer Gruppe Astrophysikern eine eigentümliche Beobachtung. Dabei war der Wissenschaftler, der sie geleitet hatte, kein hauptberuflicher Marsforscher, sondern Michael J. Mumma vom Goddard Space Flight Center der Nasa bei Washington, der sich ganz allgemein für die leichten chemischen Bestandteile verschiedener Himmelskörper im Sonnensystem interessiert. Mumma und seine Mitarbeiter hatten bei spektroskopischen Messungen mit den großen Teleskopen auf Hawaii in der Marsatmosphäre Spuren von Methan entdeckt. Das aber ist ein Stoff aus dem Bereich der organischen Chemie.

Es sind nur winzige Mengen. Nur etwa zehn bis zwanzig unter einer Milliarde Moleküle der Marsatmosphäre gehören demnach zu diesem farblosen Gas – selbst die raren Wasserdampf-Moleküle sind 18 000 Mal häufiger. Es könnte auf dem Mars aber vielleicht noch sehr viel mehr Methan geben, wenn sich eine andere Messung bestätigen ließe, die Vittorio Formisano vom Institut für Physik des interplanetaren Raumes in Rom im Jahr 2005 auf einer Fachtagung verkündete. Formisano hatte aus Daten eines Spektrometers an Bord von *Mars Express* auf ein weiteres organisches Gas geschlossen, das ein kurzlebiges Oxidationsprodukt des Methans ist: Formaldehyd.

Nun zeigte sich das Formaldehyd hart an der Empfindlichkeitsgrenze des Instruments, daher zweifeln die allermeisten Wissenschaftler diese Messung an. Die Existenz von Methan in der Marsatmosphäre hingegen wurde bereits Anfang 2004 durch Beobachtungen zweier anderer Forschergruppen bestätigt, darunter der um Vittorio Formisano. Die Methanvorkommen auf dem Mars gelten daher heute als gesichert, und sie sind selbst in den winzigen gemessenen Quantitäten in mehr als einer Hinsicht erstaunlich.

Denn der Methangehalt der Marsatmosphäre ist offenbar zeitlichen Schwankungen unterworfen. Nach den Daten, die das Formisano-Team mit *Mars Express* während zweier Marsjahre gesammelt hat, korrelieren diese Schwankungen mit den Jahreszeiten sowie mit täglichen Variationen des Wasserdampfes. Zuvor hatten bereits Michael Mummas Beobachtungen von der

Erde aus ergeben, dass das Methan räumlich nicht gleichmäßig in der Marsatmosphäre verteilt vorkommt. Besonders viel gab es während Mummas Messungen Anfang 2003 in einem 2500 Kilometer großen äquatornahen Gebiet, etwa zwischen dem 50. und 80. östlichen Längengrad. Nach den Anfang 2009 publizierten, endgültigen Auswertungen dieser Daten sieht es so aus, als seien in den Regionen Terra Sabaea, Nili Fossae sowie der Hochebene Syrtis Major drei Gaswolken aus insgesamt 19 000 Tonnen Methan aus dem Boden hervorgequollen. Das Gas muss damals ganz frisch gewesen sein, denn unter den Bedingungen der Marsatmosphäre halten Methanmoleküle nicht lange: Ein Methanmolekül hat dort eine durchschnittliche Lebenserwartung von 340 Jahren, bevor es von einem UV-Lichtteilchen getroffen und in seine Einzelteile zerhackt oder von einem fotochemisch freigesetzten Sauerstoffatom oxidiert wird. Mummas Methanwolke von Anfang 2003 war in erneuten Messungen drei Jahre später nicht mehr zu sehen, woraus sich ableiten lässt, dass das Methan auf dem Mars tatsächlich in viel kürzerer Zeit abgebaut wird. Wahrscheinlich stecken dahinter die Peroxide im Marsboden, mit denen man sich die erwähnten überraschenden Befunde der *Viking*-Lander erklärt. Doch was immer letztlich für die kurze Lebensdauer des Marsmethans verantwortlich ist: Das Methan kann nicht aus irgendeiner fernen Vergangenheit stammen, sondern muss kurz vor seiner Beobachtung freigesetzt worden sein. Das bedeutet nicht, dass es sich auch in der geologischen Gegenwart gebildet haben muss. Methan kann in Sedimentgesteinen oder in Verbindung mit Wasser – in Form sogenannter Gashydrate oder Klathrate – über lange Zeiträume hinweg gespeichert bleiben. Die Freilegung einer gasführenden Schicht, etwa durch einen Hangrutsch oder auch saisonal durch Temperaturänderungen und Sublimation schützender Eispfropfen, könnten das Methan dann freisetzen. Aber irgendwann muss es entstanden sein, und die große Frage ist nun: wie?

Auf der Erde, wo es ein Hauptbestandteil von Erdgas ist, wird

Methan fast ausschließlich von Mikroorganismen gebildet. Die Diskussion der Frage, ob es dergleichen auf dem Mars geben kann – oder einst gegeben haben könnte –, wird uns im übernächsten Kapitel beschäftigen. Hier sei aber erwähnt, dass es auch rein anorganische Erklärungen für das beobachtete Marsmethan gibt. Eine theoretische Möglichkeit wären Vulkane. Ihre Ausgasungen enthalten zuweilen sogenannte reduzierende Gase, etwa Wasserstoff, die unter bestimmten Bedingungen mit Kohlendioxid zu Methan reagieren können. Allerdings haben Messungen am Mauna Loa, einem schwach aktiven Vulkan auf Hawaii, auf dem sich ein Spezialobservatorium zur Überwachung von Spurengasen in der Erdatmosphäre befindet, keine messbaren Methanemissionen festgestellt.

Eine andere konservative Erklärung wäre, dass es sich bei dem Methan um Reste von Meteoriten oder Kometen handelt, die vor Jahrzehnten oder wenigen Jahrhunderten auf der Marsoberfläche einschlugen. Gerade von Kometen ist schon länger bekannt, dass sie bis zu einem Prozent Methan, aber auch andere organische Substanzen enthalten. Diese haben keinerlei biologischen Ursprung, sondern sind aus dem solaren Urnebel erhalten geblieben, da sie nie den zerstörerisch hohen Temperaturen auf den jungen, noch glutflüssigen Planeten ausgesetzt waren. Ein meteoritischer oder kometischer Ursprung des Methans auf dem Mars wäre demnach in Einklang mit allem, was wir sonst sicher wissen – allerdings können unter plausiblen Annahmen über die Häufigkeit solcher Einschläge auf dem heutigen Mars nur gerade mal sechs Prozent der beobachteten Methanmenge auf diese Weise erklärt werden.

Die einzige verbleibende nichtbiologische Erklärung ist ein Prozess, den Geologen »Serpentinisierung« nennen. Dabei wird das in frischem Basaltgestein enthaltene Mineral Olivin durch Wasser unter Wärmeentwicklung in die Mineralien Serpentin und Magnetit umgewandelt. Ist dabei auch Kohlendioxid anwesend, kann bei der Serpentinisierung von Olivin auch reichlich Methan entstehen. Nun gibt es genügend olivinreiche Basalte auf dem Mars, Kohlendioxid ist ebenfalls vorhanden. Das Problem des Marsmethans führt damit auch ohne die Frage nach den Marsmikroben sofort zu jenem Stoff, um den sich – zumindest in der öffentlichen Wahrnehmung – die Marsforschung heute fast ausschließlich zu drehen scheint: dem Wasser.

Sechstes Kapitel: **Wasser**

»Tausende haben ohne Liebe gelebt, doch nicht einer ohne Wasser.« Mit der Schlusszeile seines Gedichtes »First Things First« aus dem Jahr 1956 feierte der Lyriker W. H. Auden eine äußerst kuriose Chemikalie. Uns, die wir sie von der Morgentoilette bis zum abendlichen Abwasch ständig um uns haben, ist nicht immer klar, was für ein ungewöhnliches Material Wasser eigentlich ist: Es vermag eine enorme Vielfalt verschiedenster Salze und Gase aufzulösen und dadurch einander so nahe zu bringen, dass sie chemisch reagieren. Es speichert Wärme besser als jede andere bekannte Flüssigkeit, und wenn es gefriert, zieht es sich nicht zusammen, wie es fast alle anderen Stoffe tun. Vielmehr dehnt es sich aus, so dass es leichter wird und obenauf schwimmt. Dadurch verhindert es das komplette Erstarren irdischer Gewässer und sichert deren Bewohnern das Überleben. Alle diese exotischen Eigenschaften (und noch einige andere mehr) kommen nun in einem einzigen Stoff zusammen – und ausgerechnet in einem, der aus zwei der drei häufigsten Elemente im Universum besteht.

Trotzdem gibt es Wasser nicht überall. Wo es aber fehlt, ist es sofort ein ganzes Stück langweiliger. Ein Vergleich der beiden etwa gleich großen Planeten Erde und Venus illustriert das drastisch: Die nasse Erde ist eine ungleich dynamischere, aktivere und komplexere Welt als die knochentrockene Venus. Dabei ist das biologische Treiben auf unserem Heimatplaneten nur ein

Teilaspekt. Denn nicht nur Organismen sind im Rahmen der bekannten Naturgesetze ohne Wasser kaum möglich, auch an vielen geologischen Phänomenen ist H_2O maßgeblich beteiligt – von einem der wichtigsten, der Plattentektonik, war bereits die Rede. Ein wasserreicher Planet ist immer ein interessanter Planet.

Damit aber hat Wasser für die meisten Marsforscher eine emotionale Dimension, die das positivistische Ideal vom nüchternen Beobachter als Klischee entlarvt: Von Percival Lowell über Carl Sagan bis hin zu den dutzendköpfigen Teams hinter den modernen Raumsonden wollen die Wissenschaftler dort, auf dem Roten Planeten, Wasser finden oder zumindest Spuren davon. Sie schauen nicht einfach nur, ob es welches gibt, sondern sie wünschen sich, es möge welches geben. Keine Orbiter-Mission und keine Landeeinheit wird heute zum Mars gestartet, deren Forschungsauftrag nicht maßgeblich mit der Frage zu tun hat, ob es dort Wasser gibt.

Polareis

Tatsächlich gibt es Wasser auf dem Mars. Es gibt Wasser in der Atmosphäre, wo man nach langem Suchen winzige Spuren von Dampf nachgewiesen hat – und es gibt Eis. Allerdings, in gefrorenem Zustand fehlen dem Wasser viele seiner geochemischen Fähigkeiten, von den biologischen gar nicht zu reden. Man kann es dann praktisch als eine Gesteinssorte ansehen, wenn auch eine, die enger mit der Atmosphäre im Austausch steht als die Silikate und Oxide, welche die Marskruste sonst bevölkern. Ein einfacher Wasserkreislauf aus Verdampfen von Eis und erneutem Festfrieren von Dampf ist auch möglich, wenn die Atmosphäre zu dünn ist, damit das Wasser flüssig bleibt. Ein vereister Planet ist immer noch besser als ein trockener.

Der Mars ist nun ganz gehörig vereist, man sieht es sofort. Zwar war die erste dort erspähte Struktur die Hochebene Syrtis Major (das vermeintliche »Sanduhr-Meer«), doch für gewöhnlich sind es die beiden gleißend hellen Flecken an den Polen, die dem unbefangenen Betrachter der Marskugel zuerst ins Auge springen. Sie bestehen allerdings nicht zur Gänze aus gefrorenem Wasser. Vielmehr sind die weißen Kappen im Wesentlichen Zonen, wo in den Wintern der betreffenden Hemisphäre atmosphärisches Kohlendioxid als weißer Reif aus Trockeneis ausfriert. Sie wachsen und schrumpfen daher im Rhythmus der Jahreszeiten.

Dabei sind die saisonalen Unterschiede im Norden schwächer ausgeprägt als im Süden, wo die winterliche Reifkappe zudem sichtlich größer wird. Der Grund dafür sind die im Süden extremeren jahreszeitlichen Temperaturschwankungen, und die wiederum haben einen einfachen himmelsmechanischen Grund. Anders als bei der Erde ist die Exzentrizität der Marsbahn – also die längliche Streckung ihrer Ellipse und damit die Schwankungen im Abstand zur Sonne – groß genug, um sich im Jahreslauf klimatisch bemerkbar zu machen. Da der Südwinter in etwa mit der sonnenfernsten Bahnposition des Mars zusammenfällt, ist er strenger als der Nordwinter. Dafür sind die Südsommer aber besonders warm und lassen somit die Polkappe dort besonders stark schrumpfen.

Die sommerlichen Reste aber sind massive Gletscher. Im Süden wie im Norden haben sie einen unregelmäßigen Umriss und zugleich eine ähnliche, sehr eigentümliche topographische Gestalt: Beide sind wirbelförmig um die jeweiligen Pole herum von parallel gekrümmten Tälern durchzogen. Wie diese Strukturen entstanden sind, war seit ihrer Entdeckung durch die *Viking*-Orbiter ein Rätsel. Erst 2004 fand ein amerikanischer Geowissenschaftler eine befriedigende Erklärung: Demnach verdampft im Sommer etwas Eis an geeignet zur Sonne geneigten Hängen der Täler und gefriert sofort wieder, sobald der Dampf an die schattige Talseite gegenüber gelangt. Hinter den polaren Wirbeltälern steckt damit der Umstand, dass die atmosphärischen Bedingungen auf dem Mars eng um jene kritischen Druck- und Temperaturwerte schwanken, bei denen der eisbildende Stoff seinen Aggregatzustand von fest nach gasförmig und zurück ändert.

Dieser eisbildende Stoff ist nun tatsächlich nichts anderes als Wasser. Im Fall der Nordkappe war das lange klar, denn dort wird es im Sommer so warm, dass alljährlich alles Trockeneis verdampft und eine Restkappe aus 1,6 Millionen Kubikkilometern gefrorenem Wasser freilegt. Könnte man es schmelzen, reichte es aus, um damit den gesamten Mars – wenn man sich ihn für einen Moment als glatte Kugel denkt – elf Meter hoch zu überfluten. Die Entdeckung einer solchen Wassermenge auf dem Mars war eine der großen Überraschungen der *Viking*-Missionen Mitte der siebziger Jahre.

Im Jahr 2004 bestätigten dann Messungen des *Omega*-Spektrometers an Bord der europäischen Sonde *Mars Express* die lange gehegte Vermutung, dass auch das ewige Eis des Südens im Wesentlichen aus gefrorenem Wasser besteht. Tatsächlich hält sich dort im Sommer nur eine höchstens zehn Meter dicke Schicht aus Trockeneis. Darunter verbirgt sich ebenfalls ein Wassereis-Gletscher, der nach Radarmessungen durch *Mars Express* bis zu 3,7 Kilometer mächtig ist. Am Marssüdpol sind damit noch einmal 1,6 Millionen Kubikkilometer Wasser gespeichert. Mit den Polarkappen der Erde sind diese Eismassen freilich nicht zu vergleichen. Zusammen enthalten die beiden Marspole nur gut ein Zehntel der Eismenge, die in der Arktis und Antarktis abgelagert ist.

Und das Marseis ist auch immer nicht ganz so blütenweiß. So stieß man am Südpol auf die sogenannten »kryptischen Regionen«, die sich im Frühling plötzlich dunkel verfärben. Glaubte man früher, dass die stärkere Sonneneinstrahlung dort klareres Trockeneis zum Vorschein bringt, durch das der dunkle Marsboden sichtbar wird, legten Infrarotmessungen später nahe, dass dort plötzlich lokal Staub auf dem Eis abgelagert wird. Seither vermutet man in diesen Regionen eher Felder von Gasgeysiren, die bei steigenden Temperaturen durch das Eis brechen und es mit emporgefördertem Staub beschmutzen.

Denn anders als das meiste irdische Polareis ist das des Mars optisch keineswegs klar und sauber, sondern enthält im Schnitt etwa 15 Prozent Staub. Der ist allerdings nicht gleichmäßig verteilt, sondern in weithin sichtbaren dunklen Lagen konzentriert, zwischen denen hellere, staubärmere liegen. Diese Schichtstruktur war schon auf den Bildern der *Mariner*- und *Viking*-Sonden der siebziger Jahre zu erkennen: Entlang der Ränder der Eiskappen treten die dunklen und hellen Schichten zutage und ziehen sich an manchen Stellen als parallele Streifen über Hunderte von Kilometern hin.

Sehr wahrscheinlich zeugen diese Schichten von der wechselvollen Klimageschichte eines Planeten, dessen Achse im Laufe der Jahrtausende starke Taumelbewegungen ausführte. Nach Berechnungen von Astronomen um Jacques Laskar vom Observatoire de Paris schwankte die Neigung der Marsachse in den letzten zehn Millionen Jahren zwischen 15° und 50° gegen die Bahnebene des Planeten, mit einem Grundrhythmus von 102 000 Jahren. Auch hinter den Eiszeiten der Erde stecken solche wiederkehrenden himmelsmechanischen Verschiebungen – hier heißen sie Milanković-Zyklen –, doch dank der Schwerkraft unseres großen Erdmondes fallen sie wesentlich gesitteter aus. Die Erdachse wackelt nur um höchstens 1,3° um ihren mittleren Neigungswinkel von 23,3° herum.

Der Wechsel von Kalt- und Warmzeiten lässt sich auch im irdischen Polareis als eine Schichtstruktur nachweisen, wobei sich die Schichten aber meist nur durch kleine Unterschiede im Gehalt an Sauerstoff-18 unterscheiden lassen. Wassermoleküle mit Atomen dieses schwereren Sauerstoffisotops verdunsten nämlich weniger leicht, weswegen Eisschichten aus wärmeren Zeiten mehr davon enthalten. Genauso dürften auf dem Mars Zeiten, in denen die Planetenachse schräger lag, staubigere Eislagen hinterlassen haben. Denn da die Pole dann mehr Sonnenhitze abbekamen, verdampfte über die Jahre hinweg mehr Eis als festfror, wodurch sich der Staub konzentrierte. Zusätzlich könnten bei schrägerer Marsachse auch mehr und heftigere Staubstürme getobt und das Eis dunkel gefärbt haben.

Nun sind die von Laskar berechneten Achsen-Oszillationen allerdings zu schnell und die beobachtete Feinstruktur der marsianischen Eisschichten zu filigran, um beides direkt miteinander vergleichen zu können. Andererseits konnten Radarmessungen des *Reconnaissance Orbiter* im Eis des Marsnordpols Grobstrukturen nachweisen, die von langfristigeren Klimaschwankungen zeugen: Die feinen dunklen Schichten erscheinen dort in vier »Pakete« gebündelt, zwischen denen drei ungewöhnlich dicke Lagen klareren Eises stecken. Dabei könnte es sich um Wasser handeln, das sich vor etwa 0,8 Millionen, 2 Millionen und 3,2 Millionen Jahren ablagerte, als die Marsachse besonders gerade auf der Bahnebene stand und es an den Polen daher besonders dauerhaft kalt war. Die alleruntersten Eisschichten dürften dabei nicht älter als etwa fünf Millionen Jahre sein, denn davor muss sich der Mars eine ganze Weile in einer so extremen Schräglage befunden haben, dass offenes Wassereis an den Polen nicht stabil war.

Verborgene Gletscher

Die polaren Eismassen des Mars enthalten zusammen keine vier Millionen Kubikkilometer Wasser – das ist nicht einmal der Inhalt des Mittelmeers. Das aber kann unmöglich der ganze Wasservorrat gewesen sein, den der Planet bei seiner Entstehung mitbekommen hat. Die Erde verfügt allein in ihren Ozeanen über etwa 1,4 Milliarden Kubikkilometer. Auf dem zehnmal leichteren Mars sollte es demnach deutlich mehr als hundert Millionen Kubikkilometer geben, wenn das Material, aus dem er sich bildete, mindestens so wasserhaltig war wie das der Erde – was nicht unwahrscheinlich, allerdings auch nicht sicher ist. So fragt sich, wo die ganze Feuchtigkeit geblieben ist. Ähnlich wie zumindest Teile der Kohlendioxidatmosphäre dürfte einiges früh in den Weltraum entkommen sein – dass aber so gut wie alles auf diese Weise unwiederbringlich verlorenging, das können die meisten Wissenschaftler nicht glauben. Irgendwo müssen sich auch außerhalb der Polkappen noch große Mengen Wasser auf dem Mars verbergen.

Dass man es nicht sieht, ist wenig verwunderlich. Der Atmosphärendruck und die gegenwärtige Achsenneigung des Planeten lassen Oberflächeneis nur an den Polen zu. Nur vereinzelt findet man Vereisungen diesseits des 85. Breitengrades – ein Beispiel ist eine von etwa zehn Zentimeter Wassereis überzogene Düne in einem Krater in der Vastitas Borealis auf 70,5° nördlicher Breite, von der die Stereokamera an Bord von *Mars Express* ein berühmtes Bild gemacht hat. Aber das Wasser könnte sich im Boden befinden. Als gefrorener Mix mit Sand und Steinen, mancherorts vielleicht in Linsen reineren Eises konzentriert, liegt es in Polnähe vielleicht nur wenige Zentimeter unter der Marsoberfläche. Gegen den Äquator hin wäre es dagegen in immer größeren Tiefen zu finden, könnte aber unter etlichen Metern Sand und Steinen noch bis zu den 45. Breitengraden beider Hemisphären stabil sein.

Hoffnungen, dass dem tatsächlich so ist, nährten schon genauere Untersuchungen der Marskrater. Wie erwähnt, unterscheiden sich die Einschlagskrater auf dem Mars sehr von denen auf dem Mond und ähneln eher denen der Eismonde des äußeren Sonnensystems. Die Meteoriten, die diese Krater schlugen, sind nicht auf trockenes Gestein gefallen, sondern in ein Gelände, das mit etwas durchtränkt ist, das sich durch die Einschlagshitze leicht in andere Aggregatzustände umwandelt: eine Art Permafrostboden also, gefrorener Matsch. Nun muss es sich bei diesem flüchtigen Stoff nicht notwendig um Wasser handeln, aber es spricht doch vieles dafür. Da wäre vor allem die Tatsache, dass die lappigen Fließstrukturen in niedrigeren geographischen Breiten nur bei größeren Kratern auftreten. Das ist ein deutlicher Hinweis auf einen Permafrostboden, der zum Äquator hin in immer tieferen Bodenschichten beginnt, wo er nur von größeren Einschlägen verflüssigt werden kann.

Seit dem Jahr 2002 zweifelte kaum noch jemand mehr an der These vom Bodenfrost. Da veröffentlichte ein Forscherteam Analysen von Neutronenmessungen der Sonde *Mars Odyssey*. Sie zeigten in Regionen jenseits der 60. Breitengrade auf Nord- und Südhalbkugel ein deutliches Defizit an schnellen Neutronen. Diese Kernteilchen stammen aus Reaktionen der kosmischen Strahlen mit Atomkernen der Marsoberfläche und werden durch leichte Wasserstoffkerne effektiv abgebremst. Da trockene Gesteinsminerale wie Silikate oder Oxide nur wenig oder gar keinen Wasserstoff enthalten, muss sich dort eine wasserstoffreiche Substanz im Boden verbergen. Nach Lage der Dinge kann das nur gefrorenes Wasser sein. Die letzten Zweifel hat dann Mitte 2008 die Sonde *Phoenix* nach ihrer Landung in der Nordpolarregion ausgeräumt. Bei einem Blick unter die Sonde mit der an dem Schaufelarm befestigten Kamera zeigte sich eine weiße Fläche: Dort hatten die Bremsraketen die obersten Zentimeter Marsboden weggeblasen und das blanke Eis darunter freigelegt.

Die Bodenschicht über dem Eis allerdings war unerwartet trocken. Hier fand sich auch nicht die geringste Feuchtigkeit. Stattdessen stieß *Phoenix* bei seinen chemischen Analysen auf Perchlorate – stark sauerstoffhaltige Salze, die auch in einigen sehr trockenen irdischen Wüsten wie der Atacama vorkommen. Sie bilden sich dort in geringen Mengen durch die Einwirkung von UV-Strahlung aus dem Kochsalz in den Böden und werden infolge ihrer äußerst guten Wasserlöslichkeit schon von geringen Feuchtigkeitsmengen aus dem Erdreich herausgewaschen.

Unter dem knochentrockenen Staub der Vastitas Borealis – und wohl auch der Gegenden um den Südpol – liegt also Eis, das ist heute sicher, und es sind anständige Mengen. Nach den Messdaten der *Odyssey*-Sonde muss der Boden in den gefrorenen Schichten im Schnitt zu 35 Gewichtsprozenten aus Eis bestehen, aufs Volumen umgerechnet sind das sogar 60 Prozent. Es handelt sich also nicht um Sande und Geröll mit etwas Eis in den Zwischenräumen, sondern um sandiges Eis. Leider weiß niemand, wie tief diese Schichten gehen. Die Neutronenmessungen lassen nur Aussagen über den Eisgehalt im obersten Meter Marsboden zu. Aber kaum ein Forscher zweifelt heute noch daran, dass mit dieser Entdeckung das Geheimnis des fehlenden Wassers auf dem Mars weitgehend gelöst ist.

Zumal es Eis nicht nur in den Polargebieten zu geben scheint. So hat *Mars Express* im Jahr 2004 Bilder geschossen, auf denen fernab der polaren Breiten leibhaftige, wenn auch vom Marsstaub eingefärbte Gletscher durch die Gegend zu fließen scheinen, etwa der sogenannte »Sanduhr-Gletscher« am östlichen Rand des Hellas-Beckens. Das größte Aufsehen erregte dabei das »Gefrorene Meer«, das tatsächlich so aussieht, als seien dort auf einem Gewässer von der Größe der Nordsee Eisschollen zerbrochen und anschließend wieder festgefroren – mitten in den äquatorialen Gefilden von Elysium Planitia, wo es so etwas physikalisch gesehen gar nicht geben darf. Gleichfalls am Äquator, in den Medusae Fossae südlich der Amazonis Planitia, haben 2007 Radarmessungen unterirdische Ablagerungen aufgetan, deren physikalische Eigenschaften ebenfalls auf Eis deuten – ist es wirklich welches, so lagerte allein an dieser Stelle noch einmal so viel Wasser wie in jeder der Polkappen.

Solche Befunde gelangen schnell in die Schlagzeilen, doch ist keineswegs sicher, ob unter jedem dieser eindrucksvoll geformten Staub- und Geröllgebilde wie dem Sanduhr-Gletscher oder dem Gefrorenen Meer tatsächlich noch Eis schlummert. Halbwegs sicher scheint dies immerhin bei lappigen Formationen am östlichen Rand des Hellas-Beckens, wo der *Reconnaissance Orbiter* unter der Oberfläche Radarreflexionen gemessen hat, die tatsächlich auf massive Wassereisgletscher deuten. Durch eine dünne Bodenschicht vor der Sublimation geschützt, sind es wahrscheinlich Überbleibsel aus Zeiten, in denen die Marsachse stärker gekippt war als heute. In anderen Fällen aber könnte sich das Eis schon lange restlos in die Atmosphäre verflüchtigt haben, während der Staub, der es einst bedeckte, seine einstige Form bewahrte. Es wären gewissermaßen versteinerte Gletscher oder Eisschollen.

Allerdings – und das ist das tatsächlich bemerkenswerte an diesen Entdeckungen –, allzu lange kann es auch dann nicht her gewesen sein, dass dort tatsächlich massive Eismassen lagerten. Wie sich aus der Spärlichkeit der Einschlagskrater folgern lässt, ist etwa der »Sanduhren-Gletscher« nicht älter als 100 Millionen Jahre. Damals muss es in der östlichen Hellas – und einigen anderen Gegenden, in denen heute Gletschergebilde gesichtet werden – kalt genug gewesen sein, damit sich hier Wasserdampf aus der Marsatmosphäre niederschlagen konnte. Das »Gefrorene Meer« muss sogar vor höchstens sieben Millionen Jahren tatsächlich vorübergehend flüssig gewesen sein. Dies passt zu der bereits erwähnten, ebenfalls durch *Mars Express* entdeckten Tatsache, dass es auf dem Mars bis vor wenigen Millionen Jahren noch Vulkaneruptionen gegeben haben muss. Eine von ihnen könnte bei einem Ausbruch größere Mengen von Bodeneis in Elysium aufgeschmolzen haben, während irgendeiner Eiszeit, als das Eis dort trotz der Äquatornähe stabil war. Die spektakulären Gletscher- und Packeisfossilien wären damit genauso wenig – oder genauso sehr – rätselhaft wie jene anderen Wasserspuren auf dem Mars, die man schon sehr viel länger kennt.

Sintfluten

Dampf und Eis sind ja ganz schön und gut. Doch seine wahren Qualitäten als Stifter planetarer Aktivität und Komplexität entfaltet das Wasser nur in flüssiger Form. Die interessanteste Frage nach dem Wasser auf dem Mars ist die nach flüssigem Wasser. Für die geologische Gegenwart ist sie klar beantwortet. Zwar ist an den tiefsten Stellen des Hellas-Beckens der Luftdruck theoretisch hoch genug, um an einem warmen Sommernachmittag ein Bächlein plätschern zu lassen. Auch gab es bei der Auswertung der Bilddaten der *Phoenix*-Sonde Diskussionen, ob die Sonde bei ihrer Landung geringe Mengen extrem konzentrierter Salzlauge aufgewirbelt hat. Kleine ovale Rückstände am Gestell des Landers wurden als Tröpfchen interpretiert, und manche Forscher halten es für möglich, dass die an der Landestelle gefundenen Chlorate imstande sein könnten, Wasser auch bei extrem niedrigen Temperaturen und Drücken dort flüssig zu halten. Schließlich gibt es an sonnigen Kraterhängen sogenannte Hangrinnen (auch unter ihrer englischen Bezeichnung »gullies« geläufig), wo aus eisführenden Schichten offenbar auch heute noch immer mal wieder Flüssigkeit austritt und den Hang hinunterläuft. Aber solche »Gewässer« werden keinesfalls älter als ein paar Minuten, höchstens Stunden, bevor sie an der dünnen Luft verdampfen. Sie ändern nichts an dem tristen Befund: Auf dem Mars gibt es kein flüssiges Wasser.

Nun kann das nicht immer so gewesen sein. Durch die Täler auf den Bildern der Marssonden seit *Mariner 9* muss einst etwas geflossen sein, und die Wissenschaftler sind sich auch weitgehend darüber einig, dass es zumindest teilweise aus flüssigem Wasser bestand. Das würde auch die allgegenwärtigen Erosionsspuren verständlicher machen, die den Mars so sehr von Himmelskörpern wie dem Mond unterscheiden. Schätzungen auf der Grundlage neuerer Bilder aus dem Marsorbit legen nahe, dass die Rate, mit der dort Sedimente abgelagert und wieder erodiert wurden, einst Millionen Mal höher gewesen sein muss als heute, wo nur trockene, mit Feinstaub beladene Winde an den Gesteinen nagen. Auch wenn der Verbleib des dabei wegerodierten Materials den Wissenschaftlern noch Rätsel aufgibt, steht doch außer Frage, dass die Marsatmosphäre einst dichter gewesen sein muss und der Luftdruck ausreichte, um Wasser fließen zu lassen. Die große Frage ist nur: wann – und wie lange?

Die Daten der neuen Sondenflotte erlauben heute vorläufige Antworten auf diese Fragen. Sie sind aber komplizierter, als man vermuten würde, schon weil sie nicht für alle marsianischen Flusstäler dieselben sind. Denn wir erinnern uns: Es gibt zwei verschiedene Typen solcher Täler: kleine, verzweigte Netzwerke sowie riesige, weitgehend verzweigungslose Kanäle, die von den

Marsforschern wohl auch aus historischer Rücksicht nie einfach nur »Channels« genannt werden, sondern immer »Outflow Channels«. Auf Deutsch, wo das Wort »Kanal« immer einen künstlichen Ursprung nahelegt, nennt man sie am besten »Ausflusstäler«.

Die Ausflusstäler erinnern den Betrachter sofort an irdische Flussläufe, und ihre Übergänge zu den Tiefebenen – vor allem rings um Chryse Planitia – ähneln frappant Mündungsgebieten wie denen des Amazonas oder der sibirischen Flüsse am Nordpolarmeer. Sofort ist man geneigt, hinter der ähnlichen Form auch einen ähnlichen Entstehungsmechanismus zu vermuten. Schließlich scheint nichts die Hypothese von der beständig feuchten und lebensfreundlichen Mars-Urzeit so augenfällig zu machen wie diese Ausflusstäler.

Doch das ist ein Trugschluss. Um zu sehen warum, muss man sich zunächst klarmachen, wie riesig diese Strukturen sind. Die prominentesten, wie Ares Vallis oder die gigantischen Kasei Valles in der östlichen Tharsis, sind um ein Vielfaches größer als selbst die Amazonasmündung, und sie müssen von Strömen ausgeschabt worden sein, die pro Sekunde tausendmal mehr Flüssigkeit transportiert haben als die größten Flüsse der Erde. Hätten diese Ausflusskanäle dauerhaft Wasser geführt, so hätte es auf dem Mars im Verhältnis einst viel mehr Wasser gegeben haben müssen als heute auf der Erde. Zudem entspringen die großen Marstäler praktisch im Nichts. Es gibt keine Nebenflüsse, die man erwarten würde, wenn hier große Gebiete entwässert worden wären. Es können also keine Niederschläge gewesen sein, die hier abtransportiert wurden. Die Flüssigkeitsströme, welche die marsianischen Ausflusstäler formten, waren vermutlich nicht Teil eines Wasserkreislaufes wie die Flüsse der Erde. Es waren überhaupt keine Flüsse. Was aber waren sie dann?

Nach Lage der Dinge waren es wiederholte, katastrophale, aber jeweils nur episodische Flutereignisse. Das irdische Phänomen, mit dem sie sich am ehesten vergleichen lassen, sind die sogenannten »Jökulhlaups« auf Island. Sie entstehen, wenn vulkanische Hitze unter einem Gletscher große Wassermengen schmilzt, die sich dann plötzlich Bahn brechen. Im Falle der Marsfluten waren es aber keine Gletscher an der Oberfläche, sondern Bodeneis, dem durch Vulkanausbrüche oder tektonische Bewegungen plötzlich Energie zugeführt wurde. Wahrscheinlich enthielt der Boden neben Wasser auch Kohlendioxid, das den Fluten dann zusätzliche Wucht verlieh – wie bei einer gut geschüttelten Sektflasche. Da solch ein schäumender Schwall auch noch große Mengen Gesteinsschutt mit sich riss, kam er damit auch in einer dünnen kalten Atmosphäre ziemlich weit. Zwar frieren die Schlammströme an ihrer Oberseite rasch ein und sublimieren weg. Darunter aber bewegen sich die Massen aus Schutt, Eis und Sprudelwasser aufgrund ihrer gewaltigen Bewegungsenergie weiter.

Zur Erklärung der Ausflusstäler bedarf es also keineswegs einer dichteren, wärmeren Marsatmosphäre. Im Prinzip könnte ein geeignet platzierter Vulkanausbruch auf dem Mars auch heute noch eine solche kurzlebige Flut auslösen. Und tatsächlich sind die Ausflusstäler ausweislich ihrer Kraterstatistik keine Relikte aus frühester Marszeit, sondern vergleichsweise junge Strukturen, jünger als die meisten anderen Formationen auf dem Mars. In ihrer Mehrzahl entstanden die Ausflusstäler im Hesperium vor etwa dreieinhalb bis drei Milliarden Jahren, einige auch erst später im Amazonium.

Dabei war die Dauer solcher Fluten geologisch unmessbar kurz. So kurz, dass das Wasser die Landschaft nur mechanisch veränderte, nicht aber chemisch. Das wurde nicht zuletzt durch die mineralogischen Kartierungen mit dem französischen Spektrometer *Omega* an Bord von *Mars Express* deutlich. So suchten die Franzosen im Ausflusstal Mawrth Vallis im westlichen Arabia Terra nach Tonmineralen. Zu denen sollte der marsianische Basalt verwittern, wenn er länger in Kontakt mit flüssigem Wasser tritt. Schließlich fanden die Forscher die gesuchten Tone, aber nicht in dem hesperiumszeitlichen Tal selber, sondern nur in uralten noachischen Gesteinen daneben.

Flüsse ohne Wiederkehr

Schon vor Entdeckung der noachischen Tone gingen die meisten Forscher von einer feuchten Marsfrühzeit vor mehr als 3,7 Milliarden Jahren aus. Denn aus dieser Zeit stammen die meisten Vertreter des zweiten Flusstaltyps auf dem Mars: der sehr viel kleineren, baumartig verästelten sogenannten Talnetzwerke.

In ihnen dürfte tatsächlich richtiges Wasser geflossen sein – und nicht nur geröllhaltiger Eisbrei. Ob und in welchem Umfang sie allerdings auf einen dauerhaften Wasserkreislauf ähnlich dem der Erde schließen lassen, das ist eine Frage, die nicht so einfach klar zu beantworten ist. Denn eine gezielte Datierung einzelner Flussbetten mittels Kraterstatistik ist bei den kleinen Talnetzen viel schwieriger. Immerhin gibt es zumindest an einigen von ihnen Anzeichen für eine Entstehung bei Regenfällen oder Schneeschmelzen – etwa denen an den Flanken der Chasmata in den Valles Marineris. Andererseits zeigen die Spitzen der verästelten Zuflüsse von Strukturen wie den Louros-Tälern am Südrand von Ius Chasma Anzeichen für eine sogenannte »rückschreitende Erosion«, bei der das Wasser nicht von oben kam, sondern aus dem Untergrund austrat und den Boden stückweise nachrutschen ließ.

Dabei gibt es auch Spuren von Oberflächengewässern, die sehr an irdische Verhältnisse erinnern. Das vielleicht spektakulärste ist ein im Jahre 2003 vom *Global Surveyor* entdecktes fossiles Flussdelta in einem Krater, der nach der brandenburgischen Stadt Eberswalde benannt ist. Es besteht offenbar aus zu Sandstein verfestigten Sedimenten, die sich in mäandernden, zuweilen einander überkreuzenden Flussarmen abgesetzt haben. Es war vielleicht der erste wirklich eindeutige Beweis für Sedimentablagerungen in flüssigem Wasser auf dem Mars. Wenn der Eberswalde-Fluss ständig Wasser geführt hätte, dürfte die Ablagerung der beobachteten Sedimentmengen viele Jahrtausende gedauert haben. Allerdings ergab eine nähere Analyse, dass sich das Delta keineswegs in einen dauerhaft mit Wasser gefüllten Kratersee ergoss. Vielmehr müssen diese Flusssande in einer Serie kurzer nasser Episoden abgelagert worden sein, die jeweils nur einige Jahre dauerten und zwischen denen das ganze System immer wieder austrocknete.

Die Talnetzwerke dürften ebenfalls nicht ständig gefüllt gewesen sein. Vielmehr wurden auch sie immer wieder trocken, führten wahrscheinlich sogar nur ab und zu Wasser, ähnlich den Trockentälern der irdischen Wüsten, den Wadis, Creeks oder Rivieren. Offenbar floss das Wasser schon im Noachium nie in dauerhaften Strömen über den Mars. Dann aber, ab etwa 3,7 Milliarden Jahren, versiegte es ganz. Zwar wurden nördlich der Valles Marineris hesperische Flusssedimente gesichtet, die noch vor wenig mehr als drei Milliarden Jahren abgelagert worden sein könnten, aber aus jüngerer Zeit scheint es keine Fließspuren in Talnetzen zu geben. Abgesehen von den rasch verdampfenden Gletscherfluten des Hesperiums und den ephemeren Rinnsalen, die heute noch Hangrinnen bilden, ist seither nie wieder Wasser auf dem Mars geflossen.

Was ist da geschehen? Es kann nicht alleine an den Wasserverlusten in den Weltraum gelegen haben, unter welchen der Mars ja schon seit seiner Entstehung leidet. Vielmehr muss etwas mit der Atmosphäre passiert sein, was den Luftdruck so weit senkte, dass kein Wasser mehr fließen konnte. Eine unvorstellbare Klimakatastrophe muss den Planeten heimgesucht haben, von der wir nicht wissen, wie plötzlich oder schleichend von einem Marsjahr zum nächsten sie vonstatten ging und wie sie mit anderen geochemischen Veränderungen zusammenhing, von denen gleich noch zu reden sein wird. Wie im vorangegangenen Kapitel erwähnt, gibt es mehrere Prozesse, die die Marsatmosphäre ausdünnen können. Vielleicht sind hier einfach verschiedene Faktoren zusammengekommen, darunter welche, die mit der Auskühlung des Planeteninneren zusammenhängen. Und dann war es vielleicht auch kein Zufall, dass just zu dieser Zeit der Dynamo im Marsinneren zum Erliegen kam und das globale Magnetfeld zusammenbrach. Was aber wirklich hinter dem Druckabfall der Marsatmosphäre steckt, das ist von allen Rätseln des Planeten vielleicht das größte.

Die Nordmeer-Frage

Vor der Klimakatastrophe an der Wende vom Noachium zum Hesperium vor 3,7 Milliarden Jahren gab es also echte Gewässer auf dem Mars. Sie mögen nicht ständig bestanden haben, aber doch insgesamt lange genug, um Basalt zu Tonen verwittern zu lassen. So könnte damals die eine oder andere Marsgegend eine Zeitlang durchaus unseren Vorstellungen von einer erdähnlichen Landschaft entsprochen haben – mit regelmäßigen Niederschlägen und gurgelnden Bächlein. Nur Gras und Bäume muss man sich wegdenken – aber das gab es zu dieser Zeit auch auf der Erde noch lange nicht.

Vielleicht strömte zwischenzeitlich ja auch so viel flüssiges Wasser über den Mars, dass es sich zu Seen oder gar Meeren sammeln konnte. An Geländeformen, die stehende Gewässer hätten aufnehmen können, fehlte es jedenfalls nicht. Die meisten größeren Marskrater entstanden lange vor der großen Klimakrise am Ende des Noachiums, und etliche sind in ihrem Inneren bretteben. Ihre gleichmäßigen Sedimentfüllungen lassen auch geologische Laien sofort an ausgetrocknete Seen denken, zumal wenn sich Flusstäler durch ihre kreisförmigen Randgebirge schneiden. Kandidaten für ehemalige Seebecken sind etwa der Krater Holden nördlich des Argyre-Beckens – und vor allem Gusev, in dem man 2004 den Mars-Rover *Spirit* absetzte, in der Erwartung, dort Seesedimente untersuchen zu können.

Aber auf dem Mars gibt es auch Platz für einen ganzen Ozean. Die nördliche Einöde Vastitas Borealis und ihre angrenzenden Tiefebenen Arcadia, Acidalia und Utopia könnten einmal voller Wasser gestanden haben. Das Gebiet bedeckt ein gutes Drittel der gesamten Marsoberfläche. Die meisten Ausflusstäler – darunter alle großen – enden hier, und begänne es durch ein klimatisches Wunder, plötzlich über der gesamten Marsoberfläche zu regnen, würden drei Viertel dieser Niederschläge in die nördlichen Tiefebenen geleitet, die mit mindestens 300 Millionen Kubikkilometern Fassungsvermögen problemlos dem gesamten Inhalt unseres irdischen Atlantik Platz böten. Vor allem aber sind die nördlichen Tiefebenen größtenteils fast so flach wie die Kraterböden von Holden oder Gusev, eine Besonderheit, die durch nichts so gut erklärt würde wie durch die gleichmäßig abgelagerten Sedimente am Grunde eines Ozeans.

So ist es kein Wunder, dass die Marsforscher schon über einen einstigen nördlichen Ozean auf dem Mars zu spekulieren begannen, bevor die Topographie der Planetenoberfläche überhaupt genau vermessen war. Anhand der *Viking*-Bilder wurden sogar ehemalige Küstenlinien identifiziert, innerhalb deren das Marsmeer in verschiedenen Stadien seiner Entwicklung geschwappt haben könnte, bevor es endgültig austrocknete. Seit aber dank des Laser-Höhenmessers *Mola* an Bord des *Global Surveyor* eine genaue topographische Karte des Mars vorliegt, ist die Begeisterung etwas verebbt. Wie sich nämlich herausstellte, verläuft keine der vermeintlichen Küstenlinien auf immer derselben Höhe. Zudem entpuppten sich manche topographische Details, die man zuvor als Reste einstiger Strände angesehen hatte, als vulkanischen Ursprungs ohne jeden marinen Bezug.

Trotzdem geistert das Nordmeer weiter durch die Debatte. Zwei Motive halten es dort im Gespräch. Das erste ist eher psychologisch. Ozeane sind geradezu der Inbegriff der Erdähnlichkeit. Die Vorstellung, die Nordflanke der Tharsis könnte einmal ein Strand gesäumt haben, an dem eine (aufgrund der geringen Schwerkraft) hohe Brandung die Vulkanfelsen zu Sand zerrieb, ist einfach zu faszinierend. Und die Möglichkeit, ein solches Meer könnte primitiven Lebensformen eine Heimstatt geboten haben, tut ihr Übriges.

Das Problem dabei ist das für Marsverhältnisse äußerst junge geologische Alter der nördlichen Tiefebenen. Wenn es sich bei dieser Landschaft um den Grund eines ehemaligen Meeres handelt, dann ist dieses erst vor zwei, höchstens drei Milliarden Jahren verschwunden – andernfalls müsste man dort sehr viel mehr Krater finden. Mit den zumeist sehr viel älteren Talnetzwerken, die zweifellos in eine zeitweise feuchtere Marsvergangenheit gehören, kann dieses hypothetische Nordmeer also nichts zu tun haben. Vielmehr hätte es zu einer Zeit nach der großen Klimakrise vor 3,7 Milliarden Jahren existiert – einer Epoche also, als die Marsluft anderen Befunden nach bereits so dünn war wie heute. Der Nachweis eines echten dauerhaften Ozeans zu so später Zeit hätte damit massive und für die Freunde flüssigen Wassers natürlich erfreuliche Auswirkungen auf unsere Vorstellungen von der Klimageschichte des Mars.

Doch auch nüchterne Forscher sympathisieren nach wie vor mit der Idee, es könnte einen Nord-Ozean gegeben haben. Denn mit einem Meer ließe sich die unglaublich flache, zusedimentierte Oberfläche der Vastitas Borealis relativ einfach erklären. Allerdings dürfte dieses weit kleiner gewesen sein als ursprünglich gedacht. Lediglich 23 Millionen Kubikkilometer Wasser wären erforderlich gewesen, um die Vastitas Borealis einzuebnen. Das entspricht in etwa der Menge, die schätzungsweise zur Bildung der nach Norden führenden Ausflusstäler nötig war, weshalb man sich die Entstehung der Vastitas Borealis folgendermaßen vorstellen könnte: Im Hesperium und frühen Amazonium, vor gut drei Milliarden Jahren, lösten Vulkanausbrüche immer wieder gewaltige Gletscherfluten aus, die sich in Ausflusstälern Bahn nach Norden brachen. Beladen mit Geröll und Eisblöcken, sammelte sich ihr Wasser in der nördlichen Tiefebene, erstarrte bald ganz und begann zu sublimieren, also infolge der dünnen Luft in gefrorenem Zustand zu verdampfen. Durch den Zustrom an halbgefrorenem Gesteinsschutt glich das marsianische Nordmeer, solange es noch flüssig war, kaum einem irdischen Ozean, sondern eher einem sulzigen Schlammpfuhl.

Immerhin müsste der Matsch lange genug fließfähig geblieben sein, um sich gleichmäßig über die Landschaft zu verteilen und mit jeder neuen Gletscherflut aus dem Süden Stück für Stück alles voramazonische Gelände der nördlichen Tiefebene zuzudecken. Nach dem Erstarren des sandigen Eisbreis hat sein Schuttgehalt die Sublimation wahrscheinlich deutlich verzögert, bevor irgendwann im Amazonium alles Wasser aus den oberen Zentimetern der Masse entwichen war und eine ebene Wüstenei aus Sand und Lockergestein, sogenanntem Regolith, hinterließ. Unter dieser Deckschicht schlummert die gefrorene Flut – sogar mehr oder weniger rein, wenn die Sonde *Phoenix* an einer typischen Stelle gelandet ist. Immerhin, gut die Hälfte des ursprünglichen »Ozeanwassers« dürfte sich nach diesem Szenario bis heute in Form von Bodeneis an Ort und Stelle befinden. In gewissem Sinn gibt es das Nordmeer noch heute.

Natürlich könnte die Vastitas Borealis in feuchter noachischer Frühzeit auch von einem richtigen Meer bedeckt gewesen sein. Doch das ist gegenwärtig weder zu beweisen noch zu widerlegen. Denn wie auch immer der Norden des Mars während des Noachiums ausgesehen haben mag, die Schuttmassen späterer Gletscherfluten haben alle Spuren davon unter sich begraben. Um die Nordmeerfrage zu klären, müsste man dort tiefe Bohrungen niederbringen und sehen, was für Mineralsalze dabei zutage kommen. Denn auf der Oberfläche eines Planeten hinterlässt fließendes Wasser nicht nur mechanische Spuren wie Flusstäler und Schuttschichten, sondern es verändert allmählich auch die chemische Zusammensetzung dessen, womit es in Berührung kommt. Wie viel sich daraus lernen lässt, das zeigen besonders eindrucksvoll die Mineralfunde der beiden Mars-Rover, denen wir uns nun zuwenden.

Im Garten der Minerale

Wasser ist eine aggressive Chemikalie. Manche Materialien vertragen es so schlecht, dass schon mitteleuropäische Luftfeuchtigkeit ihre Beschaffenheit rasch verändert – wie jeder weiß, der schon mal in ein Croissant vom Vortag gebissen hat. Auf lange Sicht aber sind selbst Steine nicht wasserfest. Sie verwittern – und was dann von ihnen übrig bleibt, ist oft höchst aufschlussreich. Von den Tonmineralen war bereits kurz die Rede: Sie entstehen, wenn Wasser lange auf Gesteine wie Basalt einwirkt, und so gilt ihr Nachweis in noachischen Formationen – zusammen mit den Talnetzwerken – als der überzeugendste Beweis für eine einst dichtere Marsatmosphäre, in der Wasser tatsächlich fließen konnte. Aber gibt es noch mehr solcher mineralischen Wasserspuren? Vielleicht auch welche aus späterer Zeit?

Zunächst gibt es auf dem Mars vor allem das Gegenteil: Minerale, die flüssiges Wasser besonders schlecht vertragen. Vor allem das Auftreten von Olivin ist für Marswasser-Enthusiasten nie eine gute Nachricht. Dieses Material – in Reinform sind es grüne Kristalle – kommt auf der Erdoberfläche nur in jungen Vulkanfeldern vor, denn von Regen oder Meerwasser wird es schnell zersetzt. Olivin ist ein typisches Mantelmaterial – der Erdmantel besteht fast zur Hälfte daraus, und auch im Inneren des Mars dürfte es reichlich vorhanden sein. Vulkanausbrüche und Asteroideneinschläge bringen es von dort an die Oberfläche, und tatsächlich fanden die auf Mineraliensuche spezialisierten Spektrometer auf den Orbiter-Sonden es vorzugsweise auf Kraterböden und -wällen. Seit ihrer Entstehung müssen diese Formationen allerdings weitgehend trocken geblieben sein, andernfalls hätte sich der Olivin nicht erhalten.

Aber wie sich herausstellte, ist Olivin viel weiter verbreitet. Die beiden fahrbaren Landesonden *Spirit* und *Opportunity* haben sowohl im Marsstaub als auch in dem gröberen, braunen Sand darunter Olivinkristalle gefunden. Also müssen diese Sedimente ohne jede Beteiligung von Wasser entstanden sein – also ganz anders als die meisten Sande auf der Erde und lange nachdem der Mars so trocken wurde, wie er heute ist.

Gerade am Einsatzort von *Spirit* hatte man aber etwas anderes erwartet. Dieser Rover war genau deswegen in dem bereits erwähnten 175 Kilometer großen Krater Gusev abgesetzt worden, weil viel dafür sprach, dass dort noch im Amazonium Wasser schwappte: Sein Boden ist flach mit Sediment ausgefüllt, das laut Kraterstatistik vor gerade mal 1,8 Milliarden Jahren abgelagert wurde. Von Süden mündet das Ausflusstal Ma'adim Vallis in den Kraterkessel, seine Fluten könnten sich dort also noch im Amazonium zu einem See aufgestaut haben. Doch nachdem *Spirit* Anfang 2004 gelandet war, gab es bei den Marsgeologen erst einmal lange Gesichter: Wohin der Roboter sein Kameraauge auch wandte und an welchen Felsbrocken er seinen spektrometerbestückten Arm setzte, immer war da nur Basalt. Wenn es hier fossilen Seeboden gab, dann ist er später von Lavamassen aus dem weiter nördlich gelegenen Vulkan Apollinaris Patera zugedeckt worden.

Allerdings, nach 2,5 Kilometern Fahrt über öden Basalt stieß *Spirit* doch auf Felsen, die entstanden sein mussten, bevor Gusev mit Lava geflutet wurde. Sie gehören zu einer Hügelgruppe namens »Columbia Hills«, benannt nach dem Space Shuttle, das im März 2003 beim Eintritt in die Erdatmosphäre zerbrochen war. Die Columbia Hills sind von der mittelamazonischen Lavaflut verschont geblieben, sind also älter als die Basaltdecke, aus der sie herausragen. Tatsächlich wurde die Marsgeologie hier schlagartig interessanter. *Spirits* Instrumente identifizierten dort mindestens zehn verschiedene Gesteine. Zwar handelte es sich auch hier zumeist um vulkanischen Fels oder um Trümmer, die Meteoriteneinschläge über das Land verteilt hatten. Aber die Brocken waren durch chemische Prozesse verändert worden. Erhöhte Konzentrationen an Schwefel, Chlor, Phosphor und Brom sowie wasserstoffhaltige Minerale wie Goethit ließen die Herzen der Forscher höher schlagen: Hier musste Wasser im Spiel gewesen sein.

Das größte Aufsehen erregte dabei eine Art Sandstein. Er besteht aus Basaltkrümeln sowie zu 15 bis 20 Prozent aus Mineralsalzen. Es handelt sich um Magnesium- und Calciumsulfat (Letzteres ist jedem Heimwerker als Gips bekannt), das die Körnchen zu festen Sedimentgestein verkleben. An einer Stelle wühlte ein klemmendes Rad des Rovers sehr helles Material unter dem Staub hervor, von dem sich dann herausstellte, dass es bis zu 90 Prozent aus amorphem Siliciumdioxid besteht, einem Material, das auf der Erde zumeist von heißem Thermalwasser aus Gestein herausgelöst wird und sich beim Abkühlen der Lösung an der Oberfläche niederschlägt. Überhaupt kann man sich die Bildung der meisten dieser Minerale nur schwer ohne Beteiligung flüssigen Wassers vorstellen.

Dies gilt auch für das Gestein, das *Spirits* Schwestersonde *Opportunity* im Meridiani Planum vorfand. Die Ebene am marsianischen Nullmeridian hat sich laut Kraterstatistik seit dem Ende des Noachiums nicht mehr entscheidend verändert und ist – anders als der Krater Gusev – auch nicht mit Lava überflutet worden. Vielmehr rollte der Rover hier nur über basaltischen Flugsand und stieß bereits am Rand des gerade mal 20 Meter breiten Kraters »Eagle«, in den die gepolsterte Sonde nach dem Aufsetzen zufällig gerollt war, auf Sandstein. Er war bei der Entstehung des Kraters freigelegt worden und fand sich auch an anderen Stellen, zumeist ebenfalls an Kratern, welche die Sonde später besuchte. Offenbar besteht unter einer etwa einen Meter dicken Sandschicht die gesamte Ebene daraus.

Der Sandstein ist hell und besitzt eine feine Schichtstruktur, die auch für Nichtgeologen leicht zu erkennen ist und die zeigt, dass der später versteinerte Sand in vielen dünnen Schichten abgelagert wurde. Die chemische Analyse ergab, dass es sich hier keineswegs nur um verbackenen Sand, also klastische Sedimente handelt. Im Meridiani Planum musste auch chemisch einiges passiert sein, denn wie schon der Sandstein in den Columbia Hills im Krater Gusev enthielt auch dieser hier sehr viel Mineralsalze, und wieder waren es zumeist Sulfate. Doch auch Exotischeres fand sich, wobei die Forscher sich besonders über Jarosit freuten. Dieses Mineral enthält neben einem Sulfatanteil auch wasserstoffhaltige sogenannte Hydroxid-Ionen und kann daher nur unter Beteiligung von Wasser entstehen.

Trotzdem beweisen solche Mineralfunde noch nicht, dass in

Gusev oder auf dem Meridiani Planum einst offenes Wasser stand. Das Wasser kann genauso gut als Grundwasser emporgesickert und an der Oberfläche verdampft sein, wobei es seine Salzfracht im Sand zurückließ und ihn dadurch verfestigte. Allerdings muss Meridiani eine andere geologische Geschichte haben als die Columbia Hills. Denn außer dem Salzgestein fand der Rover dort noch etwas anderes.

Das Geheimnis der Blaubeeren

Bei der Auswahl des Landegebietes für den zweiten der beiden Mars Exploration Rover hatte ebenfalls die Wasserfrage die entscheidende Rolle gespielt. War für *Spirit* der Krater Gusev wegen seiner seeähnlichen Topographie ausgewählt worden, entschieden über *Opportunitys* Ziel spektroskopische Messungen der Orbiter *Global Surveyor* und *Odyssey*. In der Ebene Meridiani Planum hatten sie Hinweise auf ausgedehnte Vorkommen von Gesteinen gefunden, die erkleckliche Mengen grauen Hämatits enthielten. Dieses Eisenmineral ist chemisch identisch mit den roten Nanopartikeln im Marsstaub. In massiver Form ist Hämatit aber nicht rot, sondern ein hartes, glänzend-graues Material, das auf der Erde durch Abscheidung in vulkanisch erhitztem Wasser entsteht. Da lag die Vermutung nahe, dass auch der Hämatit im Meridiani Planum direkter Zeuge einer feuchteren Vergangenheit des Planeten sein könnte.

Dabei waren die einschlägigen Daten der Mars-Orbiter diesmal aufschlussreicher als im Fall von Gusev, denn das Meridiani Planum ist dunkler und somit weniger staubig als die Region um den vermeintlichen Ex-Kratersee. Tatsächlich brauchte *Opportunity* nicht lange nach dem Hämatit suchen. Bereits an seiner Landestelle lag es überall herum. Allerdings hatte das Mineral eine gänzlich unerwartete Form: Myriaden grauer Kügelchen übersäen dort die Landschaft. Sie sind etwas kleiner als Erbsen – zwischen einem und sechs Millimeter groß – und erscheinen auf den farbkontrastverstärkten Bildern von *Opportunity*s Panoramakamera meist bläulich, weswegen sie schnell ihren Spitznahmen weghatten: »Blueberries«, Blaubeeren.

Bei der Analyse des Sandsteines stellte sich dann heraus, dass auch darin überall runde Hämatitklümpchen steckten – wie Blaubeeren in einem Muffin. Offenbar waren die Kügelchen an der Oberfläche auch einmal in dem weichen Salzstein eingebettet gewesen und im Laufe von Jahrmillionen durch Winde freigelegt worden. Nur: Wie waren die Blaubeeren in den Sandstein hineingeraten?

Die Forscher, welche die Messdaten und Bilder von *Opportunity* auswerteten, hatten bald eine Erklärung, die sich bestens mit der Hypothese vertrug, dass flüssiges Wasser bei der Entstehung der Sandsteinformationen im Meridiani Planum maßgeblich beteiligt gewesen sein müsse. Demnach handele es sich bei den Blueberries um sogenannte Konkretionen. Mit diesem Begriff bezeichnen Geologen Mineralansammlungen, die sich in den Hohlräumen von Sedimentgesteinen bilden. Die vielleicht bekanntesten Konkretionen sind die Feuersteinknollen, die man häufig an Nord- und Ostsee findet. Diese bildeten sich wahrscheinlich, indem eine gelartige Masse aus gelösten Resten urzeitlicher Kieselschwämme sich in Kalksedimenten der Kreidezeit verfestigte. Es gibt auf der Erde aber auch hämatithaltige Konkretionen. So findet man im Navajo-Sandstein im Süden des amerikanischen Bundesstaates Utah die »Moqui-Murmeln«. Diese bis zu mehrere Zentimeter großen runden Klumpen aus Eisenoxiden, darunter auch Hämatit, haben sich einst aus wässerigen Lösungen von Eisensalzen abgeschieden und sind später aus dem Sandstein herausgewittert. Ein ähnlicher Prozess, so vermuten nicht wenige Wissenschaftler, müsse auch für die Entstehung der Blueberries auf dem Mars verantwortlich sein.

Doch diese Hypothese ist nicht völlig unumstritten. Widerspruch kommt von den Geologen Donald Burt und Paul Knauth von der Arizona State University sowie Ken Wohletz, einem Experten für die Einwirkung von Explosionen auf Gesteine am

Los Alamos National Laboratory. Die drei Wissenschaftler, die nicht in Marssonden-Projekten der Nasa involviert sind, weisen auf allerlei Eigenschaften der Blueberries hin, die nicht besonders gut zu einer Interpretation als Konkretionen passen: Nicht nur sind sie viel kleiner als Feuersteinknollen oder Moqui-Murmeln, ihr Format ist auch viel einheitlicher und streng kugelig. Außerdem hat *Opportunity* noch nirgends miteinander verwachsene Blueberries gefunden – zu solchen Verklumpungen hätte es aber kommen müssen, wenn die Kügelchen im Sediment gewachsen wären. Auch sei der hohe Nickelgehalt der Blueberries schwer mit einer Abscheidung des Materials aus sulfatreichem Wasser zu erklären. Das alles spricht nach Ansicht von Burt, Knauth und Wohletz viel eher dafür, dass die Kügelchen in der Atmosphäre aus einem heißen Gesteinsdampf auskondensierten, den vielleicht einst der Einschlag eines großen Eisen-Nickelmeteoriten aufsteigen ließ. Überhaupt lassen sich nach Einschätzung dieser drei Forscher sämtliche Mineralfunde der Rover auch als Folge von Meteoriteneinschlägen in einen gefrorenen, salzigen Boden erklären. Flüssigen Wassers bedürften alle diese Ablagerungen nicht notwendig, können daher auch nicht als Indizien dafür herangezogen werden, dass es in der Terra Meridiani bei ihrer Entstehung im späten Noachium oder frühen Hesperium noch feucht gewesen sei.

Andererseits hat *Opportunity* an den Wänden des Kraters »Endurance« vertikale Schwankungen in der Chemie des Meridiani-Sandsteins beobachtet – unter anderem wurde ein steigender Chlorid-Gehalt zu größeren Tiefen hin festgestellt. Diese Daten passen am ehesten zu einem auf komplexe Weise schwankenden Grundwasserspiegel mit allmählich fallendem Trend. Nach Ansicht der meisten Marsforscher lässt sich daher gerade am Beispiel von Meridiani das sukzessive Austrocknen des Mars im Hesperium besichtigen.

Der kleine Dissens um die Blueberries sei hier erwähnt, weil er ein gewisses Dilemma der Marsforschung illustriert: Während jene Forscher, die überall auf dem Mars Wasserspuren suchen (sie sind bei weitem in der Mehrheit), gerne mit Analogien zur wasserreichen Erde argumentieren, müssen diejenigen, die wie Burt, Knauth und Wohletz nach alternativen Erklärungen suchen, dazu Prozesse heranziehen, die auf der Erde unbekannt sind und von denen man daher auch entsprechend wenig weiß. Wer nun recht hat, wird sich wohl frühestens entscheiden, wenn eine neue Robotermission einige Brocken des blaubeerhaltigen Meridiani-Sandsteins zur genaueren Analyse zur Erde bringt. Wahrscheinlich lässt sich aber auch das Geheimnis der Blueberries erst durch die eingehende Erkundung des gesamten Geländes samt Tiefenbohrungen durch menschliche Geologen lösen.

Es bleibt anzumerken, dass die Hämatitfelder des Meridiani Planum kein Einzelfall zu sein scheinen. Das *Omega*-Spektrometer an Bord von *Mars Express* hat auch anderswo auf dem Planeten Oberflächengesteine gesichtet, die wie im Operationsgebiet von *Opportunity* aus sulfatreichen Schichtsedimenten und grobkörnigem Hämatit bestehen. Auch andere Mineralvorkommen wurden inzwischen aus dem Orbit entdeckt, darunter Chloride – also etwa Kochsalz. Diese Chloride können zwar auch durch Ausdünstungen von Vulkanen entstehen und abgelagert werden, doch die Vorkommen, die Anfang 2008 mit dem Spektrometer von *Mars Odyssey* gesichtet wurden, finden sich in kleinen Vertiefungen in der zerfurchten Landschaft der Südhalbkugel und weisen Rissmuster auf, wie sie für die Böden ausgetrockneter Seen charakteristisch sind.

Der Schwefelplanet

Die Mineralfunde auf dem Mars bezeugen vor allem eines: dass dieser Planet eben nicht nur aus Stein besteht. Wie die Erde – und anders als etwa der Mond – hat er aus seiner Entstehungszeit große Mengen an Stoffen behalten, die bei weit geringeren Temperaturen schmelzen oder verdampfen – und sich im Laufe der Marsgeschichte entsprechend an der Formung seiner Oberfläche beteiligen. Das Wasser ist nur einer davon.

Der andere, auf den man schon früh stieß, ist das Kohlendioxid, CO_2, der Hauptbestandteil der Marsatmosphäre, der durch seinen Treibhauseffekt für ein weit milderes Klima sorgt als eine erdähnliche Gashülle aus Stickstoff und Sauerstoff es vermocht hätte. Darüber hinaus überzieht es die kältere Südpolkappe mit einer Schicht Trockeneis und schlägt sich im Winter in den Polargebieten nieder, um im Frühling wieder zu verdampfen. Das bisschen Wetter, das es heute auf dem Mars gibt, wird in erster Linie vom Kohlendioxid gemacht. Da ist es höchst erstaunlich, dass eine Mineralsorte auf dem Mars fast völlig fehlt, die es auf einer Welt mit Wasser und Kohlendioxid eigentlich geben müsste: das bereits erwähnte Carbonat.

Carbonate sind Salze der Kohlensäure, die in geringen Mengen entsteht, wenn CO_2 sich im Wasser löst. Auf der Erde finden sie sich – zumeist als Calciumcarbonat, auch Kalk genannt – in gigantischen Mengen. Ganze Gebirge bestehen daraus, zum Beispiel große Teile der Alpen. Allerdings sind so gut wie alle Kalkablagerungen der Erde – von den Rügener Kreidefelsen bis zu den berühmten Karstbergen bei Guilin in Südchina – durch Lebewesen angehäuft worden: Die Organismen haben sich Kohlensäure und Calcium aus dem Wasser geangelt, um daraus ihre Skelette und Schalen aus Kalk zu bauen, die später auf den Meeresgrund sanken und dicke Lagen Sedimentgestein bildeten. Auf diese Weise haben diese meist winzigen Lebewesen enorme Mengen Kohlendioxid aus der Erdatmosphäre entfernt und in die Erdkruste verfrachtet. Auf dem Mars ist das offenbar nicht geschehen. Wenn es dort Leben gab, hat es sich offenbar nie weit genug entwickelt, um in die Kalkchemie einzusteigen.

Allerdings hätte es dazu kohlensäurehaltiges Wasser vorfinden müssen – und möglicherweise hat es selbst das auf dem Mars nie in größerem Umfang gegeben. Denn spätestens in der großen Luftdruckkrise vor 3,7 Milliarden Jahren, als alle Oberflächengewässer verdampften, hätte sich die Kohlensäure auch ganz ohne biologische Hilfe mit dem reichlich vorhandenen Calcium und Magnesium zusammentun und als Carbonat niederschlagen müssen. Aber man findet kaum welches. Erst nach langem Suchen hatte das Spektrometer des *Global Surveyor* im Jahr 2003 geringe Mengen davon im Marsstaub identifizieren können. Fünf Jahre später stieß der *Reconnaissance Orbiter* dann bei den Nili Fossae am Westrand von Isidis Planitia endlich auf ein echtes Carbonatvorkommen. Es ist allerdings weniger als zehn Quadratkilometer groß und dürfte durch Serpentinisierung, also durch die lokal begrenzte chemische Reaktion von Olivin mit kohlensäurehaltigem Thermalwasser entstanden sein. Ausgedehnte Kalksteinvorkommen aber, wie sie die globale Verwitterung von Basalt durch flüssiges Wasser in einer Kohlendioxidatmosphäre hinterlassen haben müsste, scheint es auf dem Mars nicht zu geben. Warum nicht?

Die Antwort dürfte wahrscheinlich eng mit einer dritten Chemikalie zusammenhängen, die sich auf dem Mars zum Wasser und dem Kohlendioxid hinzugesellt und die dort eine ungleich größere Rolle gespielt zu haben scheint als auf der Erde: dem Schwefeldioxid.

Man erinnert sich an das farblose, stechend riechende Gas vielleicht noch aus den Zeiten, als nicht der Klimawandel die Gemüter bewegte, sondern der saure Regen. Mit Luftfeuchtigkeit bildet es Schweflige Säure, aus der bei weiterer Oxidation Schwefelsäure wird – und was die mit Carbonaten macht, das war vor der Einführung der Rauchgasentschwefelung allenthalben an den Kalkstein- und Marmorfassaden unserer Städte zu besichtigen: Das Carbonat wird weggeätzt. Es zersetzt sich zu dem Kohlendioxid, aus dem es einst entstand – und zu Sulfat.

Das Sulfat in den Sandsteinen von Meridiani Planum und den Columbia Hills sowie die ausgedehnten sulfathaltigen Ablagerungen, die aus dem Orbit an anderen Stellen auf dem Mars gefunden wurden, sind höchstwahrscheinlich Verwitterungsprodukte der Schwefelsäure. Offenbar muss die Marsatmosphäre einst enorme Mengen von Schwefeldioxid enthalten haben und wohl auch Schwefelwasserstoff, das durch seinen Geruch nach faulen Eiern bekannte Giftgas. Carbonate konnten nur hier und da an geologisch geschützten Stellen überleben, etwa an den Nili Fossae, – wenn sie überhaupt je in globalem Umfang entstanden sind. Denn möglicherweise waren schon die Marsgewässer des früheren Noachiums an den meisten Orten zu schwefelsauer, um die Bildung von Carbonaten zuzulassen.

Auch alle anderen Mineralfunde der Rover wie der Sonden in der Marsumlaufbahn passen in dieses Bild: Das wasserhaltige Mineral Jarosit etwa entsteht auf der Erde nur in extrem saurem Milieu, und auch das amorphe Siliciumdioxid, das *Spirit* in den Columbia Hills fand, muss sich nicht aus sprudelnden Thermalquellen abgelagert haben – es kann auch einfach übrig geblieben sein, als ein Gemisch aus Wasserdampf und Schwefeldioxid den anstehenden Basalt zersetzte –, und eine genauere Analyse dieses Mineralfundes zeigte, dass es wahrscheinlich genau so war.

Woher die Schwefelgase einst kamen, ist indes kein großes Rätsel. Es sind typisch vulkanische Emissionen – und an Vulkanen mangelt es dem urzeitlichen Mars wahrlich nicht. Die globale Verbreitung der Sulfate legt aber nahe, dass der Vulkanismus des Planeten einst so intensiv gewesen sein muss, dass sich seine Atmosphäre mit großen Mengen Schwefeldioxid anreichern konnte. Der französische Marsforscher Jean-Pierre Bibring, der Leiter des *Omega*-Instruments von *Mars Express*, hat daher vorgeschlagen, diesem Abschnitt der Marsgeschichte, in dem die Sulfate im Meridiani Planum und anderswo abgelagert wurden, einen eigenen Namen zu geben: »Theiikium«, vom griechischen »Theion« für Schwefel.

Das Theiikium muss einige Zeit vor dem Ende des Noachiums eingesetzt haben. Sein Höhepunkt aber fällt ausgerechnet mit der großen Klimakrise vor 3,7 Milliarden Jahren zusammen – und es war um diese Zeit herum, als die Sulfate um Meridiani Planum abgelagert worden sein müssen. Natürlich hatten Vulkane schon vorher, im Noachium, Gase in die Marsatmosphäre gespien, und sicher war auch jede Menge Schwefeldioxid darunter. Allerdings war es wohl noch nicht so viel und sein Einfluss auf die Geochemie des Mars – vielleicht auch dank der noch reichlichen Mengen an flüssigem Wasser – noch nicht so gravierend. Denn sonst hätten sich damals kaum die erwähnten Tonminerale bilden können, die von den Wissenschaftlern auch Phyllosilikate genannt werden, wörtlich »blättrige Silikate«, nach ihrer geschichteten Kristallstruktur, die sie etwa von den basaltischen Silikaten unterscheiden. Jean-Pierre Bibring nennt das mineralogische Marszeitalter vor dem Theiikium daher auch »Phyllosium«, und es dürfte weitgehend mit dem Noachium der Mars-Geologen zusammenfallen.

Schon während des Phyllosiums aber muss man sich den urzeitlichen Mars wie eine kalte Version der Hölle des spätmittelalterlichen Volksglaubens vorstellen: Zwar gab es Flüsse und Seen, doch sie waren extrem salzig – von all den Mineralen, welche die schwefelsauren Vulkanausdünstungen aus dem Gestein löste. Zwar gab es eine dichte Atmosphäre, aber sie stank infernalisch nach Schwefel und faulen Eiern. Trotzdem war es damals wahrscheinlich keineswegs warm auf dem Mars. Aus Isotopenanalysen der Gasspuren in Marsmeteoriten verschiedenen Alters hat man abgeleitet, dass die Temperaturen auf dem Roten Planeten in den letzten vier Milliarden Jahren nie sehr viel höher als heute und mit Sicherheit im Mittel unter Null Grad Celsius gelegen haben. Dass die noachischen Gewässer trotzdem nicht einfroren, sondern die Talnetzwerke oder Formationen wie das Flussdelta im Krater Eberswalde schufen, muss eine Folge der Massen gelöster Minerale aus den schwefelsauren Verwitterungsprozessen gewesen sein. Wie Streusalz auf winterlichem Glatteis senkten sie den Gefrierpunkt der Marsgewässer – bei manchen Kombinationen aus Säure und Salzlake auf minus fünfzig Grad und darunter. Die Mineralfracht der Marsgewässer wirkte damit wie ein Frostschutzmittel.

Am Ende des Noachiums (und des Phyllosiums) nun muss über diese kalte, salzige Welt eine doppelte Apokalypse hereingebrochen sein. Zuerst in Gestalt des Theiikiums, hinter dem eine besonders schwefelreiche Phase des Marsvulkanimus steckt. Sie könnte ihrerseits mit der Entstehung des Tharsis-Hochlandes zu tun gehabt haben, die genauen Zusammenhänge sind allerdings ungeklärt. Dann verlor der Mars auch noch seine dichte Atmosphäre, und bald gab es auch kein flüssiges Oberflächenwasser mehr – am Ende vielleicht nur noch gelegentlich an Stellen, wo Grundwasser zutage trat. Aber auch dort verdampfte es schließlich völlig und hinterließ seine Salzfracht im Boden – so könnten in einer Übergangsphase der Austrocknung die Sulfatsandsteine vom Meridiani Planum entstanden sein.

Das Ende des Schwefelzeitalters kam dann wahrscheinlich irgendwann im Hesperium. Durch den allgemeinen Niedergang des Marsvulkanismus – vielleicht verbunden mit einer erneuten Änderung in der Chemie seiner Ausdünstungen – sanken die Emissionen von Schwefeldioxid und Schwefelwasserstoff. Diese Gase verschwanden allmählich aus der Marsluft. Ohne ihre Treibhausgaswirkung dürfte es noch ein wenig kühler geworden sein als ohnehin schon in der dünnen Luft. Dafür war die Marsatmosphäre nun nicht mehr so korrosiv wie früher. Die eisenreichen Laven, welche noch aus den Vulkanen hervorquollen, konnten nun schwefelfrei und sehr langsam unter Bildung des roten Eisenoxids verwittern. Nach Bibring begann nun das mineralogische Zeitalter des Siderikiums – von »sideros«, Eisen –, das bis heute andauert.

Es gab und gibt Wasser auf dem Mars. Auch floss es einst in Bächen und Strömen, füllte Seen und vielleicht sogar einen kleinen Ozean. Doch mit den Flüssen und Meeren der Erde hatten diese Gewässer, soweit sich sagen lässt, so gut wie nichts zu tun. Das gilt es im Auge zu behalten, wenn man die eine Frage stellt, welche den Mars von einem etwas arkanen Forschungsgegenstand für Geologen und Geochemiker zu einem Thema macht, dem manche sogar weltanschauliche Relevanz zusprechen: Konnte dort Leben entstehen?

Siebtes Kapitel: **Leben**

Die Erde möge nicht der einzige bewohnte Ort im Kosmos sein; das war die große Hoffnung des amerikanischen Astronomen und Bestsellerautors Carl Sagan. Bevor er am 20. Dezember 1996 an Knochenmarkkrebs starb, durfte Sagan noch erleben, wie neue wissenschaftliche Befunde seinem Traum erstmals ein empirisches Fundament gaben: Im Oktober 1995 war im Orbit um den kleinen gelben Stern 51 Pegasi der erste Planet außerhalb des Sonnensystems nachgewiesen worden. Im August 1996 hatte die Raumsonde *Galileo* untrügliche Anzeichen dafür entdeckt, dass sich unter der Eiskruste des Jupitermondes Europa ein Ozean aus flüssigem Wasser verbirgt. Die größte Sensation aber, ebenfalls im Sommer 1996, war der Meteorit, der unter seiner Kennziffer ALH84001 bekannt wurde. Auf ihm wollte ein Team von Wissenschaftlern um David McKay vom Johnson Space Center der Nasa in Houston Spuren fossiler Bakterien vom Mars entdeckt haben.

Fast anderthalb Jahrzehnte später sind Hunderte extrasolarer Planetensysteme entdeckt, und damit ist es doch einigermaßen wahrscheinlich, dass dauerhaft mild temperierte Orte im Universum nichts extrem Ungewöhnliches sind. Und flüssiges Wasser dürfte es auch im Inneren anderer Eistrabanten des äußeren Sonnensystems geben, vielleicht sogar im winzigen Saturnmond Enceladus. Nun sind Planeten und Wasser nur Voraussetzungen für das Phänomen, das man Leben nennt. Die

Chance, Lebendiges selbst zu finden, zumindest eindeutige Reste davon, böte sich aufgrund der vergleichsweise geringen Entfernung aber am ehesten auf dem Mars. Doch ausgerechnet in der Frage nach dem Leben auf dem Mars kam man nach 1996 nicht mehr recht vom Fleck – trotz der Fülle an Bildern und Messwerten, welche die neue Marssondenflotte gesammelt hat. In mancher Hinsicht sind die Aussichten durch die Datenflut sogar eher trüber geworden, wie das vorangegangene Kapitel zeigt.

Die Marsforscher scheint das nicht zu entmutigen. Der Nasa-Wissenschaftler Everett Gibson, einer aus David McKays Team, hat dazu einmal eine Umfrage veranstaltet. Seine Stichprobe waren 250 Teilnehmer einer Fachtagung, die im Februar 2005 im niederländischen Noordwijk stattfand. Drei Viertel dieser Marsexperten war der festen Überzeugung, dass es auf dem Roten Planeten einmal Leben gegeben haben könnte. Ein Viertel hielt es gar für möglich, dass es dort bis heute überdauert hat. Dieses Kapitel versucht zu ergründen, inwiefern dieser Optimismus gerechtfertigt ist.

Astrobiologie

Der Optimismus beschränkt sich nicht auf den Mars. Generell frönen viele Astronomen heute wieder der Idee, nicht nur die Erde, sondern auch andere Himmelskörper könnten eine Biosphäre tragen. Der Gedanke kehrte in den frühen 1980er Jahren in die seriöse akademische Wissenschaft zurück – seltsamerweise zu derselben Zeit, als die Außerirdischen in Filmen wie »E. T.« oder »Alien« auch in der Populärkultur eine märchenhafte Renaissance erlebten.

Neu oder gar revolutionär war dieser Gedanke indes nicht. Schon in der Antike wurde über Außerirdische spekuliert, solange jedenfalls, bis Aristoteles das eindrucksvolle Gebäude seiner Naturphilosophie errichtete, dessen astronomischer Teil zu

Beginn des zweiten Jahrhunderts durch Klaudios Ptolemaios für die nächsten anderthalb Jahrtausende festgeschrieben wurde, mit guten empirischen Gründen übrigens. Der Aristotelismus war es gewesen, der mit seiner Scheidung der Natur in eine irdische und eine himmlische Sphäre den Gedanken an außerirdisches Leben obsolet und undenkbar machte. Doch kaum war Aristoteles im 17. Jahrhundert überwunden, da waren auch die Außerirdischen wieder da – und bis ins 19. Jahrhundert gingen nicht nur Kant und Herschel, sondern sehr viele Gelehrte ganz selbstverständlich davon aus, dass es sie gibt. Erst die Marskanäle, die UFO-Debatte der fünfziger Jahre und die trostlosen Bilder von *Mariner 4* brachten sie dann wieder in Misskredit.

Aber nur für kurze Zeit. Schon 1977, lange vor der Entdeckung der ersten extrasolaren Planeten und des unterirdischen Ozeans auf Europa, zeigten Untersuchungen heißer Quellen am Ozeangrund, dass Leben keineswegs auf Sonnenlicht angewiesen ist. Rings um diese sogenannten hydrothermalen Schlote, aus denen heißes, mit energiereichen vulkanischen Gasen befrachtetes Wasser strömt, fand man in den lichtlosen Tiefen ganze Faunengemeinschaften aus Bakterien und höheren Tieren samt eigenen Nahrungsketten, die ausschließlich von der Energie aus dem Erdinneren leben. Würde die Erde plötzlich aus ihrer Umlaufbahn geworfen und zöge fortan alleine durchs All, fröre sie zwar an der Oberfläche kilometerdick ein, aber diese Tiefseeorganismen würden das wahrscheinlich überleben.

Zu diesem Befund gesellten sich nun Mitte der Neunziger Jahre die extrasolaren Planeten sowie der Europa-Ozean und riefen schließlich eine eigene multidisziplinäre Forschungsrichtung ins Leben, in der sich Astronomen, Geowissenschaftler und Biologen tummeln, um der Frage nachzugehen, welche Bedingungen für biologische Aktivitäten denn notwendig sind, wo im Kosmos sie überall erfüllt sein könnten und wie man etwaiges außerirdisches Leben dort aufspüren könnte. Um zum Ausdruck zu bringen, dass sich der Blickwinkel bis auf ferne Sternensysteme erweitert hat, nennt sich dieses Unternehmen nun nicht mehr »Exobiologie«, wie zu Zeiten Joshua Lederbergs und der *Viking*-Experimente, sondern »Astrobiologie«. In den Vereinigten Staaten erfreut sie sich ganz besonderer Popularität und verfügt seit 1998 auch über eine eigene institutionelle Struktur: das aus Forschungsgruppen verschiedener Universitäten und Forschungseinrichtungen bestehende »Nasa Astrobiology Institute« mit einer Koordinationsstelle am Ames Research Center der Nasa mitten im Silicon Valley südlich von San Francisco.

Die Astrobiologie ist eine Wissenschaft, deren Ziel es ist, herauszufinden, ob sie überhaupt einen Gegenstand hat – und damit ein etwas eigentümlicher Forschungszweig. Dem Vorwurf, doch nur eine Art biologische Ufologie zu betreiben, könnten Astrobiologen mit dem Hinweis begegnen, ihr Gegenstand sei eigentlich nicht so sehr das außerirdische Leben selber (jedenfalls nicht, solange es nicht entdeckt ist), sondern die Bedingungen dafür. Doch das macht die Sache nur scheinbar besser, denn schon auf der Erde zeigt erst die Präsenz von Lebensformen, wo die Bedingungen erfüllt sind. Dass Leben etwa an den erwähnten heißen Tiefseequellen möglich ist, hätte niemand als wissenschaftliche Tatsache angesehen, bevor die Krebse und Röhrenwürmer dort tatsächlich gesehen wurden. Insbesondere Anhänger des einflussreichen Wissenschaftsphilosophen Karl Popper müssen daher gegenüber der Astrobiologie Vorbehalte haben. Nach Popper darf es der Wissenschaft nur um Fragen gehen, die sich auch widerlegen lassen – und die Existenz außerirdischer Lebensformen lässt sich nicht widerlegen. Solange man keine findet, kann man trotzdem immer vermuten, dass es irgendwo in den Tiefen des Alls welche gibt.

Nun gab und gibt es etliche Forschungsvorhaben, die zu ihrer Zeit dieses Kriterium nicht streng erfüllten: die Suche nach Troja oder Atlantis, der Nordwestpassage, nach dem Lichtäther – oder heute nach einem Heilmittel gegen Krebs oder nach dem neuronalen Mechanismus des menschlichen Bewusstseins.

Wer danach sucht, der muss natürlich auf einer gewissen Ebene daran glauben, dass es das Gesuchte auch gibt. Dass die Möglichkeit der Suche jedoch keineswegs die Existenz des Gesuchten impliziert, gerät dabei mitunter aus dem Blick, insbesondere wenn bei der Suche weltanschauliche Motive mitschwingen, wie sie etwa dem erwähnten Carl Sagan nicht fremd waren.

Sieht man aber davon ab, so sind die konkreten Fragestellungen der Astrobiologie ausgesprochen handfest. Da geht es etwa darum, was für ein Klima auf den neuentdeckten extrasolaren Planeten herrscht, welche organischen Moleküle es im interstellaren Raum gibt und insbesondere wie das Leben auf der Erde entstanden sein könnte. Gerade diese letzte Frage ist trotz intensiver Forschungsbemühungen noch immer völlig ungeklärt und ein zentrales Motiv der Astrobiologie.

Denn es gibt im Grunde zwei Möglichkeiten: Entweder verdankt sich die Entstehung der ersten biologischen Strukturen auf der Erde, aus denen dann im Laufe der Evolution die Biosphäre wurde, einem ganz und gar kontingenten, das heißt einem nach den Naturgesetzen zwar möglichen, aber von ihnen nicht notwendig diktierten Ereignis oder Prozess. Das kann man salopp auch »Zufall« nennen, allerdings unterscheidet dieses Wort nicht zwischen Vorfällen, deren Naturnotwendigkeit lediglich uns als mangelhaft informierten Beobachtern verborgen ist, und solchen, die nach den Gesetzen der Quantenphysik tatsächlich fundamental kontingent sind, etwa der Zerfall eines Uranatoms in einer vorgegebenen Zeitspanne. Ist die Entstehung des Lebens auf der Erde kontingent, so wäre sie naturwissenschaftlich nicht weiter zu hinterfragen.

Die andere Möglichkeit ist die, dass Leben sich notwendig bildet, sobald in der Umwelt gewisse Bedingungen erfüllt sind – so wie Wasserdampf zu Tröpfchen kondensiert, wenn Luftfeuchtigkeit, Druck und Temperatur bestimmte Werte erreichen. Dann wäre es eine naturgegebene Eigenschaft des Universums, dass es Leben entstehen lässt, und sie wäre bereits im Moment des Urknalls in ihm angelegt gewesen – nicht anders als etwa die physikalischen Eigenschaften des Wassers, die von ganz fundamentalen Naturkonstanten wie den Massen von Elektronen und Kernteilchen voll und ganz festgelegt sind.

Welchen Charakter das Phänomen Leben hat – den eines äußerst unwahrscheinlichen Quantenwunders oder den einer deterministischen Naturgesetzlichkeit – das ist eine spannende und legitime Forschungsfrage. Die philosophischen, um nicht zu sagen weltanschaulichen Gedanken, die man an die möglichen Antworten knüpfen kann, diskreditieren sie dabei keineswegs. Man muss nur an der Popperschen Orthodoxie einige Abstriche machen und akzeptieren, dass es von der (einstweilen unbekannten) Antwort auf die Frage abhängt, ob sie geklärt werden kann. Wenn das Leben etwas Kontingentes ist, dann wird man kaum je außerirdische Organismen finden und so schlau bleiben wie zuvor. Ist es aber etwas Determiniertes, gibt es zwar immer noch keine Garantie auf Erfolg, aber eine Chance. Zwar mögen die Bedingungen, unter denen Leben entsteht, sehr viel spezieller und damit seltener realisiert sein als die, unter denen Wasser kondensiert, doch wäre es angesichts der enormen Größe des Weltalls äußerst unwahrscheinlich, dass Leben einzig und allein auf der Erde entstanden ist – und im Umkehrschluss nicht völlig unwahrscheinlich, dass wir es bereits in unserer kosmischen Nachbarschaft entdecken. Zum Beispiel auf dem Mars.

Irdische Extremisten

Aber wie soll da etwas leben? Wie wir gesehen haben, herrschen auf der Marsoberfläche Bedingungen, wie man sie auf der Erde nur in 35 Kilometer Höhe über der Antarktis antrifft – und zwar mitten im Ozonloch, so dass die sterilisierende UV-Strahlung der Sonne ungehindert eindringen kann. Überdies prasseln geladene Teilchen ohne Unterlass auf den weitgehend magnetfeldlosen Planeten ein. In der Marsurzeit waren die Verhältnisse zwar feuchter, aber darum nicht weniger ätzend. Und sehr viel wärmer als heute war es – außer in der Nähe von Vulkanen – damals auch nicht unbedingt, dafür war alles extrem salzig.

Nun gibt es auf der Erde Organismen, die mit manchen Aspekten einer solchen Mars-Umwelt durchaus fertig würden. Es handelt sich meistens um besondere Einzeller, sogenannte Extremophile. Biologisch zählen sie entweder zu den Bakterien oder zu den sogenannten Archaeen, die wie Bakterien keinen richtigen Zellkern haben, sich aber biochemisch sehr von ihnen unterscheiden. Bakterien und Archaeen stellen wahrscheinlich die ältesten Organismengruppen überhaupt dar – dabei dürften die Bakterien sogar noch etwas ursprünglicher sein als die Archaeen, die näher mit höheren Lebewesen wie Pilzen, Pflanzen und Tieren verwandt sind. Umstritten ist, ob die extremophilen Neigungen mancher ihrer Vertreter nun darauf hindeuten, dass das Leben noch unter besonders unwirtlichen Bedingungen auf der jungen Erde entstand, oder ob diese Organismen einfach genügend Zeit hatten, um sich noch die exotischsten Habitate der Erde zu erobern. Tatsache ist, dass dank extremophiler Mikroben heute auf der Erde praktisch jeder Fleck von lebenden Zellen besiedelt ist, auf dem es kühler ist als 50 bis 80 Grad – von der Stratosphäre bis hin zum massiven Gestein in mehreren Kilometern Tiefe.

Dort unten müssen die Winzlinge besonders hitzebeständig sein – eine Eigenschaft, die auf dem Mars scheinbar weniger gefragt ist. Aber es gibt auch Extremophile, die an ein Leben in dauerhafter extremer Kälte angepasst sind. Den Rekord hält derzeit das in Polarmeeren beheimatete Bakterium *Colwellia psychrerythraea*, das noch bei minus 20 Grad Stoffwechselaktivität zeigt. Da Wasser bei solchen Temperaturen nur flüssig bleibt, wenn es extrem salzig ist, sind diese Organismen zugleich ausgesprochen halophil, das heißt salzresistent. Aber auch Säuren sind nicht davor gefeit, dass sich Bakterien oder Archaeen auf ihnen breitmachen. So sind auch schwefelsaure Böden in vulkanischen Regionen meistens dicht besiedelt, und Mikroben wie das Bakterium *Acidithiobacillus ferrooxidans* gedeihen noch bei einem pH-Wert von eins und würden damit sogar Magensäure überleben.

Strahlung ist ebenfalls nichts, was grundsätzlich lebensfeindlich wäre. So hat man an Wänden des geborstenen Kernreaktors von Tschernobyl sowie in dem verseuchten Erdreich drumherum Pilze entdeckt, die Radioaktivität nicht nur vertragen, sondern offenbar sogar imstande sind, davon zu leben. Daneben gibt es Mikroben wie das Bodenbakterium *Bacillus subtilis*, die in ihrer inaktiven Form – als sogenannte Sporen – Strahlenmengen wegstecken können, die für die meisten anderen Organismen tödlich wären. Besonders beindruckend allerdings ist die 1956 bei Bestrahlungsversuchen von Fleischkonserven entdeckte Bakterie *Deinococcus radiodurans*, auch »Conan the Bacterium« genannt, nach einem einst von Arnold Schwarzenegger verkörperten, besonders widerstandsfähigen Fantasy-Helden. Tatsächlich verträgt *D. radiodurans* als aktive, stoffwechselnde Zelle problemlos Dinge, die jeden anderen Organismus umbringen würden: extreme Austrocknung, Vakuum und das Tausendfache der für einen Menschen tödlichen Strahlendosis.

Die Strahlenbelastung der Marsoberfläche ist weit geringer – tatsächlich ist sie nur doppelt so hoch wie an den von Natur aus radioaktivsten Orten der Erde, etwa bestimmten Stränden Brasiliens, wo sich thoriumhaltiger Monazitsand abgelagert hat. Allerdings würde es *D. radiodurans* auf dem Mars trotzdem nicht lange aushalten, denn für seinen Stoffwechsel braucht es Sauerstoff und organisches Material. Das gilt aber bei weitem nicht für alle Extremophile. Tatsächlich leben viele dieser Organismen von Materialien, die kein Mensch oder sonst ein höheres Lebewesen mit dem Begriff Nahrung in Verbindung bringen würde. Die Angehörigen der bereits erwähnten Art *Acidithiobacillus ferrooxidans* etwa atmen Schwefel und verdauen dabei Eisen. Bazillen mit solchen Ernährungsgewohnheiten können beispielsweise von Gesteinen leben, die das aus Eisen und Schwefel bestehende Mineral Pyrit enthalten.

Oft bedürfen solche Organismen noch nicht einmal zum Aufbau ihres Körpergewebes irgendwelcher organischer Moleküle. Ihnen reicht es, wenn in der Umgebung etwas Kohlendioxid vorhanden ist, das sie als Kohlenstoffquelle nutzen können. Unterm Strich machen sie also etwas Ähnliches wie Pflanzen – nur dass sie als Energiequelle nicht das Sonnenlicht nutzen, sondern die chemische Energie bestimmter Mineralien. Auch anorganische, vulkanische Gase wie Wasserstoff oder Schwefelwasserstoff können solchen Mikroben als Nahrungsgrundlage dienen – und damit letztlich ganze Nahrungsketten tragen. Das ist es, was an den erwähnten hydrothermalen Schloten in der Tiefsee geschieht.

Wenn es auf der Erde Organismen gibt, die unter solchen Bedingungen gedeihen und denen Kohlendioxid und Minerale zum Leben reichen, dann kann es natürlich auch auf dem Mars welche geben. Zudem ist es im Hinblick auf die in der dortigen Atmosphäre entdeckten Methanspuren nicht uninteressant, dass Extremophile, die Kohlendioxid auch zur Energiegewinnung nutzen, als Abfallprodukt ihres Stoffwechsels nicht selten Methan ausscheiden. Allerdings kommen auch die radikalsten Extremophilen nicht ohne flüssiges Wasser aus, und so sind auf dem Mars drei Szenarien denkbar, die sich freilich nicht gegenseitig ausschließen:

Erstens könnte die Marsoberfläche nur im Noachium von Mikroorganismen besiedelt gewesen sein, die dann vielleicht gar nicht allzu extremophiler Kompetenzen bedurften. Immerhin gab es damals flüssiges Wasser – vielleicht nicht immer, aber zumindest so regelmäßig, dass Basalt zu den im vorangegangenen Kapitel erwähnten Tonmineralen verwittern konnte. Auch besaß der Mars noch ein globales Magnetfeld, das die geladenen Teilchen von der Sonne von der Oberfläche fernhielt und die Strahlenbelastung erträglich machte. Als der Planet dann vor spätestens 3,7 Milliarden Jahren sowohl das Magnetfeld als auch seine dichte Atmosphäre verlor, starben diese Organismen aus. Heute wären allenfalls noch ihre fossilen Schatten in noachischen Gesteinen anzutreffen, am ehesten wohl in jenen Formationen, in denen die Raumsonden besagte Tonminerale erspäht haben.

Zweitens könnten sich nach der großen Klimakatastrophe einige Vertreter der Oberflächenfauna des Noachiums in den Untergrund zurückgezogen und an die dortigen Bedingungen angepasst haben, ähnlich wie die Organismen an den hydrothermalen Schloten der irdischen Ozeane. Tief unter der kalten, trockenen und verstrahlten Marsoberfläche dürfte es in der Nähe vulkanischer Zentren feucht und gemütlich geblieben sein – und möglicherweise hat das Leben dort bis auf den heutigen Tag überdauert.

Drittens schließlich wäre es denkbar, dass einige Organismen in der Nähe der Oberfläche geblieben sind, aber Lebenszyklen entwickelt haben, die auf geologischen Zeiträumen operieren. Rechnungen haben ergeben, dass strahlungsresistente Bakteriensporen vom Schlage eines *Bacillus subtilis* in zwei Meter Tiefe 450 000 Jahre lang überdauern können, bis auch ihr Erbgut durch die Strahlung irreparabel zerstört wäre. Kommt es auf dem Mars in kürzeren Abständen zu Tauereignissen – etwa durch vulkanische Aktivität –, könnten solche Mikroben die kurze Zeit der Feuchte nutzen, um sich zu vermehren und anschließend wieder für viele Jahrtausende in Kältestarre zu fallen. Dann könnte die Winderosion die Sporen freilegen und über den Planeten verteilen, so dass manche von ihnen die Chance erhielten, an Stellen abgelagert und von schützendem Sediment bedeckt zu werden, an denen es irgendwann einmal wieder taut. Besonders günstige Habitate sind hier die oberen Eisschichten der Polkappen oder die Permafrostgebiete rings um die Pole, wo sich während Phasen extremer Achsenlage des Planeten vielleicht kleine Taschen oder Blasen mit flüssigem Wasser bilden.

Soweit die Theorie, die sich allein auf das Wissen über das Leben auf unserem Planeten stützt. Was sagen nun die empirischen Daten vom Mars?

Zweifel an *Viking*

Nach allem, was man bis jetzt weiß, ist die Marsoberfläche heute vollkommen steril. Allerdings stützt sich dieses Wissen vor allem auf die im zweiten Kapitel beschriebenen vorprogrammierten Chemieexperimente, welche mit den *Viking*-Landegeräten an zwei Stellen auf dem Planeten durchgeführt worden sind. Wie erwähnt, war es vor allem das völlige Fehlen jeglichen organischen Materials, das die Fachwelt seinerzeit verblüffte und enttäuschte. Da selbst Meteoriten und Kometen mehr organische Moleküle enthalten, erklärten sich die meisten Experten die *Viking*-Resultate durch stark oxidierende Chemikalien im Marsboden, welche alle Kohlenstoffverbindungen zerstören, die komplexer sind als CO_2. Diese Stoffe, so die triste Folgerung, würden auch jeder noch so extremophilen Mikrobenspore den Garaus machen.

Aber bereits an der Frage der genauen Identität und Herkunft dieser aggressiven Oxidanzien scheiden sich die Geister. So ist es nicht gelungen, in irdischen Labors ein Stoffgemisch zu finden, das in der Lage wäre, sowohl die Ergebnisse des »markierten Entweichens« als auch die des sogenannten Hühnersuppen-Experimentes an Bord der *Viking*-Lander auf dem Mars befriedigend zu reproduzieren. Aus der Sauerstoffentwicklung beim Hühnersuppen-Versuch ergibt sich allerdings, dass es sich um sehr sauerstoffreiche Verbindungen handeln muss. Vor allem die als Bleich- und Desinfektionsmittel bekannten Peroxide kommen in Frage, aber auch Hyperoxide und Peroxinitrate.

Solche Verbindungen entstehen vermutlich bei der jahrmilliardenlangen UV-Bestrahlung des Marsgesteins durch die Sonne – doch ist das möglicherweise nicht die ganze Wahrheit. Modellrechnungen zufolge produziert das UV-Licht nämlich lange nicht die Mengen an Peroxiden, die nötig wären, um alle organischen Stoffe, die durch Meteoriten ständig auf den Mars einregnen, bis unter die Nachweisgrenzen des *Viking*-Detektors zu zersetzen. Gibt es auf dem Mars solche Peroxid-Mengen wirklich, so müssen sie noch anders entstehen – vielleicht bei elektrischen Entladungen während der zahlreichen großen und kleinen Staubstürme, wie manche Forscher vermuten.

Allerdings gibt es Zweifel an der Messempfindlichkeit der *Viking*-Apparatur. Sie kamen bereits 1978 auf, also kurz nach der Auswertung der *Viking*-Ergebnisse, verdichteten sich aber nach 1996, als die Astrobiologie sich formiert und die obenerwähnten Entdeckungen den Forschungsmittelfluss bei der Nasa kräftig angeregt hatten. Wie im zweiten Kapitel beschrieben, verfügte jede der beiden *Viking*-Sonden über einen Ofen, um im Marsboden durch Erhitzen bis auf 500°C flüchtige Substanzen zu verdampfen und so dem eigentlichen Nachweisgerät zuzuführen. Das ist eine Kombination aus einem Gaschromatograph genannten Gerät, das die Stoffe nach Molekulargewicht trennt, sowie einem Massenspektrometer zur Identifikation der verschiedenen Moleküle. Seit den späten siebziger Jahren treibt die Astrobiologen nun die Frage um, ob die Temperatur der *Viking*-Öfen tatsächlich ausreichte, um den Bodenproben alle organischen Verbindungen auszutreiben. So ergaben Untersuchungen, dass sich meteoritische Kohlenstoffverbindungen unter oxidierenden Bedingungen zu bestimmten, besonders robusten organischen Säuren umwandeln, die sich einer weiteren oxidativen Zerstörung widersetzen. Da sie zudem erst bei höheren Temperaturen gasförmig werden, waren sie für die *Viking*-Apparatur weitgehend unsichtbar. Das aber würde bedeuten, dass die Marssande möglicherweise lange nicht so oxidierend sind, wie zunächst gedacht – und damit auch nicht so lebensfeindlich. Andererseits hat auch die Landesonde *Phoenix* trotz der höheren Temperatur ihrer Öfen keine organischen Verbindungen in den oberen Zentimetern des Marsbodens an ihrer Landestelle finden können. Vielleicht sind sie der Oxidation durch die Perchlorat-Salze zum Ofer gefallen, die das borgeigene Chemielabor der Sonde im Marsboden der Landestelle fand. Die eingehende *Viking*-Analyse der *Phoenix*-Daten war allerdings bei Drucklegung dieses Buches noch nicht abgeschlossen.

Davon abgesehen, dürfte auch die Nachweisgrenze des Massenspektrometers zu hoch gelegen haben, um auf einen sterilen Mars schließen zu können. Modellrechnungen haben ergeben, dass das Gerät in einer ansonsten rein anorganischen Bodenprobe, der pro Gramm einige Millionen Zellen des Bakteriums *Escherichia coli* zugesetzt sind, nichts gefunden hätte. Hinzu kommt, dass es selbst auf der bis in die letzte Ritze von Bakterien besiedelten Erde etliche Orte gibt, an denen sich auch Mikroben so rar machen, dass eine Sonde mit der Ausstattung der *Viking*-Lander dort keine organischen Verbindungen gefunden hätte: in den Trockentälern der Antarktis, der libyschen Wüste und manchen Flecken der Atacama in Chile und Peru wären die Tests genauso negativ verlaufen wie auf dem Mars. Zu allem Überfluss haben Versuche an eisenoxidhaltigen Proben ergeben, dass das *Viking*-Messverfahren bei solchen Böden selber zur Oxidation eventuell organischer Materie führt. Die Sonden könnten also genau das, was sie suchten, bei der Suche zerstört haben.

Das alles relativiert die Aussagekraft der *Viking*-Daten, ändert aber nichts daran, dass der Mars zumindest an seiner Oberfläche auch mikrobiologisch gesehen eine schlimme Wüste ist. Das gilt freilich zunächst nur für den heutigen Mars – allerdings schon etwa so lange, wie es auf der Erde Leben gibt –, und es gilt natürlich nur in Bezug auf »Leben, wie wir es kennen«.

Leben, wie wir es nicht kennen

Man sieht nur, was man weiß. Der Spruch wird mal Goethe, mal Fontane zugeschrieben und diente auch schon mal einem Reiseführerverlag als Werbezeile. Wie wir in den ersten beiden Kapiteln gesehen haben, gilt er auch bei der wissenschaftlichen Eroberung des Mars: Man sah dort – und nicht immer zu Recht – vor allem das, was man von der Erde her kannte. Daher fehlt es heute nicht an Ermahnungen, doch nicht einfach vorauszusetzen, dass außerirdisches Leben genauso funktioniert wie das auf der Erde.

Tatsächlich aber lässt sich die Frage, was Leben ist, einzig anhand der irdischen Biosphäre beantworten. Denn Leben ist kein theoretischer Begriff, sondern ein empirischer. Als ein solcher kann er aber nicht definiert werden, sondern höchsten erklärt oder »expliziert«, wie Immanuel Kant sich ausdrückte, als er auf diesen Sachverhalt hinwies. Man kann also gar nicht sagen, was Leben »eigentlich« ist. Man kann nur die allgemeinen Merkmale aufzählen, die allen bisher bekannten Lebensformen gemeinsam sind. Dabei sollten diese Merkmale nicht zugleich auf Dinge passen, welche die Alltagssprache nicht ernsthaft als lebendig bezeichnen würde – etwa Autos, Computer oder Vulkane. Denn wie der andere große Philosoph der Neuzeit, Ludwig Wittgenstein, bemerkte, ist die Bedeutung eines Wortes sein Gebrauch in der Sprache.

Es hat daher keinen Sinn, den Begriff »Leben« so weit zu fassen, dass auch noch irgendwelche selbstorganisierten Plasmawirbel darunterfallen, nur weil unsere Phantasie uns sagt, dass dergleichen auf irgendwelchen unentdeckten Welten ein dominantes Phänomen sein könnte und man nur ja für alles offen bleiben will. Sinnvoller ist der Versuch, die Grenze zwischen belebt und unbelebt dort zu ziehen, wo ein spezifischer Prozess einsetzt, der bei allem bekannten Leben am Werke ist und der evidentermaßen offen ist für das Erscheinen von Wesen, die sich ihrer selbst und ihres Woher und Wozu bewusstwerden können. Dieser Prozess ist die Evolution mit dem Darwinschen Mechanismus aus Mutation und Selektion als Minimalausstattung. Damit könnte eine Explikation des Begriffes »Leben« zum Beispiel so aussehen: Lebendig sind nichtkünstliche Systeme, die mit der Umwelt Stoffe und Energie austauschen und dabei variable Kopien von sich selber herstellen, sich also fortpflanzen und so mit der Zeit an veränderten Umgebungen anpassen können. Leben ist nur Leben, wenn es zu adaptiver Weiterentwicklung fähig ist.

Diese Aufgabe löst nun aber schon das irdische Leben in bizarrer Vielfalt. Seit der Entstehung und Ausbreitung der höheren Tiere im Erdaltertum beherbergt unser Planet eine solche Fülle unterschiedlicher Lebensformen, dass Ausstatter von Science-Fiction-Filmen eigentlich nur in ein Biologiebuch schauen müssen, um auf Ideen zu kommen. Dabei drückt sich die Vielfalt der irdischen Biosphäre nicht nur in Köperformen aus, sondern auch in Lebensweisen: angefangen bei eisenatmenden Bakterien und lichtschluckenden Algen über alle Spielarten räuberischen oder parasitären Auskommens bis hin zu diversen Formen der sozialen Organisation in Bienenstaat oder sozialer Marktwirtschaft. Wenn da nun Astrobiologen spekulieren, in den Permafrostgebieten des Roten Planeten könnten Sporen schlummern, die nur alle Jahrzehntausende bei geeigneter Verkippung der Marsachse zum Leben erwachen, dann klingt das kühner, als es ist. Auch auf der Erde gibt es Pflanzen und Bakterien, die ihr Erbgut über Jahrtausende frisch zu halten vermögen, wenn es sein muss.

Trotzdem gibt es einige Eigenschaften, die alle irdischen Organismen, ganz gleich ob Mensch oder Bakterie, ob Schleimpilz oder Apfelbaum, gemeinsam haben. Erstens nutzen alle denselben Molekültyp, um ihren Bauplan in extrem komprimierter Form zu speichern: das nach der englischen Fachbezeichnung Deoxyribonucleic acid mit dem Kürzel »DNA« benannte phosphathaltige Zucker-Polymer, die berühmte Doppelhelix. Zweitens arbeiten alle bekannten Lebensformen mit Proteinen, also hochmolekularen Ketten von Aminosäuren, um ihr Körperwachstum und ihren Stoffwechsel zu organisieren, der sich – drittens – ausnahmslos in flüssigem Wasser abspielt. Das ist das Leben, das wir kennen.

Es gibt noch eine weitere Gemeinsamkeit, die gerade dadurch fasziniert, dass sie ohne funktionellen Sinn zu sein scheint: Alle irdischen Lebewesen nutzen – mit marginalen Ausnahmen – nur Aminosäuren in der sogenannten linksdrehenden Variante sowie Zucker in der rechtsdrehenden. Der Unterschied liegt in der

Symmetrie der Molekularstruktur: Linksdrehende und rechtsdrehende Moleküle gleichen einander wie die linke und rechte Hand eines Menschen. Beide können chemisch eigentlich dasselbe, so dass Lebewesen mit rechtshändigen Aminosäuren und linkshändigen Zuckern genauso gut vorstellbar wären. Sie kommen auf der Erde nur nicht vor. Warum, das weiß man nicht – es hat aber den bestechenden Vorteil, dass alle Erdbewohner einander mit Gewinn verspeisen können. Ein Steak aus lauter rechtsdrehenden Proteinen etwa könnte ein Mensch nicht verdauen.

Ein Unterschied, den eine vom irdischen Leben komplett unabhängig entstandene Biochemie aufweisen könnte, bestünde also darin, dass sie mit Zuckern und Aminosäuren entgegengesetzter Händigkeit operiert. Weiter darf man vielleicht nicht erwarten, dass Außerirdische ihre Erbinformation in DNA speichern – eine andere Molekülsorte täte es vielleicht genauso. Schon etwas schwieriger ist es, sich einen Organismus vorzustellen, der nicht auf die chemischen Vorzüge der Proteine zurückgreift, zumal von den Aminosäuren, die sie aufbauen, einige auch schon in Meteoriten gefunden wurden, also keine kosmischen Raritäten sind.

Hart an die Grenze des chemisch Möglichen kommt man dann allerdings beim Spekulieren über Leben, das ganz ohne flüssiges Wasser auskommt. Tatsächlich gibt es andere sogenannte polare Flüssigkeiten, die ebenfalls in der Lage sind, Mineralstoffe und organische Verbindungen zu lösen, und auf kälteren Planeten die Funktion des Wassers übernehmen könnten. Ammoniak wäre so eine, Fluorwasserstoff oder Alkohol kämen vielleicht auch in Frage. Keine dieser Substanzen hat aber auch nur annähernd die Qualitäten von Wasser als biochemisches Universallösungsmittel, keine wäre zudem in der heutigen Marsatmosphäre flüssig – und Ammoniak ist unter den oxidierenden Bedingungen dort chemisch auch gar nicht stabil. Vor allem aber sind alle diese Stoffe im Sonnensystem selten, sehr viel seltener als Wasser.

Die Häufigkeit des Wassers ist auch der Grund, warum Lebensformen auf der Basis eines anderen chemischen Elements als Kohlenstoff nicht wirklich funktionieren. Die Atome dieses Elementes müssten – als Minimalvoraussetzung – in der Lage sein, komplexe Verbindungen mit ihresgleichen und wenigen anderen Elementen zu bilden. Science-Fiction-Geschichten bieten hier gerne das Silicium an, da es von allen Elementen chemisch am engsten mit dem Kohlenstoff verwandt ist. Doch eine besondere Nähe folgt aus dieser Verwandtschaft keineswegs. Zwar bildet das Silicium den Kohlenwasserstoffen analoge Kettenmoleküle, doch sie werden von Wasser zersetzt und sind auch im trockenen Zustand lange nicht so stabil wie Kohlenstoffgerüste – und sie sind es umso weniger, je länger und komplexer sie sind. Vor allem aber ist das Oxid des Siliciums nicht gasförmig und wasserlöslich wie das Kohlendioxid, sondern bildet einen hochschmelzenden und wasserfesten Festkörper – nämlich Quarz. Ohne eine mobile, leicht lösliche Form fehlt dem Silicium aber etwas biochemisch ganz Wesentliches, das den Kohlenstoffwesen den Stoffaustausch mit der Umgebung ermöglicht, ein Grundcharakteristikum des Lebens.

Ein anderes Element, das (etwa mit Wasserstoff und Stickstoff) komplexe Moleküle bilden kann, ist das Bor. Das Potential dieser Verbindungen für eine alternative Biochemie ist indes kaum erforscht, vor allem weil Bor im Kosmos ausgesprochen selten ist. Feststeht nur, dass solche Bor-Organismen keinerlei Wasser vertrügen, da es ihr Körpergewebe im Nu zersetzen würde. Selbst die sehr geringen Wasserdampfmengen in der Marsatmosphäre würden sie schnell umbringen.

Alles in allem gibt es also nicht den geringsten Hinweis darauf, dass Leben auf anderer Basis als der von Kohlenstoff und Wasser möglich ist – aber eine überwältigende Menge von Argumenten dagegen. Auf dem Mars können sich einige Wissenschaftler trotzdem eine alternative Biochemie vorstellen, die zwar nicht ganz ohne, aber mit sehr wenig Wasser auskommt. Wie so etwas aussehen könnte, haben im Jahr 2007 der Geologe Dirk Schulze-Makuch von der Washington State University sowie sein Kollege Joop Houtkooper beschrieben. Schulze-Makuch hat ein gewisses Faible für spektakuläre astrobiologische Ideen, so hatte er zuvor schon die Möglichkeit von Leben in der Atmosphäre der Venus erwogen. Auf dem Mars kann er sich einfache Organismen vorstellen, deren Zellflüssigkeit aus einem Gemisch aus Wasser und Wasserstoffperoxid besteht – jener Flüssigkeit, die man zum Blondieren von Haaren verwendet.

Das Blondieren ist in Wahrheit ein Bleichen – eine Zerstörung dunkler Farbpigmente durch den freien Sauerstoff, den das Wasserstoffperoxid leicht abgibt. Die schon erwähnten Peroxide, die man aufgrund der *Viking*-Daten im Marsboden vermutet, sind chemische Abkömmlinge des Wasserstoffperoxids, und es muss schon eine absonderliche Lebensform sein, deren Gewebe durch diese Substanzen nicht zerstört wird, sondern die sie auch noch aktiv produziert. Unmöglich ist es aber nicht: Auch auf der Erde gibt es Organismen, welche die aggressive Flüssigkeit produzieren. Ein berühmtes Beispiel sind die Bombardierkäfer (Brachininae), die bei Gefahr in ihrem Hinterleib Wasserstoffperoxid mit anderen Stoffen zu einer kleinen Sprengladung zur Abwehr von Feinden mischen. Auch bei einigen irdischen Mikroorganismen kommt die Verbindung vor, das Essigsäurebakterium *Acetobacter peroxidans* nutzt es sogar für seinen Stoffwechsel.

Für Marsmikroben hätte ein Zellsaft aus einer etwa 60prozentigen Wasserstoffperoxid-Lösung nun einige entscheidende Vorteile, glauben Houtkooper und Schulze-Makuch. Erstens ist dieses Gemisch auch bei Temperaturen von –50°C noch flüssig. Zweitens ist es stark hygroskopisch, es zieht also Luftfeuchtigkeit an, und damit – so vermuten die beiden – könnten die Organismen auch die winzigen Wasserdampfmengen in der Marsatmosphäre anzapfen. Die Kehrseite sei natürlich, dass solchen Lebewesen erdähnliche Bedingungen, also Wärme und ein Übermaß an Feuchtigkeit, überhaupt nicht bekämen. Da die *Viking*-Experimente ihre Bodenproben aber genau damit traktierten, hätten sie eventuell vorhandenen Peroxid-Mikroben sofort den Garaus gemacht. Ihre hochspezialisierten organischen Gewebebestandteile wären durch den spontan freigesetzten Sauerstoff augenblicklich und restlos oxidiert worden. Und insofern stehe die Hypothese der Existenz einer Peroxid-Fauna auf dem Mars auch nicht im Widerspruch zu den Beobachtungen.

In irgendeiner Weise durch Daten gestützt wird diese Idee aber natürlich genauso wenig. Sie macht aber anschaulich, dass zwischen einem »Leben, wie wir es kennen« – also einer Wasser-Protein-Chemie wie in der irdischen Biosphäre –, einerseits und vage denkmöglichen Ammoniak-Wesen andererseits allerhand Raum ist. Auch extraterrestrisches Leben, wenn es denn irgendwo welches gibt, wird aller Wahrscheinlichkeit nach auf Kohlenstoff und Wasser beruhen. Aber es muss trotzdem kein Leben sein, wie wir es kennen.

Die Sache ALH84001

Die meisten Astrobiologen suchen im All nach Nischen für Leben, das dem ähnelt, das wir kennen. Ihre konservative Haltung dürfte vor allem zwei Gründe haben. Der erste liegt in der Hoffnung vieler Forscher, bei der Suche nach Leben im All auf Hinweise darauf zu stoßen, wie das Leben auf der Erde entstanden ist – das aber setzt eine gewisse biochemische Universalität bereits voraus. Der zweite Grund ist das methodische Problem, sehr exotisch organisierte Lebensformen überhaupt zu erkennen. Das gilt vor allem beim Mars, wo die Mehrheit der Astrobiologen sich schon über fossile Spuren einer noachischen Mikrofauna freuen würde. Ist man da mit seinem Begriff des Biologischen zu großzügig, könnte man am Ende in alles Mögliche Spuren vergangenen Lebens hineininterpretieren.

Genau das scheint bei dem eingangs erwähnten Marsmeteoriten ALH84001 passiert zu sein. Dabei sah die Sache zunächst wirklich überzeugend aus, so überzeugend, dass die Nasa-Führung in jenem Sommer 1996 umgehend das Weiße Haus benachrichtigte, woraufhin Präsident Bill Clinton eine Erklärung dazu abgab – noch bevor die Studie des McKay-Teams offiziell publiziert war.

Der Stein, um den sich dabei alles drehte, ist knapp zwei Kilo schwer und war bereits 1984 im Victoria-Land in der Ostantarktis gefunden worden – und zwar als erster Fund dieses Jahres in dem Gebiet der Allan Hills, daher seine Bezeichnung. Die Alan Hills sind reiche Jagdgründe für Meteoritensammler, denn dort fließt der Gletscher gegen eine Gebirgskette an, wird dabei emporgedrückt und gibt durch Verwitterung frei, was im Laufe der Jahrtausende so alles auf ihn draufgefallen ist. ALH84001 muss dort vor etwa 13 000 Jahren heruntergekommen und zuvor rund 16 Millionen Jahre durch den Weltraum geflogen sein. Das kann man aus den kernchemischen Spuren ersehen, welche die Einwirkung der kosmischen Strahlen hinterlassen haben. Aus charakteristischen Edelgaseinschlüssen schließlich weiß man, dass sein Gestein davor zur Kruste des Mars gehört haben muss.

Das alles ist weitgehend unumstritten, genauso wie das radiochemische Alter des Gesteins, das ALH84001 als das bisher einzige im Labor analysierbare Stück aus der noachischen Epoche der Marsgeschichte ausweist. Das Material aller anderen Marsmeteoriten stammt aus sehr viel späteren, amazonischen Zeiten. Zudem wurden auf ALH84001 die auf dem Mars lange vermissten Carbonate gefunden. Sie müssen vor 3,9 bis 4,0 Milliarden Jahren in zuvor gebildeten Rissen innerhalb des Steins auskristallisiert sein und zeigen, dass zu dieser Zeit die große Versauerung des Mars durch vulkanisches Schwefeldioxid noch nicht ihr volles Ausmaß erreicht hatte. Allein das macht ALH84001 zu einem ganz besonderen Stein.

Doch nun fanden David MacKay und seine Gruppe darauf auch noch etwas, bei dem es sich ihrer Meinung nach um fossile Reste mikroskopischer Organismen handelte. Ihr Schluss stützte sich seinerzeit auf vier Indizien: Erstens sind besagte Carbonate komplexer, als anorganische Ablagerungen es üblicherweise sind: Sie bilden abgeplattete Kügelchen von einem Viertelmillimeter Durchmesser. Unter dem Elektronenmikroskop offenbaren diese sogenannten Globulen dünne Hüllen aus Körnchen anderer Minerale, die auf der Erde tatsächlich von Mikroben gebildet werden können. Bei einer Sorte dieser Körnchen – und das ist das zweite Indiz – handelt es sich um Kristalle des magnetischen Eisenoxids Magnetit. Etwa ein Viertel davon ähneln frappant jenen Magnetit-Kristallen, mit deren Hilfe sich bestimmte irdische Bakterienarten im Erdmagnetfeld orientieren. Drittens fanden die Forscher zusammen mit den Carbonat-Globulen organische Substanzen, sogenannte polycyklische aromatische Kohlenwasserstoffe, bei denen es sich um Zersetzungsprodukte biologischen Gewebes handeln könnte. Auf der Erde sind sie typische Inhaltsstoffe von Erdöl, Kohle oder auch Zigarettenrauch.

Den größten öffentlichen Eindruck machte freilich das vierte Indiz, da es nicht aus mineralogischen oder chemischen Befunden bestand, sondern aus Bildern. Es waren rasterelektronenmikroskopische Aufnahmen von der Oberfläche der Globulen, und sie zeigten längliche, würmchenartige Gebilde. Nach Ansicht von MacKay und Kollegen könnte es tatsächlich genau das sein, wonach es aussieht: Leibhaftige Körperfossilien einer Kolonie von Marsmikroben.

Nun bedürfen außerordentliche Behauptungen nach einem Diktum von Carl Sagan auch außerordentlicher Beweise. Auch nach Ansicht von McKay und seinen Mitstreitern konnte man keines der vier Indizien als einen solchen werten. »Keine dieser Beobachtungen ist für sich genommen ein Beweis für die Existenz früheren Lebens [auf dem Mars]«, schrieben die Forscher am Ende ihrer Veröffentlichung im Wissenschaftsmagazin *Science*. Allerdings: »Obwohl jede einzelne auch anders erklärt werden kann, lassen sie gemeinsam betrachtet – und insbesondere angesichts ihres räumlichen Zusammentreffens – den Schluss zu, dass sie primitive Lebensformen auf dem frühen Mars belegen.«

In der allgemeinen Euphorie sahen nicht alle Wissenschaftler die forschungslogische Schwäche der McKay-Studie gleich so klar wie etwa der Geologe Edward Stolper vom California Institute of Technology. »Ich habe dieser Logik nie folgen können, dass die Verbindung lauter unschlüssiger Argumente schlüssig sein soll.« Trotzdem war der Schluss auf die Marsmikroben suggestiv und zugleich spektakulär genug, damit sich in den beiden auf die Veröffentlichung folgenden Jahren etliche Forschungsgruppen Proben von ALH84001 schicken ließen und ihn so zu dem am besten untersuchten Steinbrocken im gesamten Sonnensystem machten.

Dann allerdings machte sich schnell Ernüchterung breit. Bereits 1998 waren drei der vier genannten Indizien praktisch vom Tisch. Sowohl die Carbonat-Globulen als auch die Polycyklischen Aromaten sind seither auch in den Augen der McKay-Gruppe keine Indizien für Leben mehr, keine »Biomarker«, wie die Astrobiologen das nennen. Immerhin hatte man aber nachweisen können, dass die Polycyklischen Aromaten tatsächlich vom Mars stammen, und hatte damit zum ersten Mal genuin marsianische Spuren jener organischen Verbindungen gefunden, die in Kometen und Asteroiden reichlich vorkommen und über deren Fehlen in den *Viking*-Daten man sich so sehr gewundert hatte. Zumindest in Klüften der uralten noachischen Kruste, deren Teil ALH84001 einst gewesen war, hatten sie sich erhalten.

Besonders interessant ist der Sturz des populärsten Teils der McKayschen Argumentation: die »kleinen grauen Würmer«, wie ein Journalist sie einmal nannte, die angeblichen Marsmikroben, deren Mikroskopaufnahmen schon drauf und dran waren, zur medialen Ikone der jungen Astrobiologie zu werden. Sie zogen früh die Kritik des prominenten Paläontologen William Schopf von der University of California in Los Angeles auf sich, der keine Anhaltspunkte dafür sah, dass es sich dabei um fossile Zellen handelt. Schopfs Wort wog schwer, war er doch ein Experte für versteinerte Mikroben und Anfang der 1990er Jahre durch die Entdeckung der frühesten versteinerten irdischen Bakterien in Westaustralien berühmt geworden.

Doch mit Bill Schopf stecken wir schon wieder mitten in dem Problem, wie weit »Leben, das wir nicht kennen« von dem, das wir kennen, entfernt sein darf. So kann man Schopf entgegenhalten, er halte sich bei der Beurteilung dessen, was eine biologisch entstandene Versteinerung sei und was ein rein anorganisches sogenanntes »Pseudofossil«, ungebührlich eng an irdische Maßstäbe; die »Würmer« auf ALH84001 sind schließlich vom Mars und nicht aus Australien. Die ganze Vertracktheit dieser Frage – und das tragische Potential für die involvierten Forscher – wurde im Jahr 2002 deutlich, als eine Gruppe um den britischen Paläontologen Martin Brasier Schopfs Argumente für einen biologischen Ursprung seiner australischen Fossilien ähnlich auseinandernahm, wie dieser es mit den Strukturen auf ALH84001 getan hatte. Wenn die Forscher aber schon bei irdischen Gesteinen so handfeste Schwierigkeiten haben, versteinerte Bazillen darin zweifelsfrei als solche zu erkennen, wie soll ihnen das dann erst auf dem Mars gelingen?

Nun haben die »Würmer« auf ALH84001 allerdings noch andere Probleme. Denn es stellte sich heraus, dass es sich bei den meisten dieser Objekte um Artefakte handelt, die erst durch den Prozess des Mikroskopierens entstanden waren. Einige Würmchen sind aber tatsächlich echte Strukturen im Marsgestein. Doch bei ihnen ist das Problem ihre Winzigkeit: Sie sind nur 100 Nanometer lang und noch ein ganzes Ende schmaler. Die Biologen sind sich aber ziemlich einig, dass eine zu Stoffwechsel und Vermehrung befähigte Zelle mindestens 200 Nanometer groß sein muss – und auch dann nur, wenn sie von kugeliger Gestalt ist. Allein Viren sind kleiner, aber die bedürfen zu ihrer Vermehrung und Evolution echte Zellen als Wirt und sind keine eigenständigen Lebewesen. Echte Zellen aber, ob irdisch oder marsianisch, brauchen eine biochemische Minimalausstattung, und die passt in Objekte kleiner als 200 Nanometer einfach nicht hinein – erst recht nicht in die Würmchen vom Mars, die ein tausendmal kleineres Volumen umschließen als ein typisches Bakterium von der Erde.

In den Jahren nach 1998 kam den Verteidigern der Marswürmer nun die Entdeckung sogenannter »Nano-Bakterien« zu Hilfe, deren Größe der der biomorphen Strukturen auf dem Marsmeteoriten eher entspricht. Um ihren Status als Lebensform allerdings tobte bald eine heftige mikrobiologische Kontroverse. Denn einerseits können sich diese Partikel, die mit der Bildung von Nierensteinen und einer Reihe weiterer Krankheiten in Verbindung gebracht werden, eigenständig vermehren. Andererseits fand man keine DNA und auch sonst nichts, was zur Speicherung von Erbinformation dienen könnte. Nach allem, was man heute weiß, ist ihre Vermehrung eher mit dem Wachstum eines Minerals zu vergleichen, dem neue Kristallnadeln sprießen. Lebensformen sind es demnach keine.

Natürlich hätten David McKay und seine Kollegen nun zur Rettung ihrer »Würmer« als biologische Fossilien nach Art von Houtkooper und Schulze-Makuch eine verrückte Biochemie jenseits der Proteine vermuten können, die auch Nano-Organismen in die Lage versetzt, sich fortzupflanzen. Aber es ist bezeichnend für die Nüchternheit dieser Forscher – und überhaupt der meisten Astrobiologen –, dass sie darauf verzichteten und ihr Argument stattdessen allein auf einen Teil der Magnetitkristalle in ALH84001 gründen. Wenn die aber wirklich von bakterienartigen Marswesen stammen, dann können das nicht jene Nano-Würmchen sein. Denn eine einerseits exotische Molekularbiologie, die andererseits eine von der Erde her vertraute Eigenschaft hervorbringt, strapaziert die Grenzen der Plausibilität dann doch zu sehr. Allerdings ist damit von den vier Indizien für Leben auf dem Mars gerade mal ein einziges übrig geblieben, von dem die Entdecker selber geschrieben haben, es sei für sich kein Beweis. Tatsächlich dürfte, zumindest außerhalb des McKay-Teams, kein einziger Wissenschaftler noch an die Marsmikroben auf ALH84001 glauben.

Salz und Zeit

Das Fehlen von Beweisen für Leben auf dem frühen Mars ist natürlich noch lange kein Beweis für ein Fehlen solchen Lebens. Und es gibt ja, wie beschrieben, immerhin genügend Anhaltspunkte für Bedingungen zu früheren Epochen der Marsgeschichte, in denen der Planet extremophilen Organismen mit geeigneter Anpassung eine Heimstatt hätte bieten können. Es gibt allerdings auch Befunde, die in eine andere Richtung deuten. So haben Forscher um den angesehenen Paläontologen Andy Knoll von der Harvard University darauf hingewiesen, dass es auf der Erde Vorkommen flüssigen Wassers gibt, in denen nichts, aber auch gar nichts lebt – und ausgerechnet das Wasser an den am besten erforschten ehemals feuchten Orten auf dem Mars muss von dieser Art gewesen sein.

Für Leben, wie wir es kennen, reicht es eben nicht, dass Wasser flüssig ist. Auch Temperatur, Säuregrad und Salzgehalt müssen sich in gewissen Grenzen bewegen. Dabei sind es überraschenderweise nicht Hitze, Kälte oder Säure, die extremophilen Organismen wirklich Probleme machen, sondern ein Übermaß an Salzen. Im Allgemeinen versteht man unter Salzen mehr oder weniger wasserlösliche Mineralien, Kochsalz (Natriumchlorid) ist nur eines von vielen. Ihre Löslichkeit beruht nun darauf, dass ihr Kristallgitter aus elektrisch geladenen Atomrümpfen – den Ionen – besteht, die sich im Wasser selbständig machen, wodurch der Kristallverband zerfällt. Allerdings scharen sich nun Wassermoleküle um die Ionen, so dass jedes eine dicke Wolke davon mitschleppt. Je mehr Salz im Wasser gelöst ist, desto mehr Ionen schwimmen dort herum, desto mehr Wassermoleküle sind in solchen Wolken gebunden – und desto weniger stehen für biologische Prozesse zur Verfügung. Salzigeres Wasser ist also biologisch gesehen trockener als weniger gesalzenes – auch wenn es physikalisch genauso flüssig ist.

Im irdischen Meerwasser etwa sind gut zwei Prozent der Wassermoleküle um Salzionen geschart – was die Meeresfauna bekanntlich problemlos verkraftet. Bedenklich wird es ab einem Salzgehalt, bei dem die Ionen zehn Prozent des Wassers in Beschlag nehmen – es gibt nur wenige Organismen, die das aushalten. Ein paar extremophile Pilze und Archaeen vertragen Wasser, bei dem 25 Prozent der Wassermoleküle an Salzionen hängen, und ein einziges Lebewesen, ein Schimmelpilz namens *Xeromyces bisporus*, verträgt 39 Prozent – aber auch nur, wenn ihm zugleich sehr viel Zucker als Nahrung zur Verfügung steht.

Wie »trocken« Salzwasser werden kann, hängt nun nicht nur von der Salzkonzentration ab, sondern vor allem auch von der Art des Salzes. Die eisen- und magnesiumreichen Salze, die auf dem Mars bei der Verwitterung von Basalt durch vulkanische Ausdünstungen in großen Mengen entstanden sein dürften, ergeben bei gleicher Menge ungleich »trockenere« Lösungen als Kochsalz und die anderen für irdische Gewässer typischen Minerale. Das Forscherteam aus Harvard hat insbesondere berechnet, wie es um die Nässe jenes Wassers bestellt war, in dem sich die Salzsandsteine der Ebene Meridiani Planum gebildet haben. Wir erinnern uns: Der Rover *Opportunity* hatte diese Ablagerungen entdeckt, und obwohl nicht ganz geklärt ist, in welchem Umfang das Wasser dort als Flüssigkeit an der Oberfläche austrat, gilt Meridiani Planum heute als eine späte Marslandschaft, für welche die Existenz flüssigen Grundwassers über längere Zeiträume hinweg gesichert ist.

Wie die Berechnungen allerdings zeigten, muss dieses Grundwasser so extrem salzig gewesen sein, dass zwischen 14 und mehr als 22 Prozent der Wassermoleküle von den Ionen in Beschlag genommen war. Nur ganz wenige irdische Extremophile hätten es in dieser Brühe ausgehalten. Und wenn es dort Lebewesen gab, so dürften sie sich kaum dort entwickelt haben. Alle irdischen Salzextremisten sind Nachkommen von Organismen, die weit weniger Salz vertragen haben. Wenn die hypothetische Biosphäre des frühen Mars also nicht grundsätzlich anders beschaffen war als das, was wir von der Erde kennen, so müssen ihre Anfänge in Zeiten liegen, in denen das Wasser nicht nur flüssig, sondern auch sehr viel salzärmer war als auf Meridiani Planum und anderen Orten, bei denen eine dauerhaft wässerige Vergangenheit vermutet wird.

Damit aber verschärft sich eine andere Frage, mit der sich jeder Forscher konfrontiert sieht, der eine belebte Marsurzeit erwartet: Hatte der Mars überhaupt genügend Zeit, damit sich Leben bilden konnte?

Hier könnte es eng werden. Wie mehrfach erwähnt, muss der Mars vor 3,7 Milliarden Jahren einen großen Teil seiner Atmosphäre und damit sämtliche dauerhaften Oberflächengewässer verloren haben. Danach hätte sich Leben allenfalls unterirdisch in bestimmten lokal begrenzten, vulkanisch temperierten Zonen entwickeln können, was zwar nicht unmöglich, aber wohl wesentlich weniger wahrscheinlich ist. Auch wenn Extremophile solche Orte vielleicht sogar noch heute bewohnen, so sind sie nach Ansicht vieler Forscher kaum dort entstanden, sondern dürften sich aus weniger speziell angepassten – und damit anspruchsvolleren – Vorfahren entwickelt haben.

Vor 3,7 Milliarden Jahren schloss sich also wahrscheinlich das Zeitfenster für die Bildung einer Marsbiosphäre. Wann öffnete es sich? Zwar muss der Mars vor 4,5 Milliarden Jahren bereits eine feste Kruste gehabt haben, denn so viel Zeit ist vergangen, seit das Gestein des Meteoriten ALH84001 erstarrte. Aber daraus folgt noch lange nicht, dass die Epoche lebensfreundlicher Verhältnisse auf dem Mars da schon begonnen hatte. Im Gegenteil. Um die Zeit, als das Material in ALH84001 entstand, wurde der Planet mutmaßlich von jenem plutogroßen Objekt getroffen, das die nördliche Tiefebene schuf. Und es war nicht der einzige Treffer. Insgesamt schwirrten damals noch so viele große und kleine Asteroiden durch das innere Sonnensystem, dass die Planeten dort unter Dauerbeschuss standen, der sie immer wieder sterilisierte. Erst vor etwa 4,2 Milliarden Jahren dürfte die Einschlagsrate auf etwa das Zehnfache des heutigen Wertes abgefallen sein. Jetzt erst brachen die milden, feuchten Zeiten an, in denen die noachischen Talnetzwerke, die

Tonablagerungen und eben vielleicht auch Leben auf dem Mars entstanden. Mehr als 500 Millionen Jahre hat dieses Goldene Zeitalter des Mars also kaum gedauert.

Wahrscheinlich war es aber viel kürzer. Denn vor 4,1 bis 3,8 Milliarden Jahren machte das innere Sonnensystem wahrscheinlich noch einmal eine Phase dichten Asteroidenhagels durch. Das schließen viele Planetenwissenschaftler aus dem Material, das die Apollo-Astronauten auf dem Mond aufgesammelt haben: Keines dieser Gesteine ist älter als etwa 4 Milliarden Jahre. Offenbar wurde die Oberfläche des Erdtrabanten damals noch einmal von Einschlägen vollkommen umgepflügt – und damit sicher auch die der Erde und des Mars. Die Gründe für dieses »Late Heavy Bombardment«, wie die Forscher es nennen, sind nicht völlig geklärt, es könnte aber die Folge einer Serie von Störungen des Asteroidengürtels oder des sogenannten Kuiper-Gürtels am Rande des Sonnensystems gewesen sein, ausgelöst durch himmelsmechanische Verschiebungen in den Bahnen der äußeren Gasplaneten.

Was auch immer hinter dem Late Heavy Bombardment steckt, die Folgen waren verheerend. Auf der Erde ging damals mindestens alle paar hundert Jahre ein Brocken von 10 Kilometern Durchmesser nieder. Einschläge dieser Größenordnung kommen heute im Schnitt nur alle 100 Millionen Jahre vor – der letzte trug vor 65 Millionen Jahren wohl maßgeblich zum Untergang der Dinosaurier bei. Kleinere, kilometergroße Brocken, die auch schon globale Verwüstungen anrichten können, waren während des Late Heavy Bombardments noch sehr viel häufiger, und vielleicht verlor die Erde dabei zwischenzeitlich sogar ihre Ozeane, die sie zuvor vermutlich schon besaß. Es gibt keinen Grund, warum der dem Asteroidengürtel näher gelegene Mars weniger gelitten haben soll.

Somit blieben dem Leben auf dem Mars vielleicht nur jene 100 Millionen Jahre zwischen dem Ende des Late Heavy Bombardment einerseits und dem Verlust der Atmosphäre beziehungsweise der großen Versauerung am Ende des Noachiums andererseits. Es ist natürlich nicht völlig ausgeschlossen, dass dies reicht. Da man nicht weiß, wie das Leben entsteht, hat man auch keine Ahnung, wie lange so etwas dauert. Selbst bei der irdischen Biosphäre tappt man da weitgehend im Dunkeln. Die 3,7 Milliarden Jahre alten Graphitflecken in grönländischen Gesteinen, die oft als älteste Spuren irdischen Lebens gedeutet werden, sind in der Forschung nicht mehr unumstritten und damit auch nicht die These, das Leben habe sich auf der Erde sofort breitgemacht, als das Nachlassen des Late Heavy Bombardments ihm die Chance dazu bot.

Es gibt damit auch keinen Anlass zu glauben, dass auch ein nichtkontingenter, also naturgesetzlich zwangsläufiger Ursprung des Lebens einen Planeten praktisch sofort mit einer dauerhaften und ausgedehnten Biosphäre überzieht. Eine biologische Evolution braucht möglicherweise viele Chancen, um überhaupt in Gang zu kommen, und damit viel Zeit – vielleicht mehr Zeit, als auf dem Mars zur Verfügung stand, damit Leben dort unabhängig von dem auf der Erde entstehen konnte.

Auf zwei Planeten

Doch einmal angenommen, man fände Spuren biologischer Aktivitäten auf dem Mars. Muss dies dann wirklich völlig unabhängig von dem Leben auf der Erde entstanden sein? Die Nasa gab sich eine Zeitlang viel Mühe, ihre Sonden zu sterilisieren, damit diese ja keine irdischen Keime auf dem Mars einschleppen, welche dann später die Astrobiologen an der Nase herumführen könnten. Doch einmal abgesehen davon, dass zumindest die frühen sowjetischen Landesonden alles andere als keimfrei gewesen sein dürften: die Marsmeteoriten zeugen davon, dass die beiden Planeten seit Jahrmilliarden Material austauschen – und daher keineswegs so isoliert voneinander sind, wie man lange angenommen hat.

Was mit Marsbrocken, die durch Meteoriteneinschläge ins

All geschleudert werden, so alles passieren kann, das haben 1996 Forscher des Canadian Institute for Theoretical Astrophysics durch Computersimulationen ermittelt. Demnach fallen zehn Prozent in den ersten 15 Millionen Jahren nach ihrer Loslösung auf den Mars zurück, drei Prozent geraten in die Nähe des Jupiter und werden von ihm aus dem Sonnensystem hinauskatapultiert, neun Prozent verglühen in der Sonne, 1,5 Prozent fallen auf die Venus – und immerhin drei Prozent schlagen auf der Erde auf. Der Rest kreist weiter um die Sonne, bis auch sie irgendwann eines dieser möglichen Schicksale ereilt.

Natürlich können so auch Brocken von der Erde auf den Mars gelangen. Da die Erde ein stärkeres Gravitationsfeld und eine dichtere Atmosphäre hat, welche Einschlagstrümmer öfter von einem Start ins All abhalten – aber auch weil eine Beschleunigung von Erdbrocken zum Mars auch noch die Sonnenschwerkraft überwinden muss –, kommt das freilich deutlich seltener vor als eine Reise in die umgekehrte Richtung. Trotzdem wurden auch von der Erde in den vergangenen vier Milliarden Jahren so viele Fragmente abgesprengt, dass schon etliche Millionen Tonnen Erdgestein auf den Mars transferiert wurden, selbst wenn man nur die Trümmer mitzählt, die sich während Start, Reise und der Landung auf nicht mehr als 100°C erhitzten.

Nun ist irdisches Gestein bis in die letzte Ritze belebt – bei Bohrungen in Schweden hat man noch in fünf Kilometer Tiefe Bakterien gefunden. Viele Mikroben sind ausgesprochen hitzeresistent, und manche stecken Erwärmungen bis 100°C weg, zumindest, in ihrer inaktiven Form als sogenannte Sporen. Experimente mit Sporen des Bodenbakteriums *Bacillus subtilis* haben ergeben, dass von den hundert Milliarden, die ein Kilo Gestein bevölkern, immerhin zehn Millionen die extremen Drücke überleben würden, welche bei einem Einschlag auftreten, der sie ins All katapultiert. Der Stress, welche die Sporen bei der Landung auf einem anderen Planeten aushalten müssen, ist weniger gut erforscht, aber es ist nicht zu erwarten, dass die Verluste dabei sehr viel größer sind als beim Start.

Der gefährlichste Teil des Transfers wäre für Lebenskeime die eigentliche Reise durch das All. Das Vakuum ist dabei gar nicht das größte Problem – sein Effekt auf Bakteriensporen ist im Wesentlichen der einer extremen Austrocknung, und darauf hat die Evolution sie vorbereitet. Viel schlimmer ist die Strahlung, insbesondere die UV-Strahlung der Sonne. Doch gut geschützt im Inneren eines Steins, vielleicht noch von Salzkristallen umgeben, können *B. subtilis*-Sporen jahrelange Weltraumaufenthalte überleben, wie Experimente im All gezeigt haben. Eine Jahrmillionen dauernde Überfahrt, wie sie AHL84001 absolvierte, dürfte aber kaum eine Bakterienspore heil überstehen. Allerdings sind unter den unzähligen interplanetaren Brocken rein statistisch immer auch welche, die sehr viel schneller am Ziel sind. Sie könnten – mit einer kleinen, aber nicht verschwindenden Wahrscheinlichkeit – den Keim des Lebens von einem Planeten auf den anderen tragen.

Damit befindet sich die Suche nach biologischen Spuren auf dem Mars in einem eigenartigen Dilemma. Ist dort Leben unter Bedingungen entstanden, die von denen auf der frühen Erde sehr verschieden waren, dann ist es als »Leben, wie wir es nicht kennen« vielleicht so fremdartig, dass es als solches auch nicht zu erkennen ist. Waren die Bedingungen aber sehr ähnlich, dann ist es wahrscheinlich, dass das Leben sich dort auch sehr ähnlicher oder gar derselben biochemischen Moleküle und Mechanismen bediente wie das auf der Erde.

Das wäre insbesondere dann der Fall, wenn das Prinzip von Mutation und Selektion – was plausibel erscheint – bereits in frühesten Stufen der Entstehung des Lebens zum Tragen kam und damit auch die sogenannte »konvergente Evolution«. Bei diesem in der Erdgeschichte allgegenwärtigen Phänomen führen evolutionäre Prozesse unter ähnlichen äußeren Bedingungen immer wieder zu ähnlichen biologischen Lösungen: So ähneln sich etwa die spindelförmigen Körper von Delphinen, Thunfischen und bestimmten Meeressauriern, obwohl es sich jeweils um Tiere völlig verschiedener Abstammung handelt. Das Leben als behände Schwimmer auf hoher See hat sie so ähnlich gemacht wie die moderne Aerodynamik die Karosserien von Mittelklasseautos verschiedener Hersteller. Der britische Evolutionsbiologe Simon Conway Morris vermutet sogar, dass der Druck zu konvergenten evolutionären Entwicklungen so mächtig ist, dass außerirdisch entstandenes Leben sich von dem auf der Erde gar nicht so drastisch unterschiede, wie besonders phantasievolle Science-Fiction-Autoren glauben.

Nun weiß niemand, in welcher Umgebung sich die ersten lebenden Zellen formten – ob an Küsten, an hydrothermalen Schloten in der Tiefsee, auf der Oberfläche bestimmter Gesteine oder doch in dem »warmen kleinen Teich«, über den Charles Darwin spekulierte. Doch welche auch immer es waren: Ist Leben auf dem frühen Mars unter ähnlichen Umständen wie auf der frühen Erde entstanden, dann dürfte anhand von Funden fossiler Marsmikroben – wenn nicht sogar von noch heute existierenden – kaum zweifelsfrei zu klären sein, ob diese marsianische Fauna wirklich vollkommen unabhängig von der Biosphäre der Erde ins Dasein trat. Da Erde und Mars aufgrund der Meteoritentransfers auch biologisch nicht perfekt isoliert sind, bleibt unklar, ob nun die konvergente Evolution dafür sorgte, dass »Leben, wie wir es kennen« auch einmal auf dem Mars gedieh – oder ein paar kontaminierte Meteoriten in grauer Vorzeit. Die Frage nach Kontingenz oder Notwendigkeit des Lebens wäre dann auf dem Mars nicht abschließend zu beantworten, und eine heiße Debatte darüber, wie etwaige biologische Daten vom Mars zu interpretieren wären, ist vorprogrammiert.

Ein Nachweis von Lebensspuren auf dem Mars könnte aber nicht nur diese alte Frage unbeantwortet lassen, sondern zugleich ganz neue aufwerfen. Denn der Transfer extremophiler Keime auf Gesteinsbrocken, die durch Einschläge von einem Planeten abgesprengt werden und auf dem anderen landen, funktioniert in beide Richtungen – aber mit sehr viel größerer Wahrscheinlichkeit vom Mars hin zur Erde, auf der das Leben möglicherweise erst entstand, als der Mars vor 3,7 Milliarden Jahren zum Wüstenplaneten geworden war. Das aber fügt zu den denkbaren Szenarien der Entstehung des Lebens noch ein weiteres, besonders bizarres hinzu: Es wäre möglich, dass das irdische Leben, jene ersten Einzeller, von denen die gesamte heutige Biosphäre abstammt, sich ursprünglich auf dem Mars entwickelte. Wir, die wir alle Nachfahren jener frühen Mikroben sind, wären dann im Grunde Marsmenschen.

Achtes Kapitel: **Menschen auf dem Mars**

Am Rumpf der Marssonde *Phoenix*, direkt neben Sternenbanner und für die bordeigene Kamera gut sichtbar, ist eine DVD montiert. Bei der Spezialanfertigung aus Quarzglas handelt es sich um so etwas wie eine digitale Flaschenpost. Wer immer einmal an der Landestelle in der Vastitas Borealis vorbeikommt – und einen DVD-Player zur Hand hat –, findet darauf ein Multimedia-Potpurri aus Zeugnissen der Marsbegeisterung verschiedener Epochen, von Percival Lovells Kanalkarten über Orson Welles' berühmt-berüchtigte Hörspielversion von »Krieg der Welten« bis hin zu einer Grußbotschaft von Carl Sagan. Die von Sagan mitgegründete »Planetary Society«, ein privater Verein zur Förderung der Raumfahrtbegeisterung, war es denn auch, die das Material zusammengestellt hatte. Das Ganze sei, erklären Sagans Erben dazu, »eine Botschaft aus unserer Welt an die Welt in einigen Jahrhunderten, wenn Menschen auf dem Mars umherstreifen werden«.

Der Mars ist eigentlich kein Ort für Menschen. Doch das gilt auch für irdische Ozeane, Polarregionen oder Hochgebirgsgipfel. Hier wie dort ist Überleben zunächst einmal eine Frage der Ausrüstung, auf dem Mars stellt sie sich nur in verschärfter Form. Ohne Technik kann der Mensch auf dem Mars nicht überleben – aber das konnte er auch auf der Erde nie. Seit Homo sapiens vor etwa 200 000 Jahren in die Geschichte trat, hat er sich immer wieder neuen Umgebungen angepasst, aber das geschah kaum noch durch biologische Evolution, sondern fast ausschließlich durch Technik – auch wenn es anfangs nur die Kontrolle des Feuers war und die Kunst, Steine zu Werkzeugen zurechtzuklopfen. Durch Technik hat der Mensch sich die Erde untertan gemacht. Warum sollte ihm das nicht auch mit dem Mars gelingen?

Das ist die Vision. Es ist der Traum, die wissenschaftliche Eroberung des neunten Kontinentes möge dereinst einmal in eine echte Landnahme münden. Demnach werden Menschen auf dem Mars landen, dort vorübergehend und später auch permanent Außenposten errichten, noch später dorthin auswandern. Wie im zweiten Kapitel erwähnt, gab es dieses Ziel, bevor es die Raumfahrt gab, und mindestens in der Person Wernher von Brauns zeigt sich, dass die Raumfahrt sich auch – und vielleicht sogar entscheidend – dem Ziel einer bemannten Expedition zum Mars verdankt.

Das Ziel geriet nie aus dem Blick. Zwischen 1950 und 2000 wurden in den USA mehr als tausend Studien zu bemannten Marsmissionen durchgeführt. Dieses Kapitel handelt von den Gründen dafür, warum bislang nichts davon auch nur im Ansatz realisiert wurde – und warum das Ziel trotzdem nach wie vor auf der Tagesordnung steht und dort vermutlich auch bleiben wird. Es geht um eine Frage, auf die Befürworter wie Gegner der bemannten Raumfahrt schnell ihre einander völlig widersprechenden Antworten parat haben und die doch etwas komplizierter ist, als beide Lager es sich oft vorstellen: die Frage, was Menschen auf dem Mars eigentlich verloren haben.

Planet der Roboter

Am Beginn des 21. Jahrhunderts ist die erste Landung von Astronauten auf dem Mars noch immer nicht absehbar. Das liegt vor allem an den besonderen Schwierigkeiten eines solchen Unternehmens, die weiter unten genauer beleuchtet werden.

Aber es gibt noch einen weiteren Grund, der auf den ersten Blick paradox anmutet: der stürmische technische Fortschritt.

Als Wernher von Braun 1947 begann, die ersten konkreten Pläne für eine Marsexpedition zu skizzieren, wollte er zeigen, dass solch ein Unternehmen bereits damals – zehn Jahre vor Sputnik – im Bereich des Möglichen lag. Allerdings, von Braun war Raketeningenieur und erwartete für sein Fach einen raschen Fortschritt, der es ermöglichen würde, immer größere und schnellere Raketen zu bauen. Zu den Gründen für solch eine Hoffnung zählten nicht nur seine eigenen Erfolge. Die Spaltbarkeit von Atomkernen war kaum ein Jahrzehnt zuvor entdeckt worden und hatte bereits zur Entwicklung einer neuen Energiequelle geführt – allerdings auch zu der fürchterlichsten Waffe, die je eingesetzt wurde. Wernher von Braun und andere erwarteten nun ähnlich rasche Fortschritte für die Raketentechnik – zumal man dort ja jetzt auf die Kernenergie zurückgreifen konnte, um sie für die friedliche Erkundung des Weltraums zu nutzen.

Es kam ganz anders. Im selben Jahr 1947, in dem von Braun erste Marspläne schmiedete, entdeckten Physiker der Bell Laboratories nahe New York, dass sich mit Hilfe von Halbleiterkristallen elektrische Signale verstärken ließen. Dies war die Geburtsstunde des Transistors, der wohl folgenreichsten Entwicklung des 20. Jahrhunderts, folgenreicher noch als die der Atombombe. Dank des Transistors machte aber nun nicht der Triebwerksbau die erwarteten rapiden Sprünge, sondern die Nachrichten- und Computertechnik sowie die Sensorik.

Die Folgen, die das für die Raumfahrt hatte, wurden gerade von den Raketenpionieren lange nicht richtig eingeschätzt. So plante man noch in den sechziger Jahren allen Ernstes bemannte Vorbeiflüge am Mars, bei denen die Astronauten nicht landen würden, sondern nach ihrem monatelangen Flug den Roten Planeten lediglich für ein paar Stunden aus dem Weltall zu sehen bekämen. Diese aus heutiger Sicht absurde Idee zeugt nicht nur von der panischen Angst der Nasa, die Sowjets könnten ihr mit einem solchen, vergleichsweise einfachen Unternehmen am Mars zuvorkommen. Vielmehr versprach man sich von der Besatzung einer solchen bemannten Sonde weit detailliertere wissenschaftliche Erkenntnisse, als sie etwa den automatischen Systemen an Bord von *Mariner 4* möglich waren. Doch die Dynamik der durch den Transistor ausgelösten technologischen Revolution war atemberaubend: 1952 hatte Wernher von Braun noch rundheraus erklärt, es werde in der Praxis technisch viel zu umständlich bleiben, bewegte Bilder per Funk von einer Mondexpedition zur Erde zu senden. 16 Jahre später waren 500 Millionen Fernsehzuschauer live dabei, als Neil Armstrong durch den Mondstaub stapfte.

Was dagegen tatsächlich technisch umständlich blieb – und damit immens teuer –, das war die Beförderung großer Materialmengen ins All. Das ist der große Unterschied zwischen Weltraummissionen und seegestützten Unternehmen, mit denen der Mensch einst bis zu allen Enden der Erde vordrang, bis hin zu der großen Antarktisexpedition »High Jump«, welche die U. S. Navy unter Admiral Byrd 1946/47 unternahm und an der sich von Braun bei seinem Buch »Marsprojekt« orientierte. Anders als auf See zählt in der Raumfahrt jedes Gramm. Dank der Halbleitertechnik wurde Elektronik und Sensorik aber nicht nur immer leistungsfähiger, sondern auch immer kleiner und leichter. Die Schaltungen konnten damit nicht nur immer mehr Aufgaben selbständig ausführen, für die man einst Menschen für unerlässlich gehalten hatte, sie waren plötzlich in einem ganz entscheidenden Punkt besser als Menschen – denn diese lassen sich nun mal nicht miniaturisieren.

Vor diesem Hintergrund war es völlig unvermeidlich, dass die wissenschaftliche Eroberung des tieferen Weltraums bis auf weiteres unbemannten Sonden vorbehalten blieb. Solche Sonden sind heute weit mehr als ferngesteuerte Messgeräte. Ihre Bordcomputer sind von der Erde aus programmierbar, wodurch sie sich in gewissen Rahmen an unerwartete Verhältnisse anpassen lassen – ähnlich einer menschlichen Crew, der man neue Befehle zufunkt. Angesichts der Vielseitigkeit und Flexibilität, die man gerade fahrbaren Sonden wie den beiden Rovern verleihen konnte, ist es alles andere als überraschend, dass der Mensch bislang nur bis zum Mond kam – und der Mars ein Planet der Roboter wurde.

Die Frage ist allerdings, wie weit man damit kommt. »Es gibt heute keinen einzigen Roboter, den man mit einer Einkaufsliste zum Supermarkt schicken könnte, geschweige denn, einen fremden Planeten zu erkunden«, spottet etwa der streitbare Raumfahrtingenieur Robert Zubrin, von dem gleich noch ausführlich die Rede sein wird. Tatsächlich steht außer Frage, dass Astronauten auch auf dem Mars vieles besser und vor allem schneller könnten. Vor allem die Zeitverzögerung von bis zu 20 Minuten, mit der Funksignale von der Erde bei einer Sonde auf dem Mars ankommen, lässt bei unbemannter Erkundungsarbeit wenig Spielraum für spontane Eskapaden. Bei den Rovern etwa musste jede Kurve, jeder Stop und jeder Schwenk mit dem Instrumentenarm minutiös im Voraus geplant werden. Die Gefahr, im nächsten Moment in einer Düne steckenzubleiben oder bei einer Hangfahrt plötzlich abzurutschen, war ständig präsent. Zwar würden Sicherheitserwägungen auch menschliche Geologen auf dem Mars daran hindern, ihrer Neugier allzu freien Lauf zu lassen – ob der Felsabhang nicht vielleicht doch zu steil ist, um im Raumanzug daran hochzuklettern, will schließlich auch gut überlegt sein. Doch bei Robotern wird mitunter für jeden weiteren Zentimeter eine neue Risikoanalyse notwendig.

Solche Arbeitsbedingungen sind gerade für geologische Feldarbeit äußerst hinderlich. »Aufgaben, die mit den Rovern Monate dauerten, hätten von Menschen innerhalb eines Tages erledigt werden können«, sagt etwa Andrew Knoll von der Harvard University, ein Experte für das frühe Leben auf der Erde, der sich auch mit der Lebensfreundlichkeit auf dem frühen Mars beschäftigt. Um zu verwertbaren Ergebnissen zu kommen, muss ein Geologe wie Knoll einen Gesteinsaufschluss nicht selten über Hunderte von Metern hinweg verfolgen und dabei immer wieder neu entscheiden, welches Detail er nun vermessen oder wo er Proben entnehmen soll. Auf anderen Himmelskörpern ist das nicht anders, wie das Beispiel von Harrison Schmitt zeigt, dem einzigen ausgebildeten Wissenschaftler unter den Mondastronauten. Als er im Dezember 1972 während *Apollo 17* einen kleinen Krater inspizierte, fiel ihm ungewöhnlich gefärbter Mondboden auf. Das war vollkommen unerwartet, aber Schmitt konnte sofort reagieren. Er schaute sich diese »orange soil« genauer an und identifizierte sie als glasige Überbleibsel einer Vulkaneruption auf dem Mond. Genauere Analysen auf der Erde zeigten dann allerdings, dass der Vulkanausbruch sich bereits vor 3,64 Milliarden Jahren ereignet und geologisch nichts mit dem sehr viel jüngeren Krater zu tun hatte.

Wie sehr wären menschliche Marsastronauten beweglichen Robotern überlegen? 2002 und 2003 haben Wissenschaftler der Nasa einmal Geologen in Raumanzüge gesteckt und sie auf Feldtour durch den Haughton-Krater auf Devon Island in der kanadischen Arktis geschickt. Ihre Aktivitäten wurden mit denen simulierter Rover verglichen – bemannten Fahrzeugen, deren Fahrer allerdings strikt den über Funk übermittelten Anweisungen einer »Bodenstation« am Nasa Ames Research Center in Kalifornien zu folgen hatten. Die Ergebnisse dieser Versuche legen nahe, dass die Astronauten zweihundert- bis vierhundert Mal effektiver arbeiten als *Spirit* und *Opportunity* und immer noch zehn- bis zwanzig Mal effektiver als die übernächste Rovergeneration, wie sie um das Jahr 2015 zur Verfügung stehen wird.

Allerdings kranken Versuche wie die auf Devon Island an etlichen methodischen Problemen, wie die beteiligten Forscher selber zugeben. Die Ergebnisse können kaum mehr als eine grobe Ahnung davon vermitteln, wie viel nützlicher es wäre, Menschen auf den Mars zu schicken. Zugleich zeigen die genannten Zahlen aber auch ein Problem für die Astronauten: Bei den technischen Fähigkeiten ihrer Roboterkonkurrenz gibt es offenbar noch erhebliches Wachstumspotential. Zugleich aber können auch menschliche Astronauten viele Analysen nicht vor Ort durchführen. Altersbestimmungen von vulkanischen Gesteinen – wie sie seinerzeit Harrison Schmitts »orange soil« ein Stück weit entzauberten – sind gerade für den Mars besonders wichtig, wo das Alter geologischer Formationen bislang nur sehr ungenau aus dem Grad der Verkraterung geschlossen werden kann. Da für solche Gesteinsdatierungen aber die Gehalte an bestimmten, oft nur in geringsten Mengen vorhandenen Isotopen bestimmt werden müssen, bedarf es dazu im Allgemeinen großer Speziallabors. Marsastronauten würden die Steine nur aufsammeln oder mit dem Hämmerchen aus dem Fels klopfen und dann bei der Heimkehr zur Erde mitnehmen. Dazu aber wären zur Not auch Roboter in der Lage, und tatsächlich stehen solche unbemannten »Sample Return« (Proben-Rückhol)-Missionen ganz oben auf der Wunschliste der Marsforscher.

Robotische Sample-Return-Missionen sind technisch allerdings erheblich anspruchsvoller (und damit um einiges teurer) als die Art von Sonden, die den Mars bisher besucht haben. Aber sie sind durchführbar – und bis tatsächlich welche durchgeführt sind, werden sich die Marsforscher hüten, nach Astronauten zu rufen. Andy Knolls Sicht der Dinge dürfte da für die meisten der am Mars interessierten Wissenschaftler typisch sein: »Angesichts der Kosten einer bemannten Marsmission und den wachsenden Fähigkeiten der Roboter glaube ich, dass die Erforschung des Mars auch weiterhin von den Nachfahren der *Vikings*, *Pathfinders* oder der Rover bestimmt wird.«

Blickt man allerdings etwas weiter, so stößt man doch auf allerhand wissenschaftliche Fragen, welche die unbemannten Sonden mit heute vorstellbarer Technik nicht oder nicht befriedigend werden beantworten können, die aber mit Astronauten vor Ort leicht anzugehen wären. Dazu zählen etwa die Untersuchung von Gesteinsaufschlüssen in den Chasmata der Valles Marineris oder anderer Gebiete, in denen das Gelände zu steil oder zu uneben für eine Landung ist, die aber von motorisierten Astronauten erreicht werden könnten. Auch tiefe Bohrungen und seismische Sondierungen wären von entsprechend ausgerüsteten Astronauten effizient zu erledigen. Natürlich ist nicht auszuschließen, dass auch solche Unternehmen irgendwann einmal auch rein robotisch möglich sein werden. Die Frage ist aber, ob sie dann nicht ähnlich kompliziert und aufwendig wären wie eine bemannte Expedition.

Ob man dann dort nicht besser Menschen einsetzen sollte, diese Frage ist allerdings heute keinem Marsforscher ernsthaft zuzumuten. Zu viele für Roboter erreichbare wissenschaftliche Ziele stehen noch auf ihrer Agenda, als dass die Planetologen dafür auch nur einen ihrer knappen Forschungsdollars in die Vorbereitung eines bemannten Marsfluges abgezweigt sehen wollen. Und wie nicht zuletzt die Unsicherheiten bei so genau definierten Versuchen wie denen auf Devon Island zeigen, sind schon auf Rovern zugänglichem Terrain die Vorteile einer bemannten Marsmission für den naturwissenschaftlichen Erkenntnisgewinn quantitativ schwer kalkulierbar. Aber wie sieht es da mit der anderen Seite der Gleichung aus, dem Aufwand und dem Risiko einer bemannten Marsexpedition?

Wege und Umwege zum Mars

Welchen Aufwand man treiben muss, um zum Mars zu fliegen, das müsste sich eigentlich vergleichsweise einfach abschätzen lassen – sollte man meinen. Doch Kostenschätzungen sind in der Großforschung, und der Raumfahrt insbesondere, so eine Sache. Illustrativ sind die Gesamtkosten des amerikanischen Apollo-Programms, also für die vorbereitenden Flüge sowie die geplanten zehn Mondlandungen, von denen allerdings nur sechs durchgeführt wurden – *Apollo 13* erlitt unterwegs eine Havarie, und *Apollo 18*, *19* und *20* wurden 1970 aus Kostengründen gestrichen. Die Schätzungen darüber, was das gesamte Mondprogramm kosten würde, schwankten noch 1963 – zwei Jahre nachdem Präsident Kennedy das Unternehmen angekündigt hatte –

zwischen 20 und 40 Milliarden Dollar. Gekostet hat Apollo am Ende etwa 25 Milliarden Dollar, inklusive des Neudesigns der Kommandokapsel nach dem Brand 1967 bei einer Übung an der Startrampe, bei dem drei Astronauten starben. Durch die Streichung der drei letzten Mondlandungen wurden übrigens gerade mal 40 Millionen Dollar eingespart.

25 Milliarden Dollar, das sind, mittels des Consumer Prize Index auf die Kaufkraft des Jahres 2007 umgerechnet, knapp 120 Milliarden Dollar. Man kann davon ausgehen, dass ein Marsprogramm mindestens so viel kosten würde, sehr wahrscheinlich wären es mehr. Die Frage ist nur, wie viel mehr.

Die größten Kostenfaktoren sind beim Mond wie dem Mars zunächst einmal dieselben: der Transport der Astronauten und ihres Raumschiffes ins All, sowie die Technik, um auf einem anderen Himmelskörper zu landen, von dort wieder zu starten und sich dazwischen in Druckanzügen auf der Oberfläche zu bewegen. Was den Mars teurer macht als den Mond, ist die Tatsache, dass er selbst im günstigsten Fall mehr als hundertmal weiter von der Erde entfernt ist. Nun bedeutet dies aber nicht, dass eine Marsexpedition nun auch hundertmal mehr Treibstoff mitnehmen muss, denn bei Reisen zwischen Planeten lassen sich die im zweiten Kapitel erwähnten Hohmann-Ellipsenbahnen nutzen, auf denen die Schwerkraft der Sonne einen Großteil des Transports übernimmt. Dieser Service hat allerdings einen Preis: Man muss sich bei den Startterminen nach den Planeten richten – auch beim Rückflug.

Beim Transfer zwischen Erde und Mars hat man im Allgemeinen die Wahl zwischen zwei besonders günstigen Terminen: Entweder man führt die Expedition durch, wenn der Mars in Konjunktion zur Sonne steht – oder aber wenn er in Opposition steht.

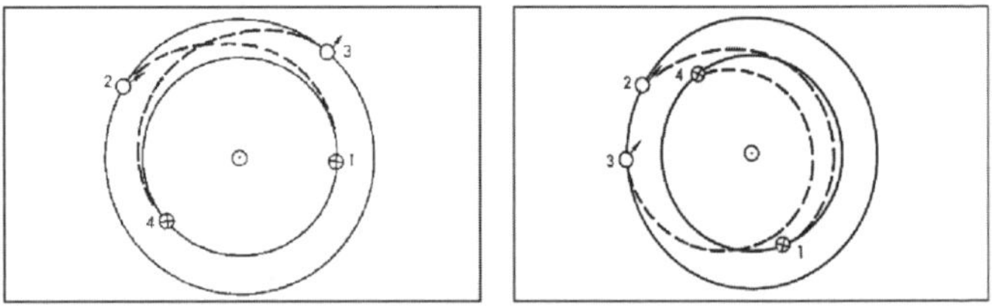

Bei Marsmissionen vom Konjunktionstyp (links) liegt der Starttermin (1) so, dass der Mars während der Mission von der Erde aus gesehen in der Nähe der Sonne steht. Zwischen der Landung auf dem Mars (2) und dem Beginn des Heimflugs (3) vergeht sehr viel mehr Zeit als bei Missionen vom Oppositionstyp (rechts). Die durchgezogenen Linien sind die Umlaufbahnen von Erde (⊗) und Mars (○) um die Sonne (⊙), die durchgezogenen die Transferbahnen des Raumschiffs (Aus: »Manned Exploration Requirements and Considerations, Advanced Study Office, Engineering and Development Directorate, Nasa, Manned Spacecraft Center, Houston, Texas, February 1971, p. 1–7. & 1–8.).

Eine Mars-Mission vom Oppositionstyp hat den großen Vorteil, dass sich bereits etwa 30 Tage nach der Landung wieder eine Konstellation einstellt, bei der die Astronauten den Heimflug antreten könnten. Sie wären dann immerhin zehnmal länger auf der Marsoberfläche gewesen als die Landecrew von *Apollo 17* auf der des Mondes. Alles in allem würde eine Mission vom Oppositionstyp etwa 600 Tage dauern.

Auf einer Mission vom Konjunktionstyp dagegen müssten die Marsfahrer gut 500 Tage auf dem Roten Planeten verbringen und wären insgesamt etwa 1000 Tage – also zwei Jahre und neun Monate – unterwegs. Ein solches Unternehmen stellt damit erheblich höhere Ansprüche an die Ausrüstung und die Belastbarkeit der Besatzung. Trotzdem legen die meisten jüngeren Studien ihren Plänen eine Mission vom Konjunktionstyp zugrunde, denn dieser bietet einen ganz entscheidenden Vorteil: Der Treibstoffbedarf ist hier um das Zehnfache geringer als bei einer Mission vom Oppositionstyp. Das aber wirkt sich bei chemischen Triebwerken, die ihren Treibstoff von der

Erde mitnehmen, ungemein senkend auf das Startgewicht des Raumschiffs und damit auf die Kosten aus.

Bis in die späten sechziger Jahre dagegen waren die meisten Marsflug-Pläne der Nasa vom Oppositionstyp. Das lag nicht zuletzt daran, dass man damals fest damit rechnete, nukleare Antriebe einsetzen zu können, bei denen sich das Treibstoffproblem nicht in dieser Schärfe stellt. 1973 allerdings wurde die schon weit vorangeschrittene Entwicklung des nuklearen Raketentriebwerks *Nerva* eingestellt. Fortan standen Konjunktions-Missionen im Mittelpunkt der amerikanischen Planer, die allerdings immer noch für die Schublade arbeiteten. Denn bereits lange vor der ersten Mondlandung 1969 zeichnete es sich ab, dass die fetten Jahre für die Raumfahrt erst einmal zu Ende gehen würden und bemannte Marsmissionen nur dann eine Chance hätten, wenn man Kompromisse einging. In der zweiten Hälfte der sechziger Jahre war das zunächst die Vorgabe, auf der Technik der Apollo-Flüge aufzubauen. Als in den siebziger und achtziger Jahren das Spaceshuttle und schließlich die Weltraumstation folgten, wurden auch diese Projekte offiziell immer als erste Schritte hin zu einem bemannten Marsflug gefeiert – mit dem Ergebnis, dass die Mars-Planer diese Hardware dann aber auch zu berücksichtigen hatten.

Solange das wiederverwendbare Spaceshuttle noch als billiger, routinemäßig einsetzbarer »Bus ins All« galt, war sein Nutzen für den Mars auch nicht von der Hand zu weisen. Zwar kann man sich mit dem Raumgleiter nicht mehr als ein paar hundert Kilometer von der Erde entfernen, aber die Shuttles hätten Komponenten eines Marsraumschiffs in den erdnahen Orbit befördern können, damit sie dort zusammengesetzt werden. Doch dieses Konzept zerstob, als im Januar 1987 das Shuttle *Challenger* kurz nach dem Start explodierte und sieben Astronauten in den Tod riss. Shuttleflüge waren weder häufig genug noch kostengünstig genug zu bewerkstelligen, als dass sie eine tragende Rolle in einem Marsprogramm hätten spielen können.

Damit blieb nur die Raumstation. Das Nasa-Projekt einer permanent besetzten Forschungsplattform im nahen Erdorbit war 1984 als »nächster logischer Schritt im All« angekündigt worden und hatte 1988 den Namen *Freedom* erhalten. Nach mehreren Umplanungen ging es 1993 in der Internationalen Raumstation *ISS* auf, deren Bau dann 1998 begann. Von Anfang an war diese Station auch mit dem Fernziel einer bemannten Marsexpedition begründet worden. Wie das konkret aussehen könnte, wurde zum Beispiel im sogenannten »90-Tage-Report« offenbar. Das war ein Bericht, den eine Gruppe von Nasa-Managern im Spätsommer 1989 in den titelgebenden 90 Tagen zusammenstellte, nachdem Präsident George Bush senior am 20. Jahrestag der ersten Mondlandung seine »Space Exploration Initative« für einen neuen Aufbruch ins All verkündet hatte: Demnach sollte Amerika nach Fertigstellung von *Freedom* zum Mond zurückkehren, um von dort aus zum Mars aufzubrechen.

Der 90-Tage-Report entwarf verschiedene Zeitpläne für dasselbe Grund-Szenario: Nach einer erneuten Landung auf dem Mond würde dort eine durchgehend bemannte Basis errichtet werden und dort mit der Produktion von Sauerstoff aus Mondgestein begonnen, der dann als Hauptkomponente des Treibstoffs für eine erste bemannte Marsmission mit vier Astronauten dient. Ihr folgen weitere Marsflüge und eine permanente Basis auf dem Roten Planeten. Das Weltraumlabor *Freedom* sollte dafür zu einem kleinen Raumhafen erweitert werden: neben einem zusätzlichen Wohnmodul für Mond- und Marsastronauten auf der Durchreise war ein Hangar für Mondraumschiffe sowie eine Anlage zur Montage der Marsgefährte geplant.

Die Nasa-Fachleute machten sich natürlich auch Gedanken, was das alles kosten würde. Demnach addierte sich der Finanzbedarf für die Erweiterung von *Freedom*, für die Mondbasis und die erste Marsexpedition auf 258 Milliarden Dollar. Die Kosten für den weiteren Betrieb der Infrastruktur im Orbit, auf dem Mond und dem Mars miteingerechnet würden sich über einen

Zeitraum von 34 Jahren auf insgesamt 541 Milliarden Dollar belaufen.

Eine stolze Summe. 541 Milliarden Dollar des Jahre 1989 entsprechen inflationsbereinigt 904 Milliarden Dollar des Jahres 2007. Das ist noch mehr Geld als die 700 Milliarden, die etwa der Bankenrettungsplan umfasst, welchen der Kongress im Oktober 2008 zur Bewältigung der Finanzkrise bewilligte, und die etwa der Summe entsprechen, die den amerikanischen Steuerzahler der Vietnamkrieg (wieder in 2007-Dollars) zwischen 1965 und 1973 gekostet hat. Dass das Mond-Mars-Programm des 90-Tage-Reports diversen Schlüsselindustrien über einen mehr als viermal längeren Zeitraum Regierungsaufträge beschert hätte als besagter Krieg mit seinen diversen volkswirtschaftlich kaum quantifizierbaren negativen Begleiterscheinungen, wäre bei diesem Vergleich allerdings zusätzlich zu berücksichtigen.

Auf jeden Fall dürfte das Budget dieses Programms die höchste Einzelsumme sein, deren Bewilligung Amerikas Parlament je zugemutet worden wäre. Aber so weit kam es nicht. Als der damalige Nasa-Chef Richard Truly, ein ehemaliger Astronaut und Spaceshuttle-Kommandant, von diesen Zahlen erfuhr, ließ er das die Kosten betreffende Kapitel des 90-Tage-Reports sofort wieder in den Reißwolf wandern. Aber es nutzte nichts: Schließlich sickerten die Zahlen doch zu den Volksvertretern durch. Angesichts der damaligen Staatsverschuldung der USA von fast drei Billionen Dollar hatten Raumfahrtkritiker auf dem Capitol Hill und anderswo leichtes Spiel.

Es ist trotzdem durchaus fraglich, ob Bushs Space-Exploration-Initiative einfach an den Kosten gescheitert ist. Trulys Verheimlichungsversuch hatte die Rechnung nämlich ärger aussehen lassen, als sie in Wirklichkeit war, bestanden die genannten Summen einschließlich der schockierenden 541 Milliarden Dollar doch zu 55 Prozent aus einem »Sicherheitskissen«, um die Unsicherheiten der Kostenschätzung einzufangen. Es handelte sich also um Kostenobergrenzen – aber diese Information sickerte nicht mit durch.

Auch war die Sache politisch schlecht vorbereitet – allem Kennedy-Gestus, um den sich George Bush sen. bemüht hatte, zum Trotz. Ein in der Sache entschlossenerer Präsident hätte sich vielleicht rechtzeitig der Unterstützung zumindest von Teilen des Kongresses versichert und dabei die Zeichen der Zeit – es war das Jahr 1989 – besser zu deuten und für das Ziel zu nutzen gewusst. In der noch existierenden Sowjetunion war seit Michail Gorbatschows Amtsantritt im März 1985 die Bereitschaft zur Zusammenarbeit mit dem Westen ständig gewachsen. Zudem begannen sich die finanziellen Spielräume der USA durch den absehbaren Zerfall des Ostblocks wieder zu bessern. Hier hätte man etwas mehr Geduld und Optimismus haben können, als sie der ehemaligen CIA-Direktor George Bush offenbar aufbringen konnte.

Robert Zubrin

Nach dem 90-Tage-Report sieht es nicht danach aus, dass die Menschheit schrittweise zum Mars gelangen wird. Offizielle Texte von Regierungen oder Raumfahrtagenturen feiern die Internationale Raumstation *ISS* oder eine eventuelle Mondbasis zwar zuweilen noch als Schritt zum Mars, doch in Wahrheit lassen sich auf der *ISS* allenfalls medizinische Daten über lange Aufenthalte unter Schwerelosigkeit sammeln. Das ist gewiss wichtig, aber im Hinblick auf den Mars bestimmt nicht unerlässlich – zumal auf zukünftige Marsfahrer, wie wir noch sehen werden, noch anderes zukommt als nur ein etwas beengtes mehrmonatiges Dasein ohne Oben und Unten.

Die technisch realistischen Marsplanungen, die seit den frühen 1990er Jahren betrieben werden, orientieren sich wieder an alten Ideen aus der Ära Wernher von Brauns, direkt zum Mars zu starten. Das rastlose, nach dem Geschmack mancher auch etwas irrlichternde Zentrum dieser Planungen ist der bereits erwähnte Amerikaner Robert Zubrin.

Zubrin war einst Chefingenieur bei dem Luft- und Raumfahrtkonzern Martin Marietta und gründete Mitte der 1990er Jahre eine kleine Firma in einem Vorort von Denver, in der er Auftragsforschung für die Nasa durchführt. Zugleich aber ist er Symbol- und Schlüsselfigur einer eigenen Szene, in der man fest davon überzeugt ist, dass der Mensch zum Mars muss. Es ist eine in Europa nur schwer vorstellbare Mischung aus bestens vernetzten Wissenschaftlern und privaten Raumfahrtenthusiasten, die das Ziel eines bemannten Aufbruchs zum Mars im öffentlichen Bewusstsein halten – und das ganz abseits klassischen Industrie-Lobbyismus. Denn ihnen geht es nicht um Reichtum. Sie sind vom Mars besessen.

Robert Zubrin ist es, seit er im Alter von neun Jahren jene Rede im Fernsehen sah, in der John F. Kennedy seinen Plan für einen bemannten Mondflug verkündete. Es ging zu den Sternen – da wollte er dabei sein, und so sah er zu, dass er Naturwissenschaften studierte. Doch kaum hatte Zubrin sein Studium begonnen, da schien der Sternentraum bereits wieder zu Ende zu sein. Nach Vietnam und Ölkrise waren Jobs bei der Nasa rar, und so wurde Zubrin nicht Astronaut, sondern Nuklearingenieur. Der Sohn jüdischer Emigranten aus Osteuropa war nicht der Einzige, den die Mondlandung zu einer technisch-naturwissenschaftlichen Berufswahl verleitete. Das Motiv findet sich auch in den Biographien vieler Ingenieure und Naturwissenschaftler seiner Generation, darunter auch einiger Nobelpreisträger. Doch ein mit den Mitteln empirischer Sozialforschung nachweisbares Massenphänomen, wie Zubrin selber gerne behauptet, war dieser sogenannte Apollo-Effekt keineswegs. Soweit es ihn gegeben hat, wurde er durch die damals auch in den USA rasch steigenden Studentenzahlen geschluckt. Dabei kam dieser Akademiker-Boom den klassischen, als »elitär« geltenden Studienfächern weniger zugute – unterm Strich sank der Anteil ihrer Studienanfänger sogar, und zwar nicht nur in den Naturwissenschaften, sondern auch in den klassischen Geisteswissenschaften wie Geschichte oder Volkswirtschaft. In einem von

Vietnam und der Bürgerrechtsdebatte bestimmten gesellschaftlichen Klima paarte sich ein wissenschafts- und technikkritischer Zeitgeist mit der Meinung, akademische Fächer müssten »relevant« sein, und begann, die Studierwilligen in Massen in Disziplinen wie Betriebswirtschaft oder Kommunikationswissenschaft zu locken. So brach auch im Amerika der ausgehenden sechziger Jahre das Interesse an Naturwissenschaften sowohl in den Highschools als auch an den universitären Ausbildungsstätten ein. Ob ein bemanntes Marsprogramm heute mehr junge Leute für Technik und Naturwissenschaften begeistern würde, mag nicht einer gewissen Plausibilität entbehren, aber mit Hinweis auf die Apollo-Flüge lässt sich das nicht belegen.

Robert Zubrin immerhin trotzte dem Zeitgeist und blieb auch als Nuklearingenieur seinem Jugendtraum treu: Nebenbei studierte er Raumfahrttechnik und wurde noch als Doktorand in eine Nasa-Arbeitsgruppe berufen, die sich mit den langfristigen Mars-Plänen befasste, und auch später, bei Martin Marietta, arbeitete er an Plänen für bemannte Marsmissionen. Im April 1990, kurz nach dem faktischen Scheitern von Bushs Space-Exploration-Initiative, veröffentlichte er zusammen mit seinem Kollegen David Baker ein Szenario mit dem programmatischen Titel *Mars Direct*.

Zubrins und Bakers Plan orientiert sich an der Devise »Reise leicht und lebe von dem, was das Land dir bietet«. Danach hätten schließlich alle erfolgreichen Expeditionen bisher gehandelt, sagt Zubrin. Und er ist überzeugt, dass es dazu keiner neuartigen Technologie bedarf – es reichen Raketen ähnlicher Schubkraft, wie sie einst die Apollo-Astronauten zum Mond schossen: Die einfachste Variante von *Mars Direct* benötigt zwei solcher Raketen. Die erste ist unbemannt und befördert ein Rückkehr-Vehikel zum Mars – zusammen mit einem kleinen 100-Kilowatt-Kernreaktor zur Energieversorgung und einer vollautomatischen Mini-Chemiefabrik, die nach der Landung damit beginnt, mittels des sogenannten Sabatier-Prozesses aus mitgebrachtem Wasserstoff und dem Kohlendioxyd der Mars-

Atmosphäre Methan und Sauerstoff als Raketentreibstoff für die Rückreise zu brauen. Finden sich an der Landestelle Wasservorkommen – etwa in Form von Bodeneis, kann der benötigte Wasserstoff auch vor Ort durch Elektrolyse gewonnen werden. Ebenfalls vorab angeliefert wird ein Geländewagen mit Druckkabine, der den Marsfahrern während ihres 500tägigen Aufenthaltes einen Aktionsradius von knapp 500 Kilometern um die Landestelle herum ermöglicht.

Die Astronauten selber folgen dann zwei Jahre später mit der zweiten Rakete. Die Kapsel, welche die vierköpfige Crew während der achtmonatigen Anreise und die anderthalb Jahre auf dem Mars bewohnt, bietet mehr Komfort als die *ISS*: Neben einem Gemeinschaftsraum und einem Labor hat jeder der vier Astronauten seine eigene kleine Kabine, und für künstliche Schwerkraft unterwegs ist ebenfalls gesorgt: Das Raumschiff bleibt über ein 1500 Meter langes Seil mit der letzten ausgebrannten Raketenstufe verbunden und dreht sich mit dieser um den gemeinsamen Schwerpunkt – und zwar genau so schnell, dass auf die Kapsel eine Fliehkraft wirkt, die der Schwerkraft auf dem Mars, gut ein Drittel der Erdenschwere, entspricht. Die Rückreise zur Erde wird dagegen etwas weniger bequem, denn sie muss in dem vergleichsweise engen Rückkehrvehikel und unter Schwerelosigkeit erfolgen. Dafür dauert sie auch nur sechs Monate.

Die Kosten solch einer Marsexpedition schätzt Zubrin auf 20 bis 30 Milliarden Dollar – »eine Summe, wie sie unsere Streitkräfte für ein neues Waffensystem mittlerer Größe ausgeben«, wie er betont. Doch nicht nur wegen dieses Spottpreises – inflationsbereinigt viel weniger als das Apollo-Programm zum Mond – erregte dieser Plan Aufsehen, sondern auch durch die Verve, mit der Robert Zubrin dafür warb. Der Nasa war *Mars Direct* freilich doch eine Spur zu spartanisch. Man erweiterte das Szenario auf sechs Astronauten und fügte ein zweites, größeres Rückkehrvehikel hinzu, das während der Expedition im Marsorbit geparkt wird. Diese sogenannte *Design Reference Mis-*

sion ist bis heute die Grundlage aller Pläne für bemannte Marsmissionen, die in den USA und anderswo zirkulieren. Ihre Verwirklichung würde nach Zubrins Schätzung etwa 50 Milliarden Dollar kosten – etwa die Hälfte der Baukosten für die *ISS*.

Trotzdem landete auch *Mars Direct* beziehungsweise die *Design Reference Mission* in der Schublade. Die Berechnungen zu Letzterer waren noch nicht einmal fertig, da begann die Nasa-Zentrale Ende 1992 unter Richard Trulys Nachfolger Dan Goldin die organisatorischen Strukturen, die mit der Planung bemannter Marsflüge befasst waren, aufzulösen. Planungen dieser Art finden seither (Stand 2009) nur an einzelnen Nasa-Zentren statt und bestehen im Wesentlichen in Überlegungen, wie die *Designs Reference Mission* abzuspecken oder mit Hilfe neuer Technologie wie solar-elektrischer Antriebe billiger zu machen wäre.

Robert Zubrin machte diese Entwicklung zornig. Seine harsche Kritik an der Zurückhaltung der Nasa und ihrer politischen Vorgesetzten kostete ihm am Ende sogar seinen Job bei Martin Marietta. Für das Unternehmen, das 1995 in dem Konzern Lockheed Martin aufging, war die amerikanische Regierung ein zu wichtiger Kunde, als dass man einem Angestellten erlauben konnte, öffentlich gegen das Nasa-Management zu polemisieren. So machte sich Zubrin selbständig und begann zu schreiben: eine Flut von Artikeln, Vorträgen, Sachbüchern und einen wissenschaftlich korrekten Zukunftsroman, deren Gegenstand natürlich die erste Marslandung ist. Vor allem aber gründete er 1998 eine der aktivsten Nichtregierungsorganisationen der Wissenschaftsszene: die Mars Society. Wie Carl Sagans »Planetary Society«, von deren Mitgliedern viele auch der Mars Society angehören, handelt es sich um eine weltweite Vereinigung von gut 5000 Mars-Enthusiasten, 200 davon in Deutschland. Auch etliche Nasa-Mitarbeiter haben sich ihr angeschlossen, und Prominenz ist ebenfalls dabei, etwa der »Titanic«-Regisseur James Cameron. Ähnlich dem SETI-Institut, das nach außerirdischen Intelligenzen sucht, ist auch die Mars

Society eine Organisation, die durch Öffentlichkeitsarbeit und Spendensammeln ein Forschungsfeld befördern möchte, dessen Sinn den Verwaltern öffentlicher Gelder nicht ausreichend einleuchtet.

Anders als SETI kann die Mars Society ihr großes Ziel aber kaum durch privates Fundraising erreichen. Zubrin und seine Mitstreiter hoffen aber trotzdem, etwas dazu beizutragen, indem sie Übungen in sogenannten Mars-Analog-Stationen durchführen. In zwei aus Stahl, Aluminium und Sperrholz zusammengezimmerten Marsbasisattrappen proben Vereinsmitglieder, nicht wenige davon professionelle Wissenschaftler, die Erforschung des Roten Planeten. Um die Sache realistisch zu gestalten, hat man die Raumkapselattrappen in möglichst öden Weltgegenden aufgebaut.

Eine wurde auf Devon Island in der kanadischen Hocharktis errichtet, wo auch die Nasa Erfahrungen für die unbemannte – und, wie erwähnt, zuweilen auch für bemannte – Marsforschung sammelt. Die andere Analog-Station der Mars Society steht in einer Wüste im Bundesstaat Utah. Der abgelegene, aber zugleich gut erreichbare Ort nahe dem Städtchen Hanksville gleicht dem Mars allerdings vor allem optisch: Die zerkrümelte Felsenlandschaf ist rostrot. Tatsächlich waren zuerst Location Scouts des marsbegeisterten Hollywood-Regisseurs James Cameron auf die Gegend gestoßen – auf der Suche nach einer Kulisse für einen Mars-Film. Eine dritte Station soll irgendwann auf Island dazukommen, um auch den europäischen Mars-Enthusiasten mehr Gelegenheit zum Mitmachen zu geben. Eine vierte ist in Australien geplant.

Nun mag man den Wert dieser eher an Pfadfinderlager erinnernden Unternehmen im Hinblick auf die Vorbereitung einer echten Marsmission bezweifeln. Solange der echte Mars politisch und finanziell außer Reichweite bleibt, leisten sie der Mars Society aber unschätzbare Dienste zur Stärkung der eigenen Moral – und zur Sicherung der Medienpräsenz. Dafür dürften sich die rund eine Million Dollar für die Stationen in der Arktis und in Utah sicher gelohnt haben – auch wenn die Berichterstattung nicht immer ohne Häme war. Insbesondere Reporter aus Mitteleuropa amüsierten sich königlich darüber, wie Erwachsene sich hier in ihrer Freizeit in übelriechende Container sperren lassen, die sie nur verlassen dürfen, um in Raumanzugattrappen mit Helmen aus Mülleimerdeckeln durch die Wüste zu stolpern.

Allerdings sind nicht alle Stationsinsassen marssüchtige Extremurlauber. Gelegentlich haben schon Psychologen der Nasa sich unter die Vereinsgenossen gemischt, etwa um Arbeitsabläufe und Gruppendynamik der Teilnehmer zu studieren. Auch wenn eine bemannte Mission nicht auf der offiziellen Agenda der Raumfahrtbehörde steht, ist die Vision in den Nasa-Zentren, insbesondere dem Johnson Space Center in Houston und dem Ames Research Center bei San Francisco, noch quicklebendig. Im Wesentlichen aber dürfen die guten Beziehungen, welche die Nasa zu der Zubrin-Truppe auf dem kleinen Dienstweg und mit mikroskopischen Budgets pflegt, unter die Rubrik Öffentlichkeitsarbeit fallen. Denn auf die Mannschaft einer echten Marsexpedition warten Probleme und Gefahren, wie sie bisher noch kein Entdecker zu bestehen hatte und die sich auf der Erde kaum simulieren lassen. Auch in einer roten Wüste nicht.

Tödliche Teilchen

Wer zum Mars will, der muss zuerst durch den Weltraum. Der aber ist für ein höheres Lebewesen eine lebensfeindliche Umgebung, obgleich es nicht so ist, dass der bloße Kontakt damit sofort tötet. Ein Mensch, der ohne Raumanzug plötzlich ins All geriete, wäre nicht auf der Stelle verloren: Im Jahr 1965 gab es in einer Vakuumkammer am Nasa-Zentrum in Houston einen Unfall infolge eines undichten Raumanzuges, bei dem ein Mann 14 Sekunden im praktisch luftleeren Raum verbrachte, bevor er das

Bewusstsein verlor. Er wurde gerettet und erlitt auch keinerlei bleibende Schäden. Vielleicht eine Minute, maximal zwei, würde ein gesunder Mensch auch im offenen Weltall überleben, vermutet man bei der Nasa. So lange reicht der Sauerstoffvorrat in seinem Blut und die Wärme in seinem Körper. Wenn es gelingt, ihn innerhalb dieser Zeit zu bergen, trüge er wohl vor allem einen heftigen Sonnenbrand infolge der ultravioletten Strahlung der Sonne davon.

Vor den ummittelbar tödlichen Eigenschaften des Alls – dem Vakuum, der UV-Strahlung und den extremen Temperaturen – sind Astronauten durch ein luftgefülltes und klimatisiertes Raumschiff leicht zu schützen, aber gesund bleiben sie dort trotzdem nicht, jedenfalls bei längeren Aufenthalten und ohne weitere Maßnahmen. Nach fast einem halben Jahrhundert bemannter Raumfahrt weiß man heute vor allem über die negativen Auswirkungen der Schwerelosigkeit auf den menschlichen Körper gut Bescheid: Sie führt zu Muskelschwund und Knochenabbau, weswegen Trainingsgeräte auf keiner Raumstation fehlen dürfen. Auch die Abwehrkräfte leiden, während die Aggressivität von Bakterien, Viren und Pilzen fatalerweise zunimmt, möglicherweise weil die Schwerelosigkeit einzelligen Krankheitserregern vorgaukelt, sie befänden sich bereits in der Blutbahn eines Wirtskörpers. Dass trotzdem noch kein Astronaut im All so ernsthaft erkrankt ist, dass es publik wurde, liegt vor allem an der tage- bis wochenlangen Quarantäne, unter die Raumfahrer vor dem Start gestellt werden. So ist sichergestellt, dass niemand problematische Keime mit ins All nimmt.

Die wahrscheinlich größte Gefahr droht der körperlichen Gesundheit der Astronauten allerdings von der kosmischen Teilchenstrahlung. Ein Teil dieser Teilchen – zumeist sind es Protonen, also Kerne des Elements Wasserstoff – kommen von der Sonne. Sie werden für Raumfahrer vor allem dann zum Problem, wenn es auf der Sonnenoberfläche zu größeren Eruptionen kommt. Dann werden mitunter solche Mengen an Protonen frei, dass ungeschützten Astronauten akute Verstrahlungen drohen. Zum Glück haben diese Teilchen aber eine vergleichsweise niedrige Energie und lassen sich daher abschirmen. Und da sich solche Strahlungsausbrüche vorher ankündigen, gibt es zudem eine gewisse Vorwarnzeit, die es Marsfahrern ermöglichen würde, sich in einen besonders geschützten Teil ihres Raumschiffes zu flüchten.

Eine solche Teilchensturmwarnung ist jedoch nicht ganz so einfach, wie sie sich anhört, da die Ausbrüche von lokalisierten Regionen auf der Sonnenoberfläche ausgehen. Ein Ausbruch, der den Mars trifft, muss sich daher nicht zuvor auf der Erde bemerkbar gemacht haben. Zuverlässige Vorwarnungen wären damit wohl nur durch ein Netz von um die Sonne kreisenden Raumsonden gewährleistet. Doch das Problem ist lösbar. Die meisten Missionsstudien, die man bei den Amerikanern zu bemannten Marsflügen angefertigt hat, sehen daher einen »Storm Shelter« vor – sogar Robert Zubrins Billigversion *Mars Direct*. Meist sind dort um diese Strahlenschutzbunker die Wasservorräte des Raumfahrzeugs angeordnet, denn kaum etwas bremst Protonen mäßiger Energie so gut ab wie stark wasserstoffhaltiges Material. Noch besser wäre es freilich, das Raumschiff mit einem eigenen Magnetfeld auszustatten, das die solaren Teilchenschauer ablenkt, ähnlich wie das Erdmagnetfeld, dem wir verdanken, dass wir uns auf der Erdoberfläche wenigstens darüber keine Sorgen machen müssen. Lange ein Topos des Science-Fiction, sind magnetische Schutzschirme für Raumfahrzeuge heute durchaus im Bereich des technisch Vorstellbaren.

Die zweite Komponente der Weltraumstrahlung ist dagegen nicht so ohne weiteres von den Astronauten fernzuhalten. Sie kommt aus den Tiefen der Galaxis und besteht aus Ionen, also geladenen Atomkernen diverser Elemente – darunter auch erkleckliche Mengen schwerer Eisenkerne. Sie sausen mit 85 Prozent der Lichtgeschwindigkeit durch das Sonnensystem, und wo sie dabei auf lebende Zellen treffen, können sie erhebliche Zerstörungen anrichten bis hin zu den berüchtigten Doppelstrangbrüchen in der Erbsubstanz DNA. Oft überlebt die Zelle das nicht, aber wenn, dann kann sie zu einem Krebsgeschwür entarten.

Die galaktischen Teilchen haben eine erheblich höhere Energie als die von der Sonne. Gegen sie hilft auch kein Magnetfeld, sondern einzig eine räumlich dicke Schicht Materie, so dick wie die irdische Atmosphäre, dank deren nur wenige dieser potentiell krebserregenden kosmischen Teilchen zur Erdoberfläche gelangen. Aber bereits Besatzungen von Linienflugzeugen verabreichen sie im Laufe eines Jahres mindestens die Hälfte der jährlichen Strahlendosis von 20 Millisievert, die für einen Arbeiter in einer kerntechnischen Anlage höchstens zulässig ist. Dabei handelt es sich um die sogenannte Äquivalentdosis, in die bereits hineingerechnet wurde, dass Ionen aus dem All biologisch schädlicher sind als die Strahlen, mit denen man es beim Umgang mit Radioisotopen in der Regel zu tun hat. Für Astronauten im interplanetaren Raum lässt sich das auf 200 bis 500 Millisievert pro Jahr hochrechnen. Damit bekäme ein Teilnehmer einer zweieinhalbjährigen Marsmission eine etwas höhere Strahlendosis ab als der Mitarbeiter eines Kernkraftwerkes in Deutschland während eines ganzen (störfallfreien) Arbeitslebens.

Will man damit die Erhöhung des Krebsrisikos für Luft- und Raumfahrer abschätzen, so sind solche Zahlen allerdings mit Vorsicht zu genießen. Denn alle Erfahrungen über den Zusammenhang zwischen geringen, das heißt nicht akut schädigenden Strahlendosen und erhöhtem Krebsrisiko wurden mit Röntgen- und Gammastrahlen gesammelt, etwa durch epidemiologische Studien über die Überlebenden der Kernwaffeneinsätze über Hiroshima und Nagasaki, oder bei Patienten, die therapeutisch bestrahlt wurden. Selbst hier ist der Zusammenhang von Strahlen und Krebs erst ab einer Gesamtdosis von 100 Millisievert sicher belegt. Aber es ist durchaus unsicher – und in der Forschung umstritten –, ob das Krebsrisiko steigt, wenn diese 100 Millisievert über einen längeren Zeitraum als ein paar Stunden verteilt aufgenommen werden. Wie es sich aber mit der biologischen Wirkung niedriger jährlicher Dosen hochenergetischer Ionen verhält, darüber weiß man noch sehr viel weniger.

Die Frage ist nun, ob man etwas gegen die tödlichen Teilchen aus der Galaxis tun kann. Wernher von Braun gab sich 1954 in seinem Artikel für *Collier's* noch optimistisch: »Wenn eine Expedition von der Erde zum Mars startbereit ist, vielleicht Mitte der 2000er Jahre, werden die Wissenschaftler sicher ein Medikament entwickelt haben, das einen Menschen für längere Zeit strahlenunempfindlich macht«. Tatsächlich gibt es heute Wirkstoffe wie Amifostin, ein künstliches Antioxidans, das Krebspatienten hilft, indem es die bei therapeutischen Bestrahlungen entstehenden aggressiven Molekülbruchstücke, vor allem freie Sauerstoffradikale, abfängt. Die zum Teil schweren Nebenwirkungen machen solche Präparate allerdings für den Einsatz im All denkbar ungeeignet. Allerdings sind auch natürliche Antioxidantien wie die Vitamine C oder A nicht ganz unwirksam – das hat sich in den Statistiken über die Überlebenden der Atombombenabwürfe gezeigt: Ernährten sie sich reichlich von Obst und Gemüse, blieb ihnen der Krebs mit einer signifikant höheren Wahrscheinlichkeit erspart. Leider weiß man auch hier nur wenig darüber, ob das auf Astronauten im kosmischen Teilchenhagel übertragbar ist. Es gibt Hinweise dafür, aber auch welche dagegen – und es gibt die Sorge, dass Vitamine das Krebsrisiko sogar erhöhen könnten, indem sie strahlengeschädigte Zellen vor dem Zelltod, der Apoptose, bewahren und ihnen dadurch die Chance geben, durch ihr angeknackstes Erbgut zu entarten. Umgekehrt lassen sich angeschlagene Zellen vielleicht medikamentös gezielt in die Apoptose treiben und das Krebsrisiko damit wieder senken. Insbesondere was Schwerionenstrahlung angeht, steht hier die Forschung noch ganz am Anfang. Da solche Strahlen inzwischen aber auch therapeutisch genutzt werden, könnte es hier in Zukunft Fortschritte geben.

Vielleicht aber wird die effektivste Maßnahme gegen den Strahlenkrebs unter zukünftigen Marsveteranen in der Auswahl der Mannschaft bestehen. Man weiß heute, dass es Menschen mit erhöhter Empfindlichkeit für Strahlen gibt. Dazu gehören Patienten, die unter einem bestimmten genetisch bedingten Augentumor leiden, aber offenbar auch deren ansonsten gesunde Eltern, bei denen die Körperzellen ebenfalls eine höhere Anfälligkeit für Strahlenschäden aufweisen. Offenbar gibt es für die Strahlenempfindlichkeit eine genetische Grundlage – und damit vielleicht auch für besondere Strahlenunempfindlichkeit. Auch hier besteht noch immenser Forschungsbedarf.

Einstweilen bleibt der vorzeitige Krebstod durch kosmische Strahlung das größte Berufsrisiko für Raumfahrer – jedenfalls theoretisch. Die Nasa geht davon aus, dass sich drei von hundert Astronauten im Dienst einen am Ende tödlichen Tumor einhandeln. Damit hätten Raumfahrer statistisch eine um 15 Jahre kürzere Lebenserwartung im Vergleich zu anderen Berufen, lebten also etwas gefährlicher als regelmäßige Raucher. Dieses sogenannte »risk acceptance level« bei der kosmischen Strahlung ist um ein Mehrfaches höher als bei allen anderen Gefahren, die Risikoanalysen für Weltraummissionen ausgemacht haben, etwa denen von Raumschiff-Havarien. Im Gegensatz zu diesen hat sich das Strahlenrisiko im All allerdings bislang noch nicht eindeutig materialisiert: Von den 312 amerikanischen Astronauten, die bis zum Jahr 2002 im All waren, sind gerade mal 13 an Krebs erkrankt. Das sind nicht signifikant mehr als bei einer Kontrollgruppe gleicher Geschlechts- und Altersverteilung und sogar signifikant weniger als in der Durchschnittsbevölkerung.

Kapselkoller

Viel weniger als über die physiologischen Folgen und Begleiterscheinungen einer monatelangen Reise in einer engen Kapsel durch den offenen Weltraum weiß man über die Auswirkungen auf die Psyche der Astronauten. Feststeht aber, dass hier erhebliche Risiken lauern. Auch dieses Problem wird diskutiert, seit sich die technische Machbarkeit eines Marsfluges zum ersten

Mal abzeichnete. »Wenn jemand durchdreht, kann man nicht einfach die Mission abbrechen und umkehren«, schrieb etwa Wernher von Braun 1954 in *Collier's*. »Man wird den Betreffenden mit zum Mars nehmen müssen.« Als eine Maßnahme dagegen, dass jemand durchdreht, empfahl von Braun übrigens, etwaige schlechte Nachrichten von der Erde vor der Übermittlung an die Astronauten kurzerhand zu zensieren.

Die Idee sagt viel darüber, wie man sich anno 1954 eine Marsmannschaft vorstellte: als eine homogene, eisern disziplinierte Truppe militärischer Prägung, die höchstens das Heimweh plagt und die Sorge um die Lieben daheim. Heutige Vorstellungen sind vielleicht nicht weniger ein Bild unserer Zeit: Gälte es heute, eine Crew für den Mars zusammenzustellen, dann wäre es ein multinationales, multikulturelles Team aus lauter Individualisten, das zum Mars flöge – nicht mehr gedrillt, aber dafür gecoached.

Damit aber musste das Thema Psyche in den Diskussionen um die Machbarkeit einer bemannten Marsexpedition erheblich an Bedeutung gewinnen. Der Hinweis auf die jahrelangen Schiffsreisen zu Zeiten Fernando Magellans oder James Cooks sind heute kein gutes Argument mehr dafür, dass sich der Kapselkoller auch auf einer zweieinhalbjährigen Marsreise schon in Grenzen halten wird. Auch mit den Erfahrungen mancher U-Boot-Besatzungen im 20. Jahrhundert will man die seelische Belastung von Marsfahrern lieber nicht vergleichen. Die schmale empirische Basis für Abschätzungen dieser Belastung bildet in der Praxis – neben den Erfahrungen von Überwinterungsteams auf antarktischen Forschungsstationen – vor allem die der Langzeitbesatzungen der Raumstationen *Mir* und *ISS*.

Immerhin kommt der bisher (Stand 2009) längste Aufenthalt eines Menschen im All schon in die Nähe der Dauer einer Marsreise vom Oppositionstyp: 437 Tage verbrachte der russische Kosmonaut (und ausgebildete Arzt) Waleri Wladimirowitsch Poljakow zwischen Januar 1994 und März 1995 auf der *Mir*. Über das Seelenleben Poljakows aus dieser Zeit ist allerdings nichts öffentlich bekanntgeworden. Anders bei dem Amerikaner John Blaha, der von September 1996 bis Januar 1997 auf der *Mir* zu Gast war und dabei eigenen Angaben zufolge in eine ausgewachsene Depression verfiel.

Das mag ein Einzelfall gewesen sein, doch dass dies einem erfahrenen Testpiloten und Colonel der U.S. Airforce passierte, der, wie alle Astronauten, durch ein strenges Auswahlverfahren gegangen war, das stimmt im Hinblick auf eine Marsexpedition nachdenklich. Denn im Grunde sind auch Raumstationen im nahen Erdorbit psychologisch gesehen keine besonders realistischen Testcamps für Marsfahrer. Die Teilnehmer an einer Expedition zum Roten Planeten werden, anders als John Blaha, die Heimat nicht stets vor dem Fenster haben, stattdessen wird die Erde vor ihren Augen langsam zu einem von vielen Sternen schrumpfen. Und sie können auch nicht so ohne weiteres nach Hause telefonieren. Wegen der schon mehrfach erwähnten Signallaufzeiten von bis zu 20 Minuten gliche ein Telefonat eher einem Austausch von E-Mails.

Mehr Aufschluss über seelische Befindlichkeit und Gruppendynamik bei Marsflügen sollen daher Simulationsstudien in nachgebauten Raumstationen bringen. Neben den erwähnten Wüsten-Ferienlagern der Mars Society gibt es auch langfristigere, wissenschaftlich begleitete Studien, zum Beispiel das 1999 in Russland durchgeführte Experiment namens »Simulation of Flight of International Crew on Space Station« (SFINCSS-99), bei dem eine Stammmannschaft aus russischen Männern 240 Tage lang in Räumlichkeiten aus verbundenen Kammern eingeschlossen war und zu denen sich nacheinander für jeweils 110 Tage zwei weitere Gruppen gesellten, von denen die eine multinational, die andere zudem noch multiethnisch und gemischtgeschlechtlich zusammengesetzt war.

Während bei einer früheren Studie namens EXEMSI'92 drei Männer und eine Frau verschiedener Nationalität 60 Tage lang zusammengesperrt waren, ohne dass dabei ernste Probleme auftraten, endete das längere und komplexere SFINCSS-Experiment im Desaster: Bei der Sylvesterfeier kam es zwischen zwei Russen erstens zu einer blutigen Schlägerei und zweitens zu einem Kuss zwischen einem Russen und einer Kanadierin, den Ersterer freundschaftlich gemeint haben wollte, Letztere als sexuelle Belästigung empfand. Am Ende war es dann allerdings ein Japaner, der den Stress nicht mehr aushielt und das Experiment vorzeitig verließ.

Dem SFINCSS-Experiment folgen weitere Langzeit-Simulationen mit Freiwilligen, insbesondere das 15 Millionen Dollar teuren Unternehmen »Mars500«, das im Frühjahr 2009 ebenfalls in Moskau begann und an dem die europäische Raumfahrtorganisation Esa beteiligt ist. Mit 520 Tagen geplanter Isolationszeit kommt dieser Versuch bereits an die Dauer einer Marsmission vom Oppositionstyp heran. Die sechsköpfige Versuchsmarsmannschaft für Mars500 wurde mit ähnlichem Aufwand ausgesucht, den man auch bei der Rekrutierung echter Astronauten betreibt. Die Auswahl besteht allerdings ausschließlich aus weißen Männern: Russen, Franzosen sowie einem Deutschen – einem Bundeswehroffizier. Die Zusammensetzung des SFINCSS-Teams war dagegen näher an der, die bei einer multinationalen oder auch nur einer rein amerikanischen Marsmission zu erwarten wäre. Die methodischen Probleme der SFINCSS-Studie allerdings waren zu groß, um die Vorfälle dort zu verallgemeinern. Immerhin widerlegen sie nicht, was die Initiatoren der Studie schon vermuteten: Eine Truppe aus lauter weißen Männern um die 40 ist keine Garantie für Harmonie an Bord; aber eine nach Geschlecht und kulturellem Hintergrund gemischte Mannschaft macht die Sache erheblich komplizierter.

Natürlich wird auch hier intensiv über Gegenmaßnahmen nachgedacht. Auf der Raumstation *ISS* wird bereits ein spezielles psychologisches Programm angewandt, um die Astronauten seelisch fit zu halten. Viele Maßnahmen klingen nicht sonderlich originell: Freizeitgestaltung durch Filme und Musik, Internetanbindung sowie wöchentlich eine Stunde Videotelefonat mit der Familie. Außerdem ist vorgesehen, dass jeder Astronaut alle zwei Wochen mit einem Psychologen auf der Erde plaudert – vertraulich, damit er oder sie sich eventuellen Frust vom Leib reden kann, ohne fürchten zu müssen, vor den Mannschaftskameraden oder der Bodenkontrolle das Gesicht zu verlieren. Gleichzeitig hat der Psychologe dadurch die Chance, sich ein Bild über das Befinden des Astronauten zu machen. Im Rahmen einer sogenannten Kommunikationsanalyse lassen sich auch aus dem normalen Funkverkehr zwischen Station und Bodenkontrolle Rückschlüsse aufs Gemüt ziehen – aus Parametern wie Sprechgeschwindigkeit oder Intonation. Besteht Bildkontakt, kann man auch noch die Mimik und Gestik hinzunehmen und mit noch höherem technischen Aufwand auch noch Hautwiderstand, Atemfrequenz oder sogar Hirnströme.

Wird ein Marsastronaut sich also darauf einstellen müssen, dass die Bodenstation ihn rund um die Uhr an einer Art hochgezüchtetem Lügendetektor angeschlossen lässt, damit man es auf der Erde früh genug merkt, wenn eine Depression oder ein Wutanfall droht? Es ist offensichtlich, dass es so auch nicht geht. Schon die im Laufe der Reise immer längere Signallaufzeit zwischen Erde und Marsfahrern macht bei einer Eskalation an Bord ein Einschreiten von Psychologen am Boden nutzlos. Ein Vorfall würde sich höchstens im Nachhinein rekonstruieren lassen. Daher muss man den Astronauten Möglichkeiten geben, mit eigenen Stimmungstiefs und Konflikten innerhalb der Mannschaft selber fertig zu werden. Dafür wurde bereits ein interaktives, multimedial gestaltetes Computerprogramm namens »Virtual Space Station« entwickelt, das Astronauten in die Lage versetzen soll, psychosoziale Krisen bis hin zu einer eigenen Depression selber zu identifizieren und zu bewältigen. Dabei ist allerdings offen, ob sich diese Software vor dem Flug unter wirklich realistischen Bedingungen testen lässt.

Ansonsten bleiben den Missionsplanern nur zwei Maßnahmen, dem Kapselkoller vorzubeugen. Die eine ist teuer, denn sie besteht darin, den Marsfahrern die Reise so komfortabel und anregend wie möglich – und ihr Heim im All entsprechend geräumig zu gestalten. Einzelkajüten mit eigenem Schreibtisch und eigener sanitärer Einrichtung sind vermutlich ebenso erforderlich wie ein ausreichend dimensionierter Gemeinschaftsraum, hochwertige Verpflegung – und künstliche Schwerkraft. Zumindest hinter die Standards der erwähnten *Design Reference Mission* wird man kaum zurückgehen können.

Die andere Maßnahme besteht aus einer besonders sorgfältigen Auswahl der Astronauten. »Die Mannschaftsmitglieder sollten sich riechen können«, sagt Zubrin – nicht nur im Hinblick auf die begrenzten Mengen an Waschwasser, die auf einem Marsraumschiff sowie in dem Camp auf der Oberfläche zur Verfügung stünden. Zubrin schlägt daher vor, die Marsfahrer nicht einzeln, sondern in einer Art Mannschaftsturnier als Teams auszuwählen. Die Teams würden neben ihrer fachlichen Arbeit danach beurteilt, wie sie in monatelangen Marssimulationen in Übungsstationen auf der Erde miteinander auskommen. Dazu reiche es aber nicht, dass sie die ganze Zeit bloß Schach spielen. Vielmehr müssten die Aspiranten auch die harte körperliche Arbeit, die sie auf dem Mars erwartet, schon während der Übungen so getreu wie möglich simulieren – inklusive Grabarbeiten im Raumanzug, draußen im Gelände.

Möglicherweise wird man aber doch erhebliche Abstriche bei der nationalen und kulturellen Vielfalt der Mannschaft machen müssen – jedenfalls dann, wenn die Befunde der SFINCSS-Studie sich in weiteren Langzeit-Isolationsexperimenten erhärten. Zumindest bei der ersten bemannten Marsexpedition könnte das die Risiken für Probleme senken, wenn auch wohl nur partiell. Denn im Ernstfall dürfte man auf dem Gebiet der Raumfahrt-Psychologie noch so manche Erfahrung machen, die heute noch niemand vorhersieht.

Terraformig

Haben die Astronauten den Mars einmal erreicht, ändert sich für sie vieles, aber lange nicht alles. Sie sehen die Sonne wieder, wenn auch kleiner, und einen Himmel, wenn auch einen etwas ungewohnt gefärbten. Sie leben unter einem natürlichen Rhythmus von Tag und Nacht, und vor allem haben sie wieder Boden unter den Füßen, der sie mit etwas mehr als einem Drittel der Erdenschwerkraft anzieht. Auf ihm können sie weit laufen, so weit, bis sie ihre Kameraden nur noch aus der Ferne sehen.

Allerdings müssen sie dabei einen schweren, gut geheizten Druckanzug tragen. Damit unterscheidet sich ein Spaziergang in der dünnen, im Mittel –60°C kalten Marsluft in technischer Hinsicht kaum von einem Gang auf dem atmosphärenlosen Mond. In mancher Hinsicht sind Outdoor-Aktivitäten auf dem Mars sogar noch komplizierter und gefahrvoller als auf dem Erdtrabanten, nicht zuletzt infolge der notwendigerweise sehr viel längeren Dauer, selbst bei einer Mission vom Oppositionstyp. Denn da wäre einmal die Strahlung, vor der die dünne Marsatmosphäre lange nicht so gut schützt wie die der Erde. Die Belastung durch galaktische Ionen wäre zwar weniger als halb so hoch wie während der Anreise durchs All, denn die kosmischen Teilchen kommen ja nun nur noch von einer Seite: von oben. Doch auch solare Strahlungsausbrüche wären auf dem weitgehend magnetfeldlosen Planeten nach wie vor ein Problem, wie Daten eines Strahlenmessgerätes an Bord der Sonde *Mars Odyssey* nahelegen. Vor einem Ausbruch auf der dem Mars zugewandten Seite der Sonne müssten die Astronauten nach wie vor gewarnt werden, um rechtzeitig in ihrer Landekapsel oder in gegrabenen Unterständen Schutz zu suchen.

Ein besonderes Problem für die Marsbesucher und ihre Ausrüstung könnte der korrosive Boden werden, insbesondere die mutmaßlich reichlich darin enthaltenen Peroxide. Noch unangenehmer ist der rote Staub, wenn ein Sturm ihn in jede Ritze weht. Auf dem Mond kannten die Apollo-Astronauten dieses Problem mangels Wind nicht. Andererseits gibt es auf dem Mars – anders als auf dem Mond – Wasser, dessen Transport von der Erde man sich daher sparen könnte. Unter geeignet ausgewählten Landestellen müsste es in geringer Tiefe als Bodeneis schlummern, und dann ist es nur noch eine Frage der Energie, es aufzutauen und zu entsalzen.

Mit entsprechendem technischen Aufwand – zu dem in allen realistischen Szenarien auch eine nukleare Energieversorgung gehörte – ließe es sich auf dem Mars so schon eine Zeitlang aushalten. Aber das Leben wäre mühsamer als das von Polarforschern im Winter. Eine Forschungsstation ließe sich dort wohl betreiben, Abenteuertourismus wie in der Antarktis ist ebenfalls denkbar. Aber Siedler von der Erde würde der Planet so, wie er ist, gewiss nie anlocken. Dazu käme es nur, wenn man den Mars selber verändern könnte, genauer gesagt: sein Klima. Immerhin war es auf dem Planeten einmal feuchter, wie wir gesehen haben, auch wenn das mehr als dreieinhalb Milliarden Jahre her ist. Wäre es vielleicht möglich, den Mars durch geeignete Manipulationen wieder in seinen Urzustand zurückzuversetzen? Ließe sich der Mars gar in eine zweite Erde verwandeln?

Diese Frage beschäftigte die Science-Fiction-Autoren schon zu Zeiten, als noch gar nicht bekannt war, wie nötig der Mars eine solche Behandlung hat, bevor er als Siedlungsraum in Frage käme. Bereits in den 1911 verfassten Geschichten, die später unter dem Titel »A Princess of Mars« als Roman veröffentlicht wurden, erzählt der amerikanische Schriftsteller Edgar Rice Burroughs von »Atmosphären-Fabriken«, welche die Marsianer zur Erhaltung einer atembaren Luft auf dem Planeten betreiben. Auch das Wort »Terraforming« tauchte zum ersten Mal zu einer Zeit auf, als man sich den Mars noch vergleichsweise erdähnlich vorstellte, nämlich 1951 in Jack Williamsons Geschichtenband »Seetee Ship«. Eine zentrale Rolle spielt das Thema dann in der Trilogie »Red Mars«, »Green Mars«, »Blue Mars« von Kim Stanley Robinson, die in den 1990er Jahren entstand.

Da hatten aber bereits Wissenschaftler damit begonnen, sich Gedanken darüber zu machen, inwieweit solch ein Unternehmen überhaupt mit den Naturgesetzen zu vereinbaren und praktisch durchführbar wäre. Alle ernsthaften Überlegungen kreisten dabei um eine gezielte Erhöhung des Luftdrucks auf dem Mars. Eine Atmosphäre mit einem dem der Erde vergleichbaren Luftdruck würde dem Mars gleich mehrere seiner lebensfeindlichen Züge nehmen: Erstens würde flüssiges Oberflächenwasser möglich, Gletscher und Permafrost könnten tauen und die Feuchtigkeit würde die Peroxide im Boden zersetzen. Zweitens sänke die Belastung durch kosmische Teilchen auf irdische Pegel oder sogar noch darunter, denn infolge der geringen Schwerkraft müsste solch eine Atmosphäre in größere Höhen als auf der Erde hinaufreichen und würde die kosmische Strahlung noch besser abschirmen. Drittens schließlich würde es in einer dichteren Kohlendioxidatmosphäre wärmer – dank des Treibhauseffektes, der auf der Erde gegenwärtig eher einen schlechten Ruf genießt, obwohl es hier ohne ihn empfindlich kälter wäre.

Woher aber das zusätzliche Kohlendioxid nehmen? Modellrechnungen zufolge bräuchte der Rote Planet eine Kohlendioxidatmosphäre mit einem Druck von etwa zwei Bar, um die mittlere Oberflächentemperatur über dem Gefrierpunkt von Wasser zu halten. Heute hat die Marsatmosphäre gerade mal sechs Millibar. Im Jahr 1973, bald nachdem die Bilder von *Mariner 9* die ersten Hinweise auf eine feuchtere Vergangenheit und damit eine einst dichtere Atmosphäre geliefert hatten, spekulierte Carl Sagan in der planetologischen Fachzeitschrift *Icarus* darüber, ob man dem Marsklima nicht dadurch helfen könnte, dass man mehrere Milliarden Tonnen einer dunklen, das Sonnenlicht absorbierenden Substanz auf dem Eis seiner Polkappen verteilt und sie dadurch zum Verdampfen bringt. Dabei ging Sagan allerdings noch davon aus, dass die Polkappen des Mars hauptsächlich aus gefrorenem Kohlendioxid bestehen, während wir heute wissen, dass sie vor allem aus Wassereis sind.

Wie viel Kohlendioxid es insgesamt auf dem Mars heute noch gibt, ist leider unbekannt. Geochemische Argumente legen allerdings nahe, dass noch viel gefrorenes CO_2 im Marsboden schlummert – und alle neueren detaillierten Studien zum Terraforming gehen davon aus, dass es tatsächlich noch so viel ist, dass seine Freisetzung den Luftdruck auf dem Mars auf einen mit dem der Erdatmosphäre auf Meereshöhe vergleichbaren Wert anheben könnte. Ist diese Voraussetzung erfüllt (und nur dann), wäre ein Terraforming grundsätzlich möglich. Man müsste nur die Temperatur der Marsatmosphäre um einen relativ geringen Betrag erhöhen, um einen sogenannten Runaway-Treibhauseffekt auszulösen: CO_2 verdampfte, dadurch würde das Treibhaus wirksamer, die globale Temperatur erhöhte sich, was wiederum mehr CO_2 verdampfte und so fort. Erst wenn alles Kohlendioxid in der Atmosphäre ist, würden Temperatur und Luftdruck auf dem Mars nicht mehr weiter steigen.

Wie man eine Planetenatmosphäre erwärmt, das wissen wir inzwischen. Nach Berechnungen von Forschern um Christopher McKay vom Ames Research Center der Nasa lässt sich ein Runaway-Treibhauseffekt auf dem Mars am praktikabelsten durch Freisetzung von Super-Treibhausgasen in Gang setzen, welche die von der Sonne eingestrahlte Wärme tausendmal effektiver in der Atmosphäre zurückhalten als Kohlendioxid. Geeignet wären leichte halogenierte Kohlenwasserstoffe, wie man sie als Treibgase in Spraydosen verwendete, bevor sie als Ozonkiller geächtet wurden. Der Mars hat mangels atmosphärischen Sauerstoffs keine Ozonschicht. Allerdings wäre es unter dem Aspekt des Terraformings wünschenswert, wenn man ihm die Möglichkeit ließe, später eine auszubilden, weswegen man ihn besser nur mit komplett fluorierten Gasen wärmt, die Ozon im Gegensatz zu den chlor- oder bromhaltigen weitgehend in Ruhe lassen. Mit dieser Vorgabe erwies sich in Labormessungen das

Perfluorpropan (C_3F_8) als besonders potentes Super-Treibhausgas. Optimal aber wirkt es in Kombination mit Perfluorethan und Schwefelhexafluorid. Von diesem Mix müsste man dem Mars 52 Milliarden Tonnen verabreichen, um das Klima kippen zu lassen, etwa das 25 700fache der gegenwärtigen irdischen Weltjahresproduktion.

Sofern die Salze im Marsboden genügend Fluor enthalten, könnte sich das durch eine Anzahl nukleargetriebener vollautomatisch arbeitender Anlagen bewerkstelligen lassen, Atmosphärenfabriken wie bei Edgar Rice Burroughs, von denen einige allerdings auch nach dem Erreichen des nötigen Perfluorpropan-Gehaltes der Marsatmosphäre in Betrieb bleiben müssten (etwa mit dem Dreifachen der aktuellen irdischen Produktion), um den Gasverlust durch Zersetzung infolge der UV-Strahlen der Sonne auszugleichen. Etwa hundert Jahre nach der Injektion der notwendigen Treibhausgasmenge wäre ein doppelt so hoher Luftdruck wie auf der Erde erreicht. Dann würden die Böden und Gletscher tauen, die Luft nähme Wasserdampf auf und zum ersten Mal nach 3,7 Milliarden Jahren würde es auf dem Roten Planeten wieder regnen.

Grün wäre er damit aber lange noch nicht – und für Menschen bewohnbar noch viel weniger. Die Atmosphäre enthielte keinen Sauerstoff und würde damit auch keine Ozonschicht aufbauen, welche die UV-Strahlung von der Sonne abhält. Menschen müssten also Sauerstoffmasken und UV-feste Schutzkleidung tragen, und es gäbe kaum ein Gewächs, schon gar kein agrarwirtschaftlich interessantes, das unter diesen Verhältnissen gedeihen würde. Der Botaniker James Graham von der University of Wisconsin hat daher vorgeschlagen, das geochemische Terraforming etwas gemächlicher als in dem von McKay angegebenen Mindestzeitraum von einem Jahrhundert voranzutreiben und es zugleich von Anfang an durch ein biologisches zu ergänzen. Denn der Sauerstoff in der Erdatmosphäre verdankt sich erst der Aktivität photosynthesetreibender Organismen.

Nach Graham müssten mit sukzessive steigendem Atmosphärendruck immer höher entwickelte Lebewesen von der Erde zum Mars gebracht und dort angesiedelt werden. Beginnen könnte man hundert Jahre nach dem Einleiten der Super-Treibhausgase. Die Durchschnittstemperaturen lägen noch bei –20°C und der Druck bei etwas über 90 Millibar – genug, damit eine antarktische Fauna aus Flechten und Cyanobakterien gedeihen könnte und begönne, die Atmosphäre mit Sauerstoff anzureichern. 200 Jahre später könnten die ersten Moose sprießen, wieder 300 Jahre später begänne man mit ausgewählten höheren Pflanzen, die den noch immer geringen Sauerstoffgehalt tolerieren. 900 Jahre nach Beginn des Projektes könnten auf dem Mars dann die ersten Nadelwälder wachsen.

Ob man dann allerdings bereits im T-Shirt am Fuße des Olympus Mons entlangjoggen könnte, daran hat Christopher McKay starke Zweifel. Selbst wenn die Organismen auf dem Mars imstande wären, mit gleicher Effizienz Sonnenlicht zur Produktion von atmosphärischem Sauerstoff einzusetzen wie auf der Erde, so würde die auf dem Mars verfügbare Solarenergie trotzdem erst nach hunderttausend Jahren so viel Sauerstoff freigesetzt haben, dass Menschen die Marsluft atmen könnten. Auch mit gentechnisch auf höchste Photosyntheseleistung getrimmten Turbogewächsen ließe sich daran nichts ändern, sagt McKay.

Zudem hängt das ganze Projekt einer Marsbegrünung an einer weiteren Unbekannten: Niemand weiß, ob der Marsboden über genügend Stickstoff verfügt, ein Element, ohne das die meisten höheren Pflanzen (von den Tieren ganz zu schweigen) nicht auskommen und das sie auch nach ihrer Verpflanzung auf dem Mars brauchen werden. Die Marsatmosphäre besteht heute nur zu 2,7 Prozent aus Stickstoff – in der irdischen Luft, aus der sich spezielle stickstoffbindende Organismen bedienen und das Element dadurch auch für die übrige Biosphäre verfügbar machen, sind es 78 Prozent. Da Mars und Erde bei ihrer Entstehung ähnliche Anteile an Stickstoff mitbekommen haben müssten, könnte der Rest heute noch irgendwo im Marsboden stecken, wahrscheinlich in oxidierter Form als Nitrate. Aber ob das tatsächlich so ist, weiß bislang niemand.

Ein Terraforming des Mars ist damit nach heutigem Wissensstand keineswegs ein reines Science-Fiction-Sujet. Es ist technisch möglich. Allerdings nur dann, wenn auf dem Mars noch gigantische Mengen Kohlendioxid verborgen liegen. Andernfalls hätte man nichts, womit sich der Atmosphärendruck erhöhen ließe – und an dem hängt die Möglichkeit flüssigen Wassers und damit alles andere. Ist diese Voraussetzung aber gegeben, dann wäre ein solches Projekt eines der phantastischsten und interessantesten, die man sich vorstellen kann, auch dann, wenn es mit der atembaren Atmosphäre nicht so schnell klappt. Es wäre faszinierend mitzuverfolgen, was das Wasser mit dem Mars macht. Quasi im Zeitraffer könnte man Prozessen zuschauen, die in der Marsurzeit am Werke waren und die unseren eigenen Planeten bis heute formen. Vielleicht lockt die neue Feuchtigkeit aber auch primitive, genuin marsianische Lebensformen an die Oberfläche, die seit dem Ende des Noachiums nur im vulkanisch beheizten Untergrund gedeihen, wo man sie sonst möglicherweise nie gefunden hätte. Allerdings müsste man dann schnell nach ihnen suchen. Die massenhafte Ansiedlung irdischer Lebewesen dürfte eventuellen Marsmikroben ökologisch schnell den Garaus machen. Vielleicht besorgen das aber schon die Bakterien und Pilze, deren Sporen bereits von den ersten Landesonden eingeschleppt wurden.

Jedenfalls scheint es fast ausgeschlossen, dass ein Mars, auf dem Regen fällt und sich zu Flüssen und Seen sammelt, auf Dauer steril bleiben wird. Ebenso wenig aber dürfte die Menschheit die Entfaltung einer Biosphäre auf dem Mars kontrollieren können. Selbst wenn sich bestimmte Elemente irdischer Flora und Fauna dort gezielt ansiedeln ließen, wäre das Ergebnis alles andere als ein Duplikat der Erdbiosphäre – weswegen Wissenschaftler wie McKay auch gar nicht so gerne von »Terraforming« reden, sondern lieber von »planetarer Ökosynthese«. Es wäre etwas völlig anderes, dessen allmähliche Entstehung im Wechselspiel von Geologie und Biologie man dort auf dem Mars studieren könnte. Es wäre – von Menschen gewollt, aber ihnen nur bedingt zu Willen – eine neue Welt.

Keine bleibende Stätte

Aber brauchen wir überhaupt eine neue Welt? Das erscheint wie eine ins Riesenhafte aufgeblähte Version der Frage danach, warum man überhaupt erst Astronauten auf den Mars schicken sollte. Den Mars in einen Planeten zu verwandeln, auf dessen Oberfläche biologische Aktivität möglich ist, würde viele Größenordnungen mehr kosten als eine bloße Expedition dorthin – und es würde länger dauern als jedes Projekt, das Menschen seit Beginn der Neuzeit in Angriff genommen haben. Es wäre sogar ein ganz und gar unneuzeitliches Unterfangen, indem es den heute Lebenden Investitionen abverlangte, die, wenn überhaupt, erst ihren fernen Nachfahren zugutekäme. Seit den großen Kathedralen des Mittelalters ist dergleichen nicht mehr ernsthaft begonnen worden. Stattdessen wird darüber debattiert, ob man existierende Industriestrukturen und die damit verbundenen Arbeitsplätze gefährden dürfe, um einen Klimawandel abzumildern, dessen wirtschaftliche und soziale Folgen wahrscheinlich schon unsere Kinder zu spüren bekommen werden.

Neben diesem Argument der soziologischen Unmöglichkeit, wie man es nennen könnte, gibt es noch zwei weitere Gründe, die dagegen zu sprechen scheinen, dass die Menschheit sich je an eine Ökosynthese des Mars machen wird. Da wäre erstens der Umstand, dass kein denkbarer Ökosyntheseprozess den Mars zu einer zweiten Erde machen würde. Dazu gibt es dort aller Wahrscheinlichkeit nach viel zu wenig Wasser. Das Meer, dass sich nach einem Auftauen allen Bodenfrosts in der Vastitas Borealis sammelte, würde auch im günstigsten Fall weniger als ein Drittel der Marsoberfläche bedecken – und bliebe zugleich flacher als die irdischen Ozeane. Deren Funktion als Klimamaschine könnte es nie in ähnlicher Weise erfüllen. Auf einem transformierten Mars herrschte ein weitgehend kontinentales Klima. Nach dem Graham-Szenario zum Beispiel wüchse nur am Äquator ein Waldgürtel, an den sich in höheren Breiten Grasland und Tundra anschließen. Regenwälder und tropisch warme Meere gäbe es keine. Weite Landstriche, etwa die Hochplateaus der Tharsis, dürften Wüste bleiben. Das Ganze wäre wohl eine Mischung aus australischem Outback und Sibirien, aber sicher kein Planet, der sehr vielen Menschen ein Auskommen böte. Ein Ersatz für eine ökologisch zugrundegerichtete Erde wäre es auf gar keinen Fall.

Aber wäre ein solches künstliches Marsklima überhaupt von Dauer? Auch wenn man nicht weiß, wie es kam, dass der Planet seine einst dichte Atmosphäre verlor – die Tatsache, dass ihm das einmal passiert ist, dürfte direkt oder indirekt auch mit einer Eigenschaft zu tun haben, die ihn von der Erde so fundamental unterscheidet, dass keine Technik je daran etwas ändern wird: seine geringe Größe. Allerdings ist der begrenzende Faktor weder die geringe Schwerkraft des Mars, durch die das Gas leichter in den Weltraum entfleucht, noch das Fehlen eines globalen Magnetfeldes, das die Atmosphäre vor der Erosion durch solare Teilchen schützen könnte. Entscheidend ist vielmehr der Umstand, dass es auf dem Mars keine Plattentektonik gibt.

Auf der Erde sorgt das seit mindestens vier Milliarden Jahren andauernde ständige Recycling der Planetenkruste unter anderem dafür, dass im Wasser als Carbonat abgelagertes Kohlendioxid nach spätestens einigen hundert Millionen Jahren in den Erdmantel gezogen wird, wo die Hitze das Gas wieder freigibt, so dass es über Vulkane in die Atmosphäre zurückkehren kann. Auf einem ökosynthetisch veränderten Mars würde sich das mühsam ausgetriebene Kohlendioxid wahrscheinlich auch irgendwann am Boden der Gewässer in Sedimentgesteinen ablagern – aber da bliebe es dann. Die Atmosphäre würde in der

Folge wieder dünner und ihrer Treibhauswirkung zusehends beraubt, bis der Planet eines Tages wieder einfröre. Da nützte dann auch kein Perfluorpropan mehr. Ohne die natürliche Atmosphärenfabrik der Plattentektonik ist der Mars nur vorübergehend aufzutauen.

Allerdings würde es eine Weile dauern. Christopher McKay schätzt, dass der Mars nach einer Terraforming-Behandlung zwischen zehn und hundert Millionen Jahre lebensfreundliche Bedingungen böte. Das ist nun sehr viel länger, als es Menschen gibt, und unter diesem Aspekt wäre ein Terraforming tatsächlich eine nachhaltige Maßnahme. Die Lebensdauer eines ökosynthetisch verwandelten Mars wäre sogar beinahe von der Größenordnung der Zeitspanne, die höheren Landlebewesen auf der Erde selbst verbleibt. Denn auch auf unserem Heimatplaneten wird in etwa 500 Millionen Jahren ein Erdzeitalter beginnen, in dem es allmählich immer ungemütlicher wird. Änderungen im Inneren der Sonne werden deren Energieausstoß immer weiter erhöhen, so dass es immer heißer wird. Das Leben auf der Erde wird sich dann allmählich wieder in die Meere zurückziehen – bis auch diese irgendwann zu kochen beginnen und die Erde so unbewohnbar wird wie heute die Venus.

Nicht nur der Mars wird also dem Leben keine bleibende Stätte bieten können, auch die Erde kann das nicht. Das Ende ist vielleicht nicht nahe, aber es ist absehbar. Nun gibt es zwei Möglichkeiten, sich zu diesem Umstand zu verhalten. Einerseits kann man mit dem Schöpfer hadern und die Endlichkeit alles Irdischen beklagen. Oder man wundert sich dankbar darüber, wie das alles überhaupt entstand und so lange gutgegangen ist. Gerade angesichts des in diesem Buch ausgebreiteten heutigen Wissens über unseren Nachbarplaneten ist es eigentlich sehr erstaunlich, dass es überhaupt einen Planeten gibt, auf dem die Verhältnisse über Jahrmilliarden im lebensfreundlichen Bereich bleiben konnten. An dem in vieler Hinsicht erdähnlichen Mars sehen wir, was alles zusammenkommen musste, um eine echte Erde zu bilden: nicht nur der richtige Abstand zur Sonne, sondern auch die richtige Größe, die eine Plattentektonik ermöglicht, sowie die richtige Menge an Wasser und anderen flüchtigen Stoffen, ein riesiger Mond, der die Achse stabil hält. Wie besonders unsere Erde ist, das ist vielleicht überhaupt das wichtigste Ergebnis der Marsforschung.

Doch die Tatsache, dass die Erde die Wiege zumindest allen höheren Lebens war, bedeutet nicht, dass dieses Leben für alle Zeiten an dieses Staubkorn im All gebunden ist. Auch ist die Erde ihrerseits schon lange ein Produkt intensiver Anpassung an die Bedürfnisse ihrer Biosphären, also eines Terraformings. Es begann vor vielleicht drei Milliarden Jahren mit der Anreicherung von Sauerstoff in ihrer Atmosphäre durch photosynthesetreibende Cyanobakterien und ist mit der Umwandlung der europäischen Urwälder in Kulturlandschaft noch lange nicht zu Ende. Nach Cyanobakterien und kalkbildenden Mikroorganismen der Meere sind die Menschen heute die aktivsten Terraformer – und müssen es in Zukunft vielleicht in noch sehr viel größerem Umfange werden, wenn der Planet die große Zahl von Bewohnern auf akzeptablem Niveau ernähren können soll. Ob nachhaltig oder nicht, ob mittels Gentechnik oder mit Hilfe von Pflanzen und Tiere, die durch klassische Züchtung optimiert sind – immer stärker werden wir in die Biosphäre hineinregieren – auch indem wir aufforsten, Naturschutzgebiete ausrufen, Tiere schützen, invasive Arten bekämpfen. Die Erde ist dem Menschen untertan. Und auch wenn manche ihm absprechen, die Krone der Schöpfung zu sein, so hat er heute doch die Krone auf. Die Frage ist allein, ob es ihm gelingt, als weiser Herrscher aufzutreten.

Aber wenn das Leben sich die Erde untertan machte – weil die astronomischen Bedingungen wunderbarerweise über drei Milliarden Jahre hinweg eine Darwinsche Evolution erlaubte –, warum soll es, noch bevor diese Frist abläuft, nun nicht eines Tages auch anderswohin expandieren? Gewiss, »natürlich« in einem zum Menschen und seiner Technologie entgegengesetzt gedachten Sinne wäre das nicht. Aber es entspräche der Tendenz, die dem Leben schon im Darwinschen Modus eigen war: sich immer neue Räume zu erobern. Vielleicht ist das Gefühl, das die Mitglieder der Planetary Society oder der Mars Society schon jetzt umtreibt, nur eine Manifestation dieses Lebensdranges, wenn auch im Mantel der Abenteuerlust und der wissenschaftlichen Neugier: das Gefühl, dass es doch schrecklich wäre – für das Leben allgemein und für den Menschen im Besonderen –, auf diesem hellblauen Punkt, wie Carl Sagan die Erde einmal nannte, bis zu dessen sicherem Untergang festgekettet zu sein.

Der hartnäckige Wunsch, dass Menschen zum Mars fliegen mögen, notfalls wider alle nationalökonomische Vernunft, mag hier nicht nur eine psychologische, sondern sogar eine evolutionsbiologische Wurzel haben. Aus der gleichen Quelle dürften sich die Motive speisen, mit denen die Forscher wie Christopher McKay mit naturwissenschaftlicher Akribie, aber doch unter Zugrundelegung reichlich optimistischer Voraussetzungen (vor allem ausreichender Mengen gefrorenen Kohlendioxids im Marsboden) die Möglichkeit einer ökosynthetischen Transformation des Mars untersuchen. Um den Mars als neue Heimat kann es dabei in letzter Konsequenz nicht gehen. Zumindest unterbewusst weilen diese Forscher in Zeitaltern einer noch viel ferneren Zukunft, in denen es der Menschheit technisch möglich sein wird, interstellare Reisen zu unternehmen – etwas, das wir uns technisch heute ebenso wenig vorstellen können wie Steinzeitmenschen einen Transatlantikflug. Doch dabei wird man kaum je auf eine zweite Erde treffen. Niemand weiß zwar, wie häufig erdgroße Planeten mit aktiver Plattentektonik sind, die genau im richtigen Abstand zu genau dem richtigen Typ Stern kreisen. Da aber dafür so viele Faktoren zusammenkommen müssen, dürften sie geradezu lächerlich selten sein. Die Chance, an einen terrestrischen Planeten wie den Mars zu geraten, bei dem manches, aber eben nicht alles passt, dürfte da sehr viel höher sein. Wenn sich das Leben in Gestalt des Menschen in den Kosmos ausbreiten will, dann führt am Terraforming anderer Planeten kaum ein Weg vorbei. Und dann wäre es doch sehr schön, wenn man das am Mars schon mal üben könnte.

Was also hat der Mensch auf dem Mars verloren? Realpolitisch gesehen seinen Verstand. Als bloßes Forschungsunternehmen zum Sammeln planetologischer Daten ist eine bemannte Expedition gegenwärtig zu teuer, zumal die Möglichkeiten robotischer Missionen noch lange nicht ausgeschöpft sind. Aber der Mars ist eben mehr als nur ein Planet. Er ist auch eine Chiffre für den Kosmos, der da draußen lockt. Seitdem die aristotelische Theorie des Firmaments als einer physikalisch ganz anderen und daher auch grundsätzlich unbewohnbaren Sphäre den Fernrohren und Raumsonden gewichen ist, seitdem hat sich dieses Locken beständig verstärkt. Im Mars ist uns der Kosmos besonders nahegekommen. Denn es stellte sich heraus, dass es dort Himmel, Luft und Winde gibt und dass man auf ihm würde herumlaufen können. Damit wurde der Mars zu einem Ort, an dem sich dem Kosmos, als dem Höheren und Unbekannten, ein »geläufiger Ausdruck« verleihen lässt – eine Denkbewegung, die für den Dichter Novalis ein Moment dessen war, was er die »Romantisierung der Welt« nannte.

Die Idee von einer Reise zum Mars, gar dessen terraformende Anverwandlung, ist eine romantische Sehnsucht. Aber diese Sehnsucht dürfte auf lange Sicht stärker sein als alle vermeintlich vernünftigeren Gründe für solch ein Unternehmen: stärker als die Hoffnungen auf neue Teflonpfannen, auf Apollo-Effekte zur Stimulierung der technikmüden Jugend oder auf Völkerverständigung durch friedliche Raumfahrt. Dafür allein wird tatsächlich nie jemand zum Mars fliegen. Aber Menschen werden zum Mars fliegen. Sofern wir unser Wissen über den Kosmos im Allgemeinen und den Mars im Besonderen nicht wieder verlieren, wird es immer Vertreter unserer Spezies geben, die davon träumen, einmal den neunten Kontinent zu betreten und seinen Himmel zu sehen – oder zumindest davon, dass einem Artgenossen das einmal möglich wird. Und sobald die sozioökonomischen Bedingungen es ihnen erlauben, wann immer das sein wird, werden sie es tun. Mit schweren Stiefeln werden sie den roten Staub aufwirbeln, nicht um dortzubleiben, sondern um sich zu vergewissern, dass der Schritt möglich ist – der Schritt zu den Sternen.

Areographisches Glossar

Die heute verwendeten Bezeichnungen für die großen Regionen oder Formationen auf dem Mars wurden 1973 auf der 15. Vollversammlung der International Astronomical Union (IAU) in Sydney beschlossen. Grundlage waren die Bilddaten, die *Mariner 9* als erste erfolgreiche Sonde im Marsorbit zwischen Dezember 1971 und Oktober 1972 gesammelt hatte. Die IAU-Namen – und nur sie – sind international verbindlich. Benennungen, wie sie etwa Nasa-Wissenschaftler anhand der Bilder ihrer Rover vorgenommen haben (beispielsweise »Columbia Hills«), sind bis zur Bestätigung durch die IAU nur inoffiziell.

Die Bezeichnungen der IAU von 1973 haben alle älteren abgelöst. Wo es geht, orientieren sie sich aber bei Merkmalen, die schon vorher mit Fernrohren sichtbar waren, an den Bezeichnungen auf den Marskarten Giuseppe Schiaparellis. Insofern sich die wahre Natur vieler Oberflächenstrukturen erst der Raumsonde offenbarte, wurden die entsprechenden Bezeichnungen abgeändert. So wurde aus dem »Sinus Meridiani« die »Terra Meridiani« oder aus »Nix Olympica« der »Olympus Mons«.

Die IAU-Richtlinien zur Benennung von Oberflächenstrukturen gelten nicht nur für den Mars, sondern für alle planetaren Objekte mit Ausnahme der Erde. In Fortsetzung einer Tradition, die sich aus der kartographischen Erfassung des Erdmondes ableitet, wird die geologische Natur der Strukturen durch einen lateinisch-griechischen Terminus präzisiert. Nur Einschlagskrater tragen keinen solchen Zusatz. Die für den Mars wichtigsten dieser Termini sind:

Catena (»Kette«): eine Reihe von Kratern

Chasma (»Kluft«, Plural: Chasmata): tief eingeschnittenes Tal, Canyon

Dorsum (»Rücken«): Gebirgskamm

Fossa (»Graben«, Plural: Fossae): langes schmales Tal, meist vulkanischen Ursprungs

Labyrinthus (»Irrgarten«): System aus einander kreuzenden Tälern

Mensa (»Tisch«, Plural: Mensae): Erhebung mit flachem Gipfel

Mons (»Berg«, Plural: Montes): großer markanter Berg, meist ein Vulkankegel

Planitia (»Fläche«, Plural: Planitiae): Tiefebene

Planum (»Fläche«, Plural: Plana): Hochebene

Patera (»Schale«, Plural: Paterae): komplexer, kollabierter oder erodierter Vulkanschild

Terra (»Land«): stark unebene Region

Tholus (»Kuppel«, Plural: Tholi): kleiner, steiler Vulkanschild

Vallis (»Tal«, Plural: Valles): mit der Ausnahme der Valles Marineris sind es Erosionsrinnen

Vastitas (»Einöde«): weite Tiefebene

Die folgende Liste stellt die in diesem Buch erwähnten Marsformationen zusammen und erläutert die Herkunft ihrer Namen. Nicht aufgeführt sind die Krater; sie werden in der Regel nach historischen Persönlichkeiten benannt, wenn möglich solche, die einen Bezug zur Erforschung des Mars haben, oder neuerdings nach kleinen Städten. Ihre Erwähnungen im Text entnehme man dem Register.

Acheron Fossae: Formation nördlich des Olympus Mons, nach dem Acheron, einem der fünf Flüsse der Unterwelt in der griechischen Mythologie (118 f.).

Acidalia Planitia: Nördliche Fortsetzung der Chryse Planitia, nach Akidalía, einem Beinamen der Göttin Aphrodite, abgeleitet von einer Quelle in der griechischen Landschaft Böotien (108, 110, 176).

Alba Patera: Vulkan in der nördlichen Tharsis, von lateinisch »albus« für »weiß«. Nach der Menge der dort ausgetretenen Lava ist er der größte Vulkan im gesamten Sonnensystem (110, 113, 119, 123).

Albor Tholus: Nebenkegel des Vulkans Elysium Mons. »Albor« ist ein kirchenlateinisches Wort für die Farbe Weiß (112, 156).

Amazonis Planitia: Tiefebene westlich des Vulkans Olympus Mons. Nach den Amazonen, einem matriachalischen Kriegervolk der griechischen Mythologie (59, 108, 128, 169).

Arabia Terra: Vergleichsweise tiefliegendes Kraterland östlich von Chryse Planitia, nach dem antiken Arabien, dem Land östlich von Ägypten (124, 143, 173).

Arcadia Planitia: Nördliche Fortsetzung der Amazonis Planitia, nach dem Hochland auf der griechischen Halbinsel Peleponnes (108, 176).

Ares Vallis: Ausflusstal, das von Südosten in die Chryse Planitia mündet. Ares ist das griechische Wort für den Planeten Mars (81 f., 172).

Argyre Planitia: Großes Einschlagsbecken im südlichen Hochland. Argyre (von griechisch argyrion für »Silber«) war in der Antike eine sagenhafte Insel im Osten, die man in der Ganges-Mündung oder in der Gegend des heutigen Burma vermutete (114, 121, 123, 130, 147 f., 176).

Arsia Mons: Vulkan in der Tharsis und dritthöchste Erhebung auf dem Mars. Nach dem Fluss Arsia in Istrien, der in der römischen Kaiserzeit die Grenze zwischen Italien und Dalmatien markierte (112, 156).

Ascraeus Mons: Vulkan in der Tharsis, zweithöchste Erhebung nach Olympus Mons. Benannt nach Askra in Böotien, der mutmaßlichen Geburtsstadt des Dichters Hesiod (112, 156).

Ceraunius Fossae: Talsystem südlich von Alba Patera in der Tharsis. Nach den Ceraunii Montes, einem Gebirge in der nordwestgriechischen Landschaft Epirus. Diese wieder haben ihren Namen vom griechischen keraunós für »Blitzschlag« (113, 119).

Chryse Planitia Tiefebene östlich der Tharsis, in welche die größten Ausflusskanäle münden. Benannt nach Chryse Chersonesos (»Goldene Halbinsel«), einer antiken Bezeichnung für die malaiische Halbinsel (68 f., 81, 108, 116, 118, 137 f., 172).

Claritas Fossae: Region in der westlichen Begrenzung des Solis Planum. Das lateinische »Claritas« bedeutet hier eher »Helligkeit« als »Klarheit« (119).

Coprates Chasma: Teil der Valles Marineris. Coprates war der antike Name des Flusses Ab-i-Diz (oder Dez-Fluss) im Südwesten des heutigen Iran (115 f.).

Cydonia: Region vor dem nordwestlichen Rand von Arabia Terra. Cydonia oder Kydonia war eine antike Stadt an der Stelle des heutigen Chania im Nordwesten der Insel Kreta (70).

Elysium Planitia: Ebene am Äquator südlich des Elysium Mons, nach dem paradiesischen Aufenthaltsort der Helden und Götterlieblinge in den griechischen Mythen (108, 110, 113, 123, 154, 156, 169 f.).

Gordii Dorsum: Gebirgsrücken westlich der Tharsis, nach Gordion, der Hauptstadt des Phrygerreiches in Kleinasien (114).

Hecates Tholus: Nebenkegel des Vulkans Elysium Mons, nach der antiken Göttin Hekate (112, 156).

Hellas Planitia: Das mit 2300 Kilometern größte sichtbare Einschlagsbecken, benannt nach dem antiken Namen Griechenlands (62, 106, 109, 111, 118, 121 ff., 128, 130, 147, 150, 169 f.).

Hesperia Planum: Hochebene nordöstlich von Hellas Planitia. Das griechische Wort »hespera« bedeutet Abend oder Abendland und bezeichnete in der Antike westlich von Griechenland gelegene Länder wie Italien, bei den Römern dann Spanien (111, 128).

Isidis Planitia: Einschlagsbecken östlich von Syrtis Major, benannt nach der altägyptischen Göttin Isis (79, 109, 123, 150, 188).

Ius Chasma: westlicher Abschnitt des Hauptcanyons der Valles Marineris. Der Name hat nichts mit dem lateinischen Wort für »Recht« zu tun, sondern bedeutet wörtlich »Kluft der Io«. Io war eine der vielen Geliebten des Zeus (117, 174).

Kasei Valles: Zwei verbundene Ausflusstäler, die südlich von Tempe Terra in die Chryse Planitia münden. »Kasei« ist das japanische Wort für Mars (172).

Louros Valles: Seitentalsystem am Südrand von Ius Chasma. Benannt nach einem Fluss in der Region Epirus in Nordwestgriechenland (117, 174).

Ma'adim Vallis: Ein 700 Kilometer langes, enges und gewundenes Tal, das im Krater Gusev endet. Es ist nach dem hebräischen Wort für Mars benannt (181).

Maja Valles: Bündel paralleler Ausflusstäler, das sich nach Osten in die Chryse Planitia entleert. »Maja« ist das nepalesische Wort für den Planeten Mars (68, 70).

Margaritifer Terra: Tiefland östlich der Tharsis. Der Name bedeutet »perlenreiches Land« (116).

Marwth Vallis: Abflusstal im Nordwesten von Arabia Terra, das sich verbreiternd in die nördliche Tiefebene mündet. »Marwth« ist das walisische Wort für »Mars« (173).

Medusae Fossae: Formation südlich der Amazonis Planitia, am Rande zum Hochland, nach der Gorgo Medusa aus der griechischen Sage (169).

Melas Chasma: »Schwarze Kluft«, Teil der Valles Marineris (115).

Meridiani Planum: Ebene am Schnittpunkt des Nullmeridians und des Äquators. Lande- und Operationsgebiet der fahrbaren Sonde *Opportunity* (182–186, 188 f., 191, 217 f.).

Nili Fossae: Formation am Westrand der Isidis Planitia, nach dem Fluss Nil (158, 188 f.).

Noachis Terra: Hochlandregion westlich der Hellas Planitia, nach dem biblischen Noah (108, 128).

Noctis Labyrinthus: »Irrgarten der Nacht«, Talsystem am Westende der Valles Marineris (116).

Olympus Mons: Vulkankegel westlich der Tharsis. Sein Gipfel liegt 27 Kilometer über dem mittleren Marsniveau, damit ist er die höchste Erhebung auf dem Mars. Benannt nach dem Berg Olymp, dem Göttersitz der griechischen Mythologie (36, 106, 111–114, 118, 154 ff., 260).

Pavonis Mons: Vulkan in der Tharsis und vierthöchste Erhebung auf dem Mars. Nach dem Sternbild Pfau, lateinisch. pavo (112).

Phlegra Montes: Gebirgszug, der die Utopia von der Arcadia Planitia trennt, benannt nach den Phlegräischen Feldern, einer sagenhaften Gegend in Thessalien, wo Zeus die Giganten mit Blitzen bewarf und die man später in einem Vulkangebiet bei Neapel verortete (123).

Solis Planum: »Ebene der Sonne«, eine große Hochebene in der Tharsis (114).

Syrtis Major Planum: Relativ junge Hochebene, benannt nach der »Großen Syrte«, einer Ausbuchtung des Mittelmeers an der Küste des heutigen Libyen. Vor Schiaparelli als »Sanduhr-Meer« bekannt (109, 111, 158, 162).

Syria Planum: Hochebene in der Tharsis, nach der römischen Provinz Syria (115).

Tempe Terra: kleine Hochlandregion nordöstlich der Tharsis, nach dem Tal Tempe in der griechischen Landschaft Thessalien (108, 119).

Terra Cimmeria: Teil des südlichen Hochlandes, nach dem bei antiken Autoren erwähnten Volk der Kimmerer, die vermutlich nördlich des Kaukasus lebten (147).

Terra Sabaea: Hochland westlich Syrtis Major, nach dem sagenhaften Königreich Saba in der Gegend des heutigen Jemen (158).

Terra Sirenum: Teil des südlichen Hochlandes, nach den Sirenen, den Fabelwesen aus der griechischen Mythologie (147).

Tharsis: Extrem aufgewölbte Krustenregion, die Schiaparelli nach dem griechischen Namen eines im alten Testament (Jona 1,2) erwähnten Landes im äußersten Westen benannte, möglicherweise eine Region Spaniens (35, 105, 108–119, 122 ff., 130, 147 f., 154 ff., 172, 177, 191, 263).

Trivium Charontis: (lateinisch »Weggabelung des Charon«) relativ dunkle Region östlich des Vulkans Elysium Mons. Sie wurde von Schiaparelli als Schnittpunkt mehrerer »canali« angesehen. Charon ist der Fährmann der griechischen Mythologie, der die Toten über den Unterweltfluss bringt (59).

Utopia Planitia: Teil der Tiefebene der Nordhalbkugel, nördlich und westlich des Vulkans Elysium Mons. Benannt nach dem idealen Staat in Thomas Morus' gleichnamigem Buch (70, 75, 108, 123, 150, 176).

Valles Marineris: Die »Mariner-Täler« sind nach der Raumsonde *Mariner 9* benannt. Sie bilden ein System gewaltiger Canyons, etwa so lang wie die Strecke von San Francisco nach New York (64, 115–119, 143, 174 f., 231).

Vastitas Borealis: »Nördliche Leere«, die Tiefebene um den Nordpol (98, 107 f., 113, 119, 124, 167 f., 176, 178 f., 225, 262).

Register

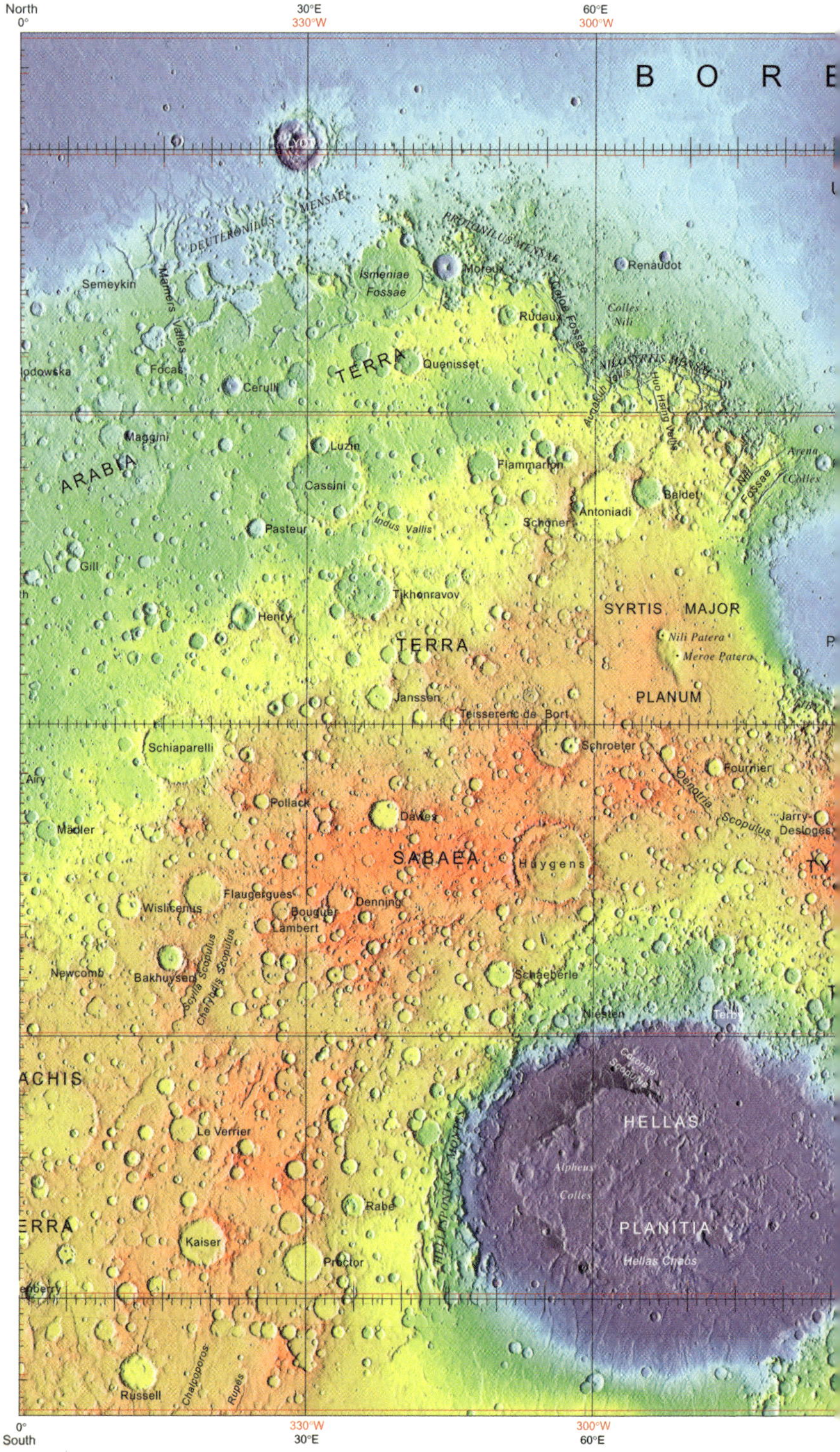
North
0°
30°E
330°W
60°E
300°W
B O R E
Lyot
DEUTERONILUS MENSAE
PROTONILUS MENSAE
Renaudot
Semeykin
Mamers Valles
Ismeniae Fossae
Moreux
Colles Nili
Rudaux
Coloe Fossae
Focas
Quenisset
odowska
Cerulli
TERRA
NILOSYRTIS MENSAE
Huo Hsing Vallis
Auqakuh Vallis
Maggini
Luzin
ARABIA
Flammarion
Arena
Nili Fossae
Colles
Cassini
Baldet
Antoniadi
Indus Vallis
Schoner
Pasteur
Gill
Tikhonravov
Henry
SYRTIS MAJOR
Nili Patera
TERRA
Meroe Patera
Janssen
PLANUM
Teisserenc de Bort
Schiaparelli
Schroeter
Fournier
Airy
Oenotria Scopulus
Pollack
Davies
Jarry-Desloges
Mädler
SABAEA
Huygens
Flaugergues
Wislicenus
Denning
Bouguer
Lambert
Newcomb
Bakhuysen
Scylla Scopulus
Charybdis Scopulus
Schaeberle
Niesten
Terby
ACHIS
Coronae Scopulus
HELLAS
Le Verrier
Alpheus Colles
Rabe
ERRA
PLANITIA
Kaiser
Hellespontus Montes
Proctor
Hellas Chaos
Russell
Chalcoporos Rupes
0°
South
330°W
30°E
300°W
60°E